もくじ

文章題 4 年

全教科書版

教科書ぴったりトレーニング

ぴったり1 じゅんび

1 折れ線グラフ

学習日 月 日

答え 2ページ

折《お》れ線《せん》グラフ

・気温などのように、変《か》わっていくもののようすを表すには、折れ線グラフを使います。

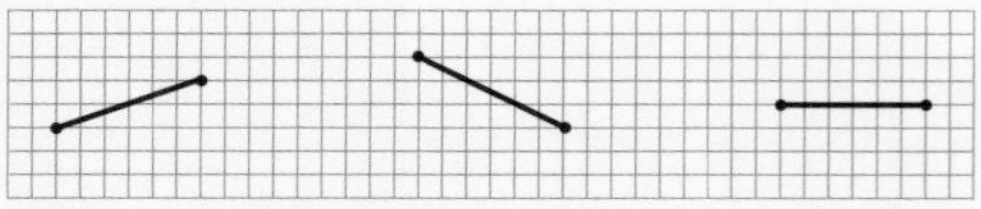

ふえている　へっている　変わらない

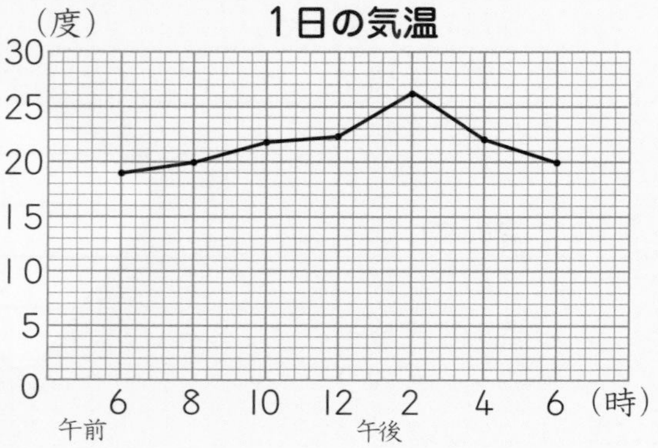

1 右のグラフは、ある日の池の水温を調べて折れ線グラフに表したものです。

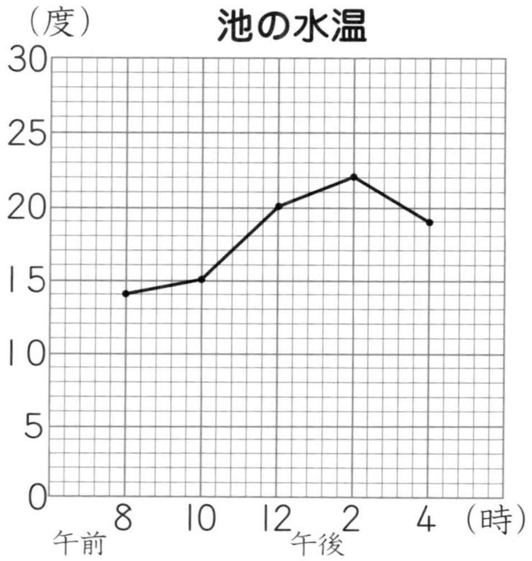

午前10時と午後4時の水温は、それぞれ何度ですか。

考え方 このグラフは、横のじくが時こくを表し、たてのじくが水温を表しています。たてのじくの1目もりは1度を表しています。

答え 午前10時…① 度

午後4時…② 度

水温が下がっているのは、何時から何時までの間ですか。

考え方 折れ線グラフの線のかたむきを見て考えましょう。

答え ③

水温の上がり方がいちばん小さいのは、何時から何時までの間ですか。

考え方 折れ線グラフの線のかたむきで、変わり方がわかります。

答え ④

ヒント 線のかたむきぐあいで、変わり方がわかるよ。

★できた問題には、「た」をかこう！★

でき 1　でき 2

学習日　月　日

答え　2ページ

1 右のグラフは、ある日の１日の気温を調べて折《お》れ線《せん》グラフに表したものです。

1日の気温

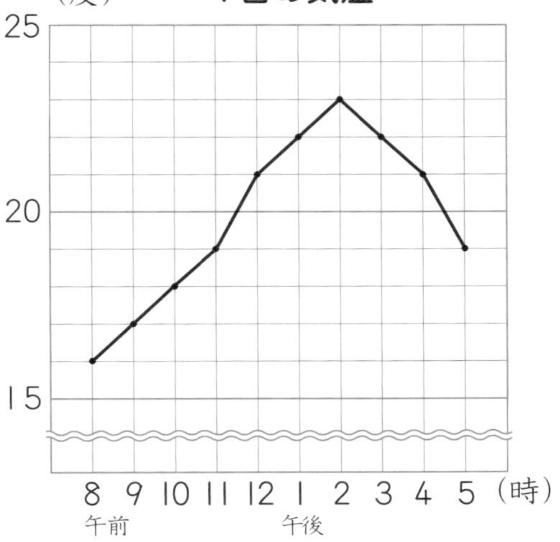

(1)気温が22度だった時こくを全部答えましょう。

答え(　　　　　　　　)

(2)気温が上がっているのは、午前8時から何時までの間ですか。

答え(　　　　　　　　)

(3)気温の下がり方がいちばん大きいのは何時から何時までの間ですか。

答え(　　　　　　　　)

2 右のグラフは、ある年の月別《つきべつ》の気温を調べて折れ線グラフに表したものです。

月別の気温

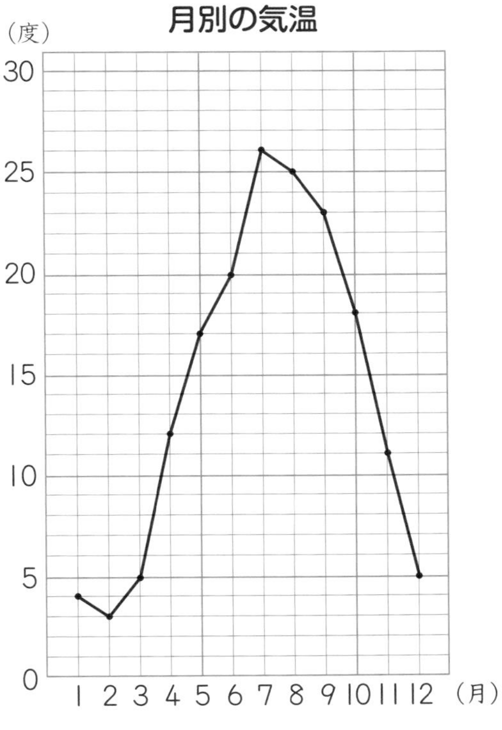

(1)気温がいちばん低《ひく》かったのは、何月で何度ですか。

答え(　　　　　　　　)

(2)気温の上がり方がいちばん大きいのは、何月から何月の間ですか。

答え(　　　　　　　　)

(3)気温が2度下がったのは、何月から何月までの間ですか。また、気温が6度や7度下がったときとくらべると、グラフのどこがちがうといえますか。

答え(　　　　　　　　)

ヒント　**2** (3)線が右下に下がっているのは同じだけど、ちがいがあるね。

2 わり算の筆算①

答え 3ページ

学習日　月　日

わり算の筆算のしかた

・同じ数ずつ分けるときは、数が大きくなってもわり算を使って考えます。
わり算の筆算は、大きい位から、計算します。
わり算の答えを商といいます。

$$
\begin{array}{r}
28 \\
3\,)\overline{84} \\
\underline{6}\cdots 3\times2 \\
24 \\
\underline{24}\cdots 3\times8 \\
0
\end{array}
$$

1 キャンディーが 52 こあります。4人で同じ数ずつ分けると、1人分は何こになりますか。

🦆 1人分が何こになるか、求める式をかきましょう。

次のどちらかの考え方で式をかこう。

考え方 ことばの式にあてはめてみましょう。

全部のこ数 ÷ 分ける人数 = 1人分のこ数

同じ数ずつ分けるのだから、わり算で求めるよ。

考え方 図をかいてみましょう。

──── 52こ ────
□ こ

0　1　2　3　4(人)

式 52÷①_____

🦆 筆算で計算して、答えを求めましょう。

$$
\begin{array}{r}
②3 \\
4\,)\overline{5\ 2} \\
\underline{4} \\
| \ ③ \\
| \ 2 \\
④
\end{array}
$$

筆算は
たてる→かける→ひく→おろす
の順だよ。

式 52÷⑤_____ = ⑥_____

答え ⑦_____ こ

ヒント　わり算の筆算は、たし算やかけ算とちがって、大きい位から順に計算しよう。

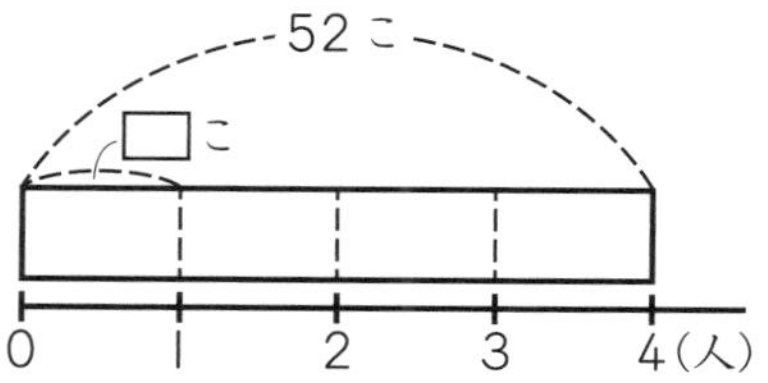

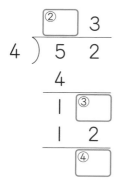

★できた問題には、「た」をかこう！★

でき 1　でき 2　でき 3　でき 4

答え 3ページ

1 折《お》り紙が 78 まいあります。6人で同じ数ずつ分けると、1人分は何まいになりますか。

全部のまい数 ÷ 分ける人数
＝ 1人分のまい数

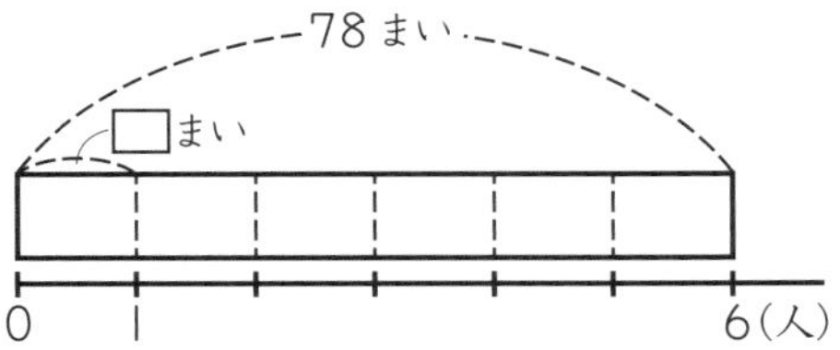

式

答え（　　　　）

2 96 円のスケッチブックを、4人で同じようにお金を出しあって買います。1人何円出せばよいですか。

商品の代金 ÷ 分ける人数
＝ 1人分の金がく

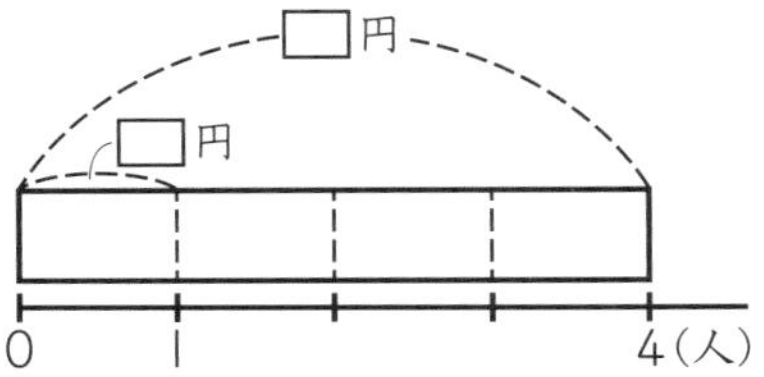

式

答え（　　　　）

3 あさがおの種《たね》が 160 こあります。8人で同じ数ずつ分けて、かだんに植えるとき、1人何この種を植えますか。

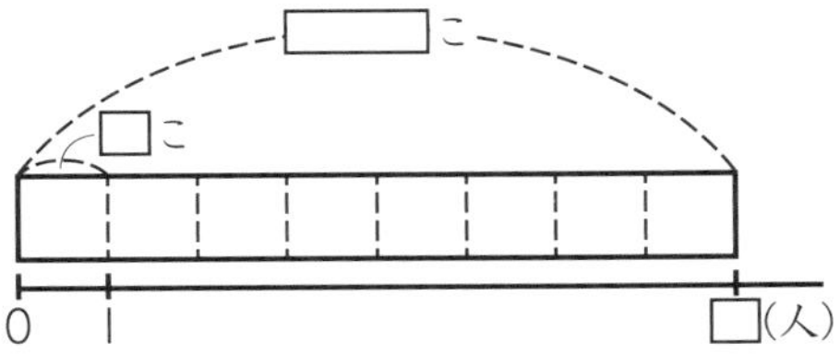

式

答え（　　　　）

4 312 m の道のりを、3人で同じ道のりに分けて走ります。1人何 m 走りますか。

式

答え（　　　　）

ヒント　**3** 百の位《くらい》に答えがたたないときは、百の位と十の位の2けたの数で計算するよ。

ぴったり1 じゅんび

3 わり算の筆算②

学習日　　月　　日

答え 4ページ

同じ数の集まりがいくつあるか求《もと》める

・全体を同じ数の集まりで分けるとき、同じ数の集まりがいくつあるかを求めるには、わり算を使って考えます。

1 ノートが 69 さつあります。１人に３さつずつ分けると、何人に分けられますか。

何人に分けられるか、求める式をかきましょう。

次のどちらかの考え方で式をかこう。

考え方 ことばの式にあてはめてみましょう。

全部のさっ数 ÷ １人分のさっ数 ＝ 人数

同じ数の集まりがいくつあるかだから、わり算で求めるよ。

考え方 図をかいてみましょう。

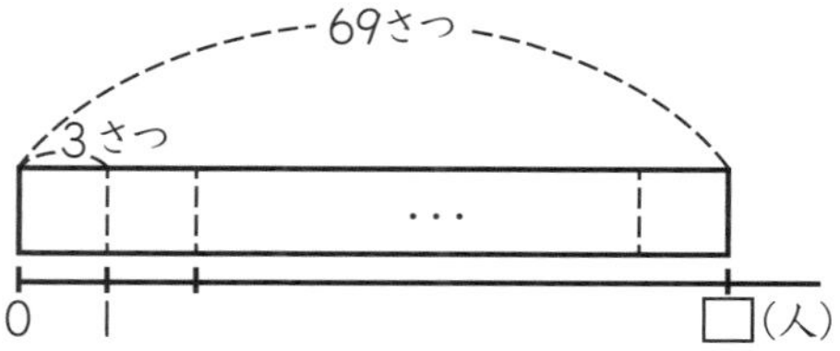

式 69÷①

筆算で計算して、答えを求めましょう。

式 69÷② ＝③

答え ④ 人

2 ケーキが 174 こあります。１箱に６こずつ入れると、何箱できますか。

何箱できるか、求める式をかきましょう。

考え方 ことばの式にあてはめてみましょう。

全部のこ数 ÷ １箱分のこ数 ＝ 箱の数

考え方 図をかいてみましょう。

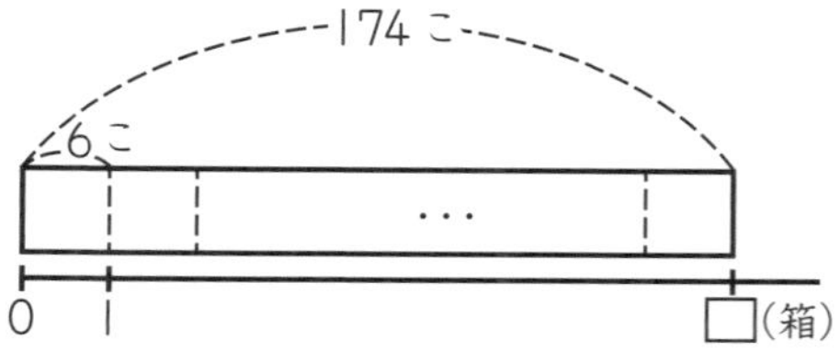

式 174÷①

筆算で計算して、答えを求めましょう。

式 174÷② ＝③

答え ④ 箱

ヒント **1** 十の位《くらい》の計算がわりきれることもあるよ。

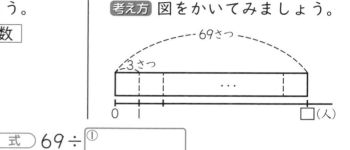

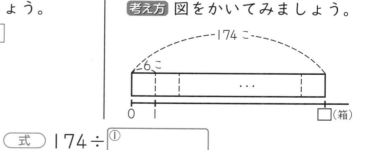

答え　4ページ

1 えん筆が 39 本あります。１人に３本ずつ分けると、何人に分けられますか。

全部の本数 ÷ １人分の本数 ＝ 人数

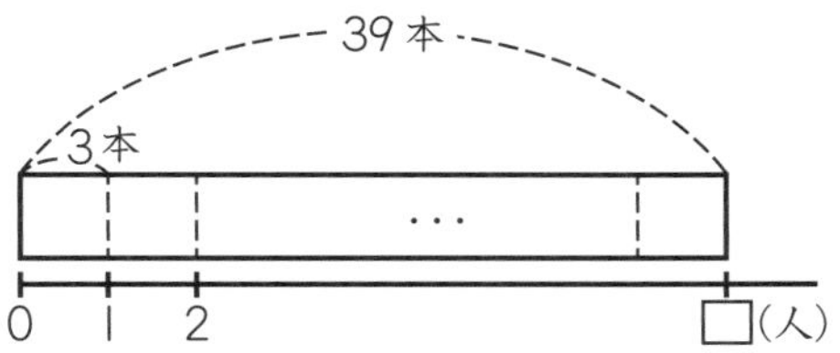

式

答え（　　　　　）

2 チョコレートが 72 こあります。箱に６こずつつめると、箱は何箱できますか。

全部のこ数 ÷ １箱分のこ数 ＝ 箱の数

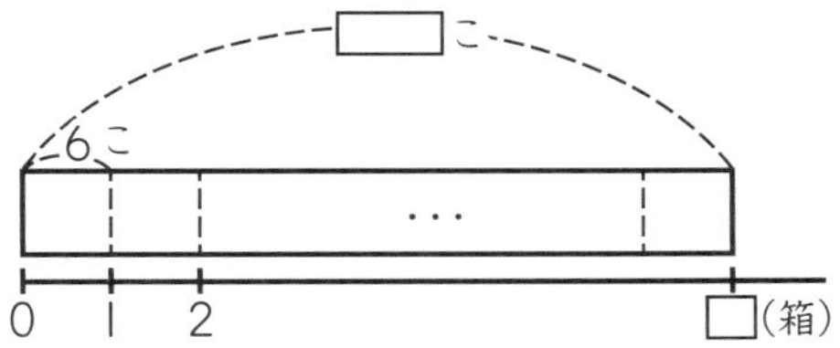

式

答え（　　　　　）

3 154 このつくえを、ふいてきれいにします。１人７こずつつくえをふくとき、全部のつくえをふくには何人必要《ひつよう》ですか。

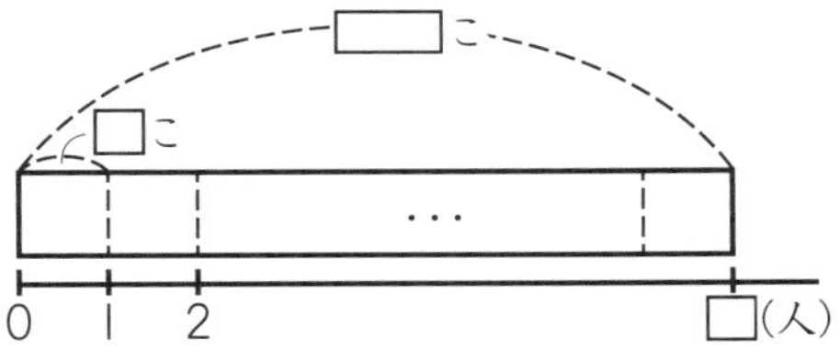

式

答え（　　　　　）

4 ある小学校の全児童《じどう》 525 人を、１つのグループに５人ずつで分けます。グループは何グループできますか。

式

答え（　　　　　）

ヒント　**4** 商に０がたつことがあっても、筆算のしかたは同じだよ。

ぴったり1 じゅんび

学習日　　月　　日

4 わり算の筆算③

答え　5ページ

何倍かを求《もと》める

・ある数がもとにする数の何倍かを求めるときは、わり算の式で表します。
　何倍かということは、もとにする大きさを１とみていくつになるかということです。

もとにする大きさを求める

・何倍にあたる数から、もとにする大きさ１つ分を求める計算もわり算で表せます。

1 けんやさんの今の体重は 48 kg です。生まれたときの体重は3kg でした。今の体重は、生まれたときの体重の何倍ですか。

何倍になるか、求める式をかきましょう。

考え方　3kg の□倍が 48 kg なので、
3×□＝48 の□にあてはまる数を求めます。

生まれたときの体重 ―□倍→ 今の体重
3kg　　48 kg

考え方　図をかいてみましょう。

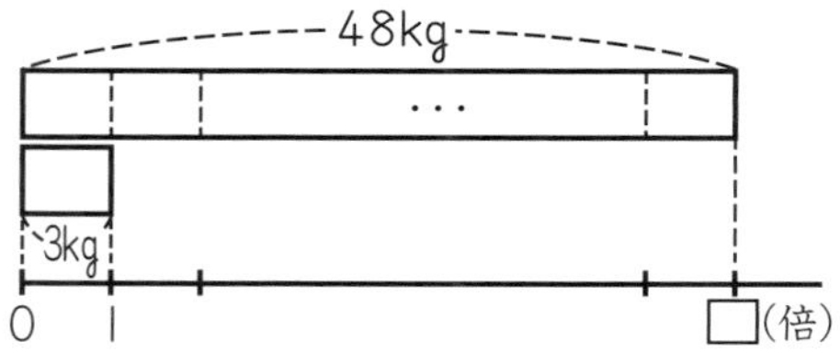

式　48÷①

筆算で計算して、答えを求めましょう。

式　48÷②　＝③

答え　④　倍

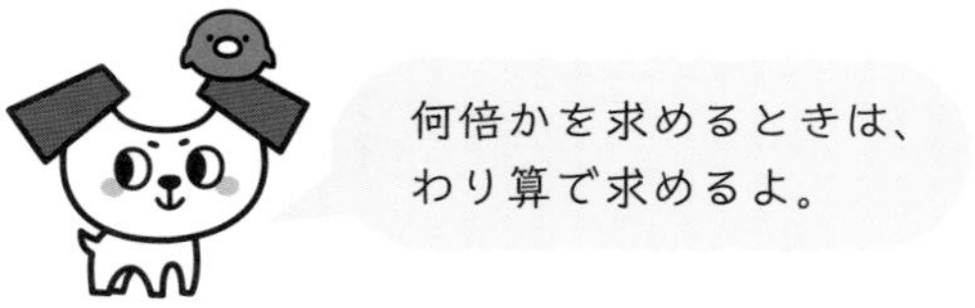

2 バスケットボールの試合《しあい》を行いました。勝ったチームの点数は 84 点で、負けたチームの点数の３倍でした。負けたチームの点数は何点ですか。

負けたチームの点数を、求める式をかきましょう。

考え方　□点の３倍が 84 点なので、
□×3＝84 の□にあてはまる数を求めます。

負けたチームの点数 ―3倍→ 勝ったチームの点数
□点　　84 点

考え方　図をかいてみましょう。

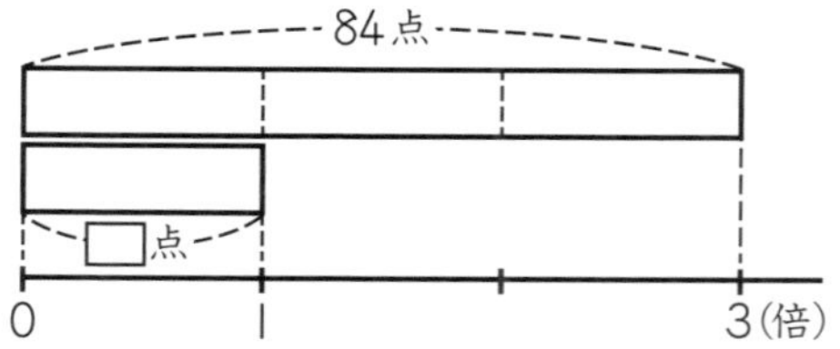

式　84÷①

筆算で計算して、答えを求めましょう。

式　84÷②　＝③

答え　④　点

ヒント　何倍かを求めるときは、図をかいてみると、わかりやすくなるよ。

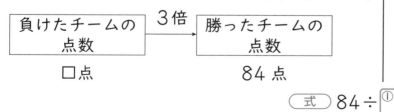

ぴったり2
練習

★できた問題には、「た」をかこう！★

1 でき　2 でき　3 でき　4 でき

学習日　月　日

答え 5ページ

1 あさがおの今のつるの長さは 90 cm です。なえを植えたときのつるの長さは 6 cm でした。今のつるの長さは、植えたときのつるの長さの何倍ですか。

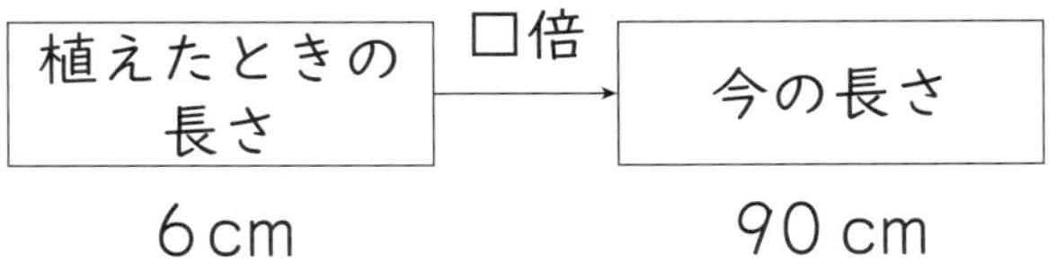

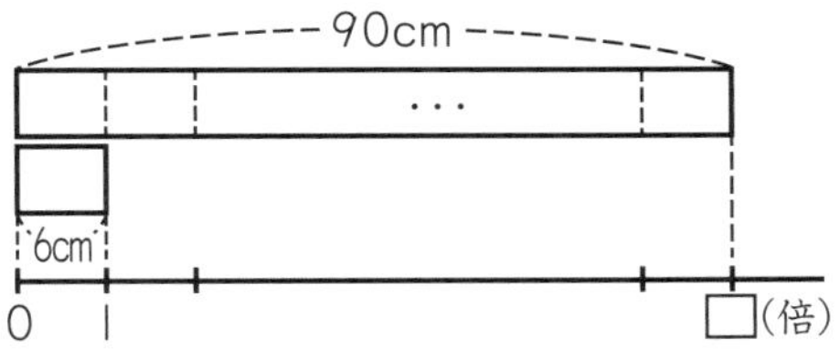

式

答え（　　　　）

2 さとしさんの年れいは5才で、おじいさんの年れいは 85 才です。おじいさんの年れいは、さとしさんの年れいの何倍ですか。

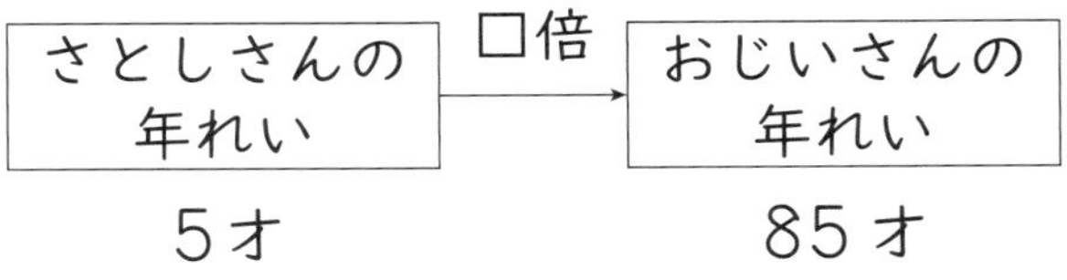

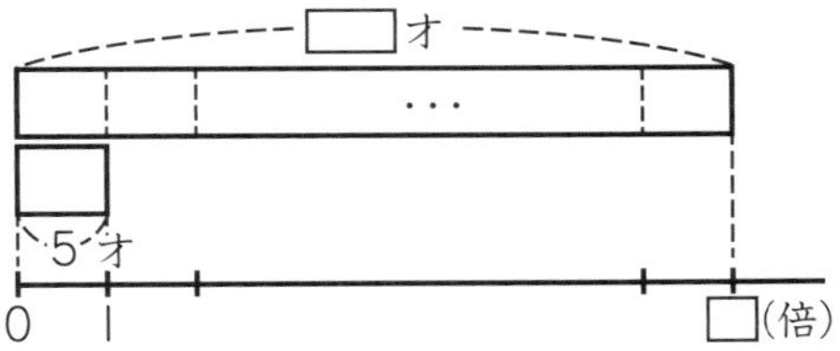

式

答え（　　　　）

3 ある農家の畑でとれたきゅうりは 92 本で、とうもろこしの本数の4倍でした。とれたとうもろこしは何本ですか。

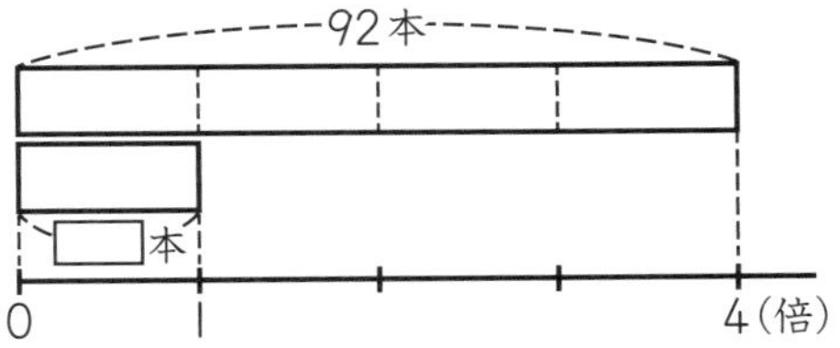

式

答え（　　　　）

4 ある町の9月のこう水量《りょう》は 215 mm で、1月のこう水量の5倍でした。1月のこう水量は何 mm ですか。

式

答え（　　　　）

ヒント　4 ややこしい問題は、ことばの式や図をかいてみよう。

学習日　　月　　日

5 わり算の筆算④

答え 6ページ

あまりのあるわり算の筆算のしかた

・同じ数ずつ分けるときは、数が大きくなってもわり算を使って考えます。
筆算が終わって、最後《さいご》にひいて残《のこ》った数が0でないとき、その数があまりとなります。あまりは、わる数より小さくなります。

```
    13
7)93
   7 …7×1
   23
   21…7×3
    2…あまり
```

1 93つぶのピーナッツを6人で同じ数ずつ食べると、1人分は何つぶになり、何つぶあまりますか。

1人分が何つぶになり、あまりが何つぶになるか、求《もと》める式をかきましょう。

次のどちらかの考え方で式をかこう。

考え方 ことばの式にあてはめてみましょう。

全部の数 ÷ 分ける人数
＝ 1人分の数 あまり あまりの数

同じ数ずつ分けるのだから、わり算で求めるよ。

考え方 図をかいてみましょう。

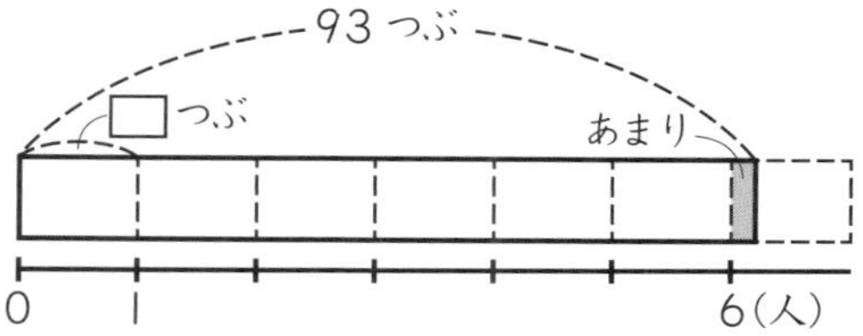

式 93÷①

筆算で計算して、答えを求めましょう。

```
    ②  5
6)9  3
   6
   3 ③
   3  0
      ④
```

筆算は
たてる→かける→ひく→おろす
の順《じゅん》だよ。

式 93÷⑤＝⑥あまり⑦

答え 1人分は⑧つぶになり、⑨つぶあまる。

ヒント あまりの数が、わる数より大きくなるのは、まちがいだよ。

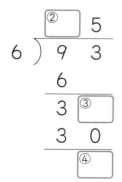

★できた問題には、「た」をかこう！★

でき 1　でき 2　でき 3　でき 4

学習日　月　日

答え 6ページ

1 ボールペンが 73 本あります。4人で同じ数ずつ分けると、1人分は何本になり、何本あまりますか。

全部の本数 ÷ 分ける人数
＝ 1人分の本数
あまり あまりの本数

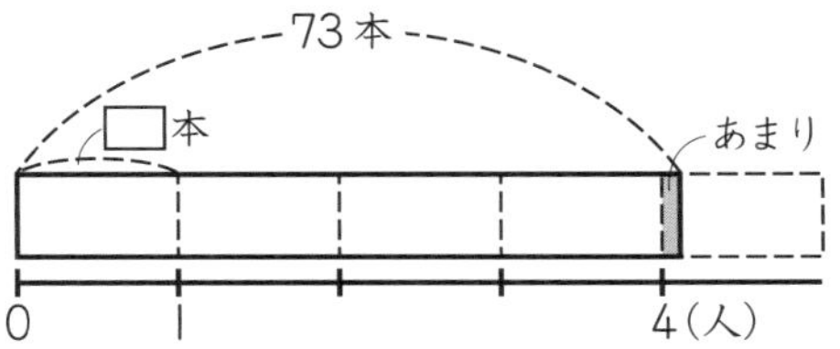

式

答え（1人分は　　　　になり、　　　　あまる。）

2 89 人を同じ人数ずつ6グループに分けると、1グループは何人で、何人あまりますか。

全員の人数 ÷ 分けるグループ数
＝ 1グループの人数
あまり あまりの人数

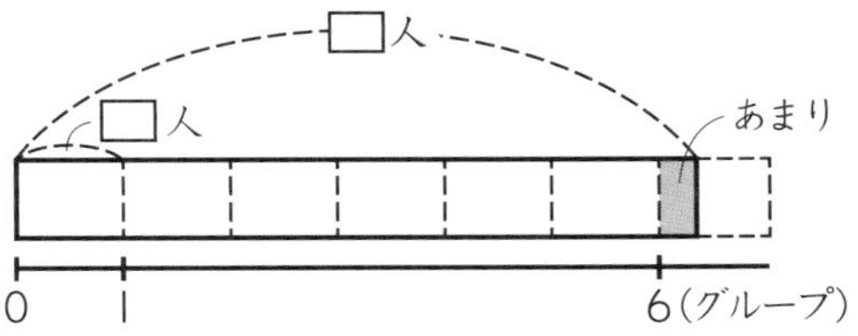

式

答え（1グループは　　　　で、　　　　あまる。）

3 356 cm のリボンがあります。7人で同じ長さずつ切って分けると、1人分のリボンの長さは何 cm になり、何 cm あまりますか。

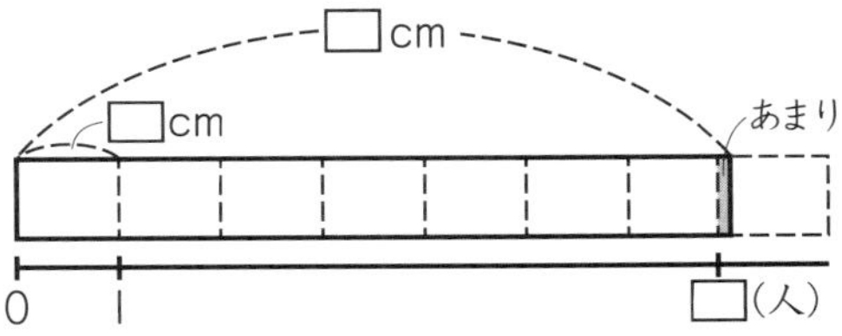

式

答え（1人分は　　　　になり、　　　　あまる。）

4 ジュースが 620 mL あります。3人で同じ量《りょう》ずつに分けると、1人分は何 mL になり、何 mL あまりますか。

式

答え（1人分は　　　　になり、　　　　あまる。）

ヒント　4 百の位《くらい》の計算がわりきれるけど、筆算のしかたは同じだよ。

ぴったり1 じゅんび

6 わり算の筆算⑤

学習日　　月　　日

答え 7ページ

同じ数の集まりがいくつあるか求《もと》める

・全体を同じ数の集まりで分けるとき、同じ数の集まりがいくつあるかを求めるには、わり算を使って考えます。
また、筆算でわり算をしたら、次のように答えのたしかめをしましょう。

83÷3　＝27　あまり　2
　3　×27　＋　2　＝　83
［わる数］×［商］＋［あまり］＝［わられる数］

1 色紙が 110 まいあります。1人に8まいずつ分けると、何人に分けられて、何まいあまりますか。

何人に分けられて、あまりが何まいになるか、求める式をかきましょう。

考え方 ことばの式にあてはめてみましょう。

［全部のまい数］÷［1人分のまい数］
＝［人数］あまり［あまりのまい数］

同じ数ずつ分けるのだから、
わり算で求めるよ。

考え方 図をかいてみましょう。

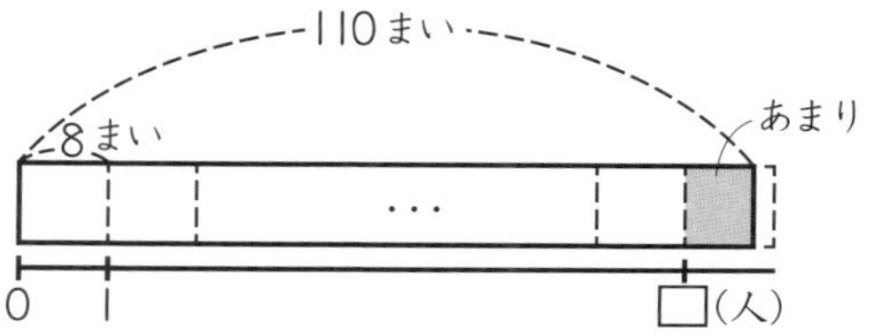

式 110÷①［　　］

筆算で計算して、答えを求めましょう。また、答えのたしかめをしましょう。

```
     ②□ 3
8 ) 1 1 0
    8
    ③□ 0
    2 4
      ④□
```

たしかめ
8×⑤［　　］＋⑥［　　］＝110

式 110÷⑦［　　］＝⑧［　　］あまり⑨［　　］

答え ⑩［　　］人に分けられて、⑪［　　］まいあまる。

ヒント たしかめの答えはわられる数だよ。

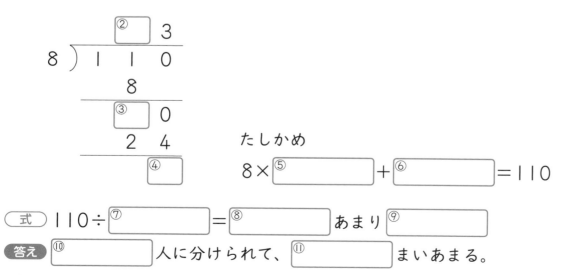

① りんごが 47 こあります。１人に３こずつ分けると、何人に分けられて、何こあまりますか。

全部のこ数 ÷ １人分のこ数
＝ 人数 あまり あまりのこ数

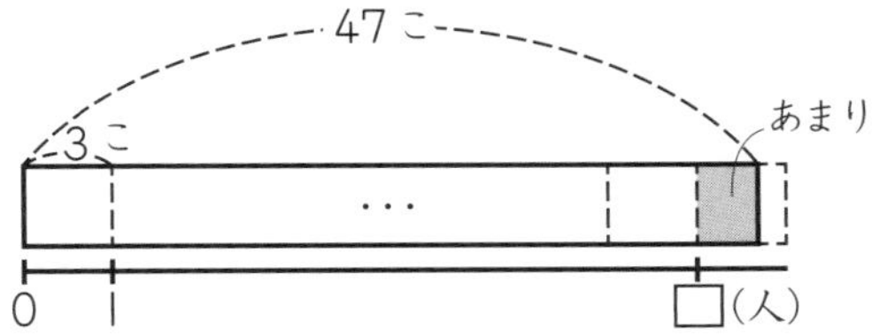

式

答え（　　　　に分けられて、　　　　あまる。）

② にんじんが 85 本あります。ふくろに６本ずつ入れると、何ふくろできて、何本あまりますか。

全部の本数 ÷ １ふくろ分の本数
＝ ふくろの数 あまり あまりの本数

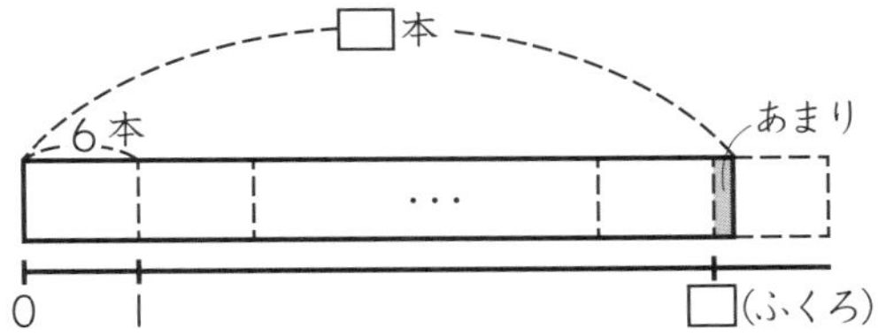

式

答え（　　　　できて、　　　　あまる。）

③ 2m 54 cm のリボンを９cm ずつに切ります。９cm のリボンは何本できて、何 cm あまりますか。

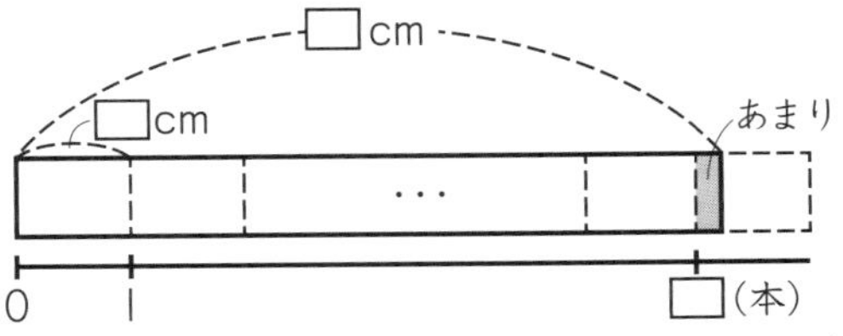

式

答え（　　　　できて、　　　　あまる。）

④ 636 このビーズを、１人に８こずつ分けると、何人に分けられて、何こあまりますか。

式

答え（　　　　に分けられて、　　　　あまる。）

ヒント　③ 2m 54 cm を cm になおしてから、筆算をしよう。

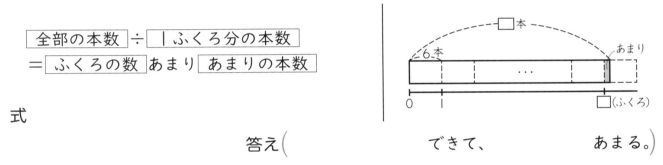

7 小数のたし算①

答え 8ページ

小数のたし算の筆算のしかた

・あわせるといくつになるか求《もと》めるときは、たし算をします。
小数のたし算を筆算でするときは、小数点がたてにならぶようにかいて、整数のときと同じように計算します。

3.63	1．位《くらい》をそろえてかく。
＋1.89	2．整数のたし算と同じように計算する。
5.52	3．上の小数点にそろえて、答えの小数点をうつ。

1 牛にゅうがびんに 2.65 L、紙パックに 1.58 L はいっています。牛にゅうは、あわせて何 L ありますか。

あわせて何 L になるか、求める式をかきましょう。

次のどちらかの考え方で式をかこう。

考え方 ことばの式にあてはめてみましょう。

びんにはいっている量《りょう》
＋ 紙パックにはいっている量
＝ あわせた量

考え方 図をかいてみましょう。

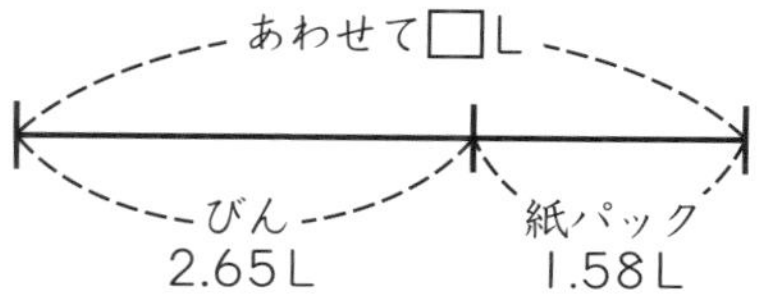

あわせるから、たし算で求めるよ。

式 2.65＋①□

筆算で計算して、答えを求めましょう。

　　2.6 5
＋ 1.5 8
――――
③□.②□3

式 2.65＋④□＝⑤□

答え ⑥□ L

ヒント 整数のたし算と同じように、くり上がりに注意して計算しよう。

1 水がペットボトルに 1.82 L、やかんに 1.29 L はいっています。水は、あわせて何 L ありますか。

ペットボトルにはいっている量《りょう》 ＋ やかんにはいっている量 ＝ あわせた量

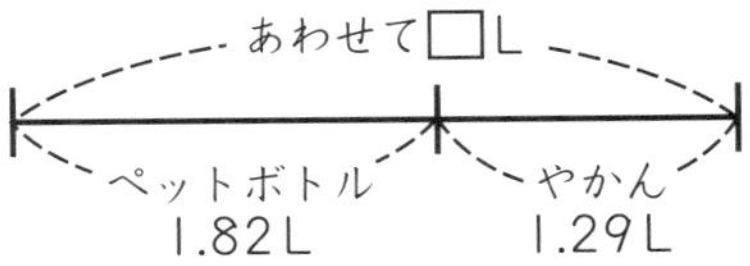

式

答え（　　　　　）

2 兄の体重は 45.6 kg、弟の体重は 27.2 kg です。2人の体重をあわせると、何 kg になりますか。

兄の体重 ＋ 弟の体重 ＝ あわせた体重

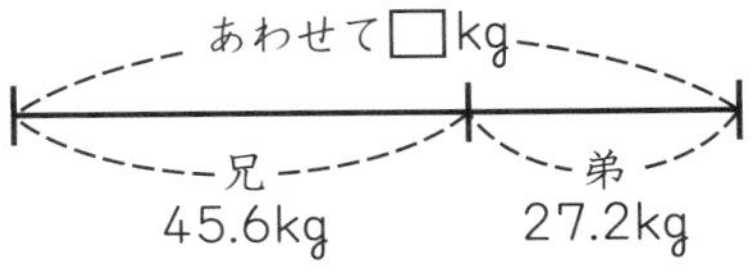

式

答え（　　　　　）

3 家から駅まで 3.23 km、駅から公園まで 1.9 km です。あわせて何 km ですか。

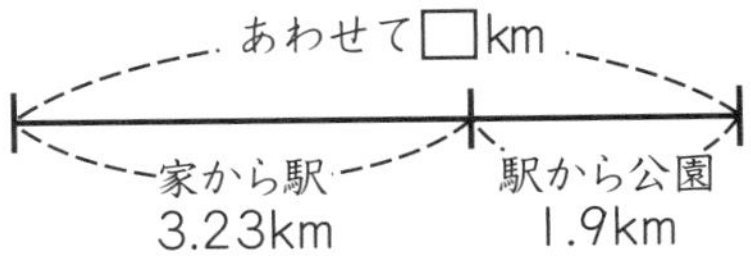

式

答え（　　　　　）

4 いくつかのりんごの重さをはかると 4.5 kg でした。0.25 kg の箱にこれらのりんごを全部入れます。りんごと箱の重さをあわせると、何 kg ですか。

式

答え（　　　　　）

ヒント
3 筆算をするときは、位《くらい》をそろえて小数点がたてにならぶようにかこう。

ぴったり1 じゅんび

8 小数のたし算②

学習日　　月　　日

答え 9ページ

小数のたし算

・もとの数から、ある数分だけふえるときは、たし算をして、ふえたあとの数を求《もと》めます。

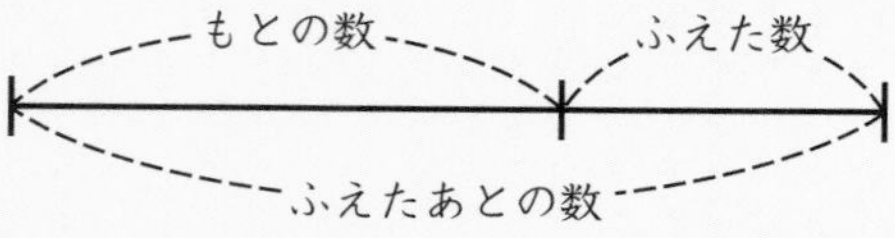

1 4月に体重をはかると 48 kg でした。9月に体重をはかると 2.6 kg ふえていました。9月の体重は何 kg ですか。

次のどちらかの考え方で式をかこう。

9月の体重を、求める式をかきましょう。

考え方 ことばの式にあてはめてみましょう。

もとの体重 ＋ ふえた体重
＝ ふえたあとの体重

もとの体重からふえるから、たし算で求めるよ。

考え方 図をかいてみましょう。

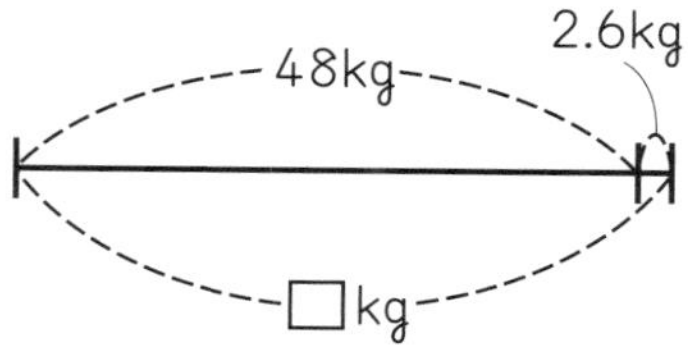

式 48＋①[　　]

筆算で計算して、答えを求めましょう。

```
    4 8.0
+     2.6
---------
  ③ ②.6
```

式 48＋④[　　]＝⑤[　　]

答え ⑥[　　] kg

ヒント 48 は、48.0 と 0 をかいて筆算をしよう。

1 去年の身長は 132.8 cm でした。今年、身長をはかると 6.4 cm ふえていました。今年の身長は何 cm ですか。

去年の身長 ＋ ふえた分 ＝ 今年の身長

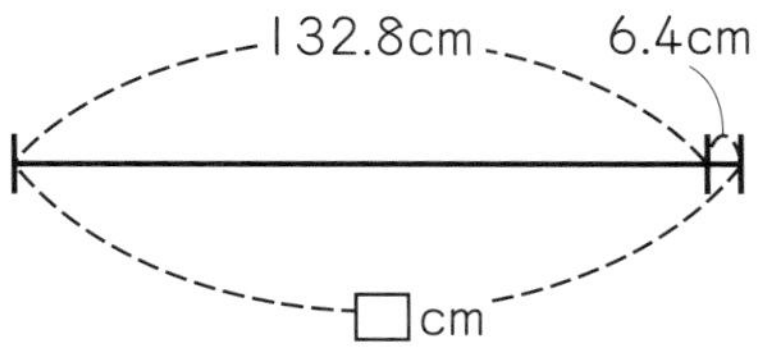

式

答え（　　　　）

2 1回目のソフトボール投げの記録《きろく》は、24.5 m でした。2回目の記録は、1回目の記録よりも 1.7 m ふえました。2回目の記録は何 m ですか。

1回目の記録 ＋ ふえた分
＝ 2回目の記録

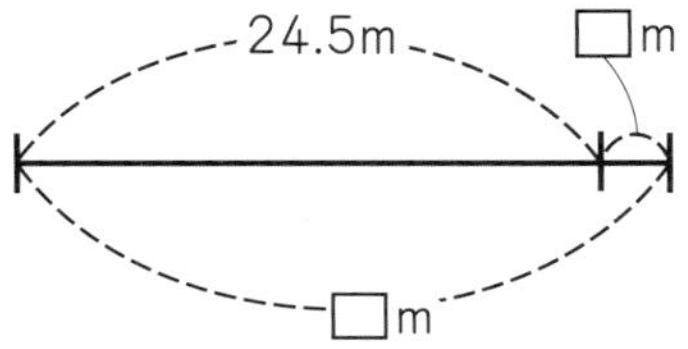

式

答え（　　　　）

3 先週のひまわりの高さは 142.5 cm でした。今週はかると 6.5 cm ふえていました。今週のひまわりの高さは何 cm ですか。

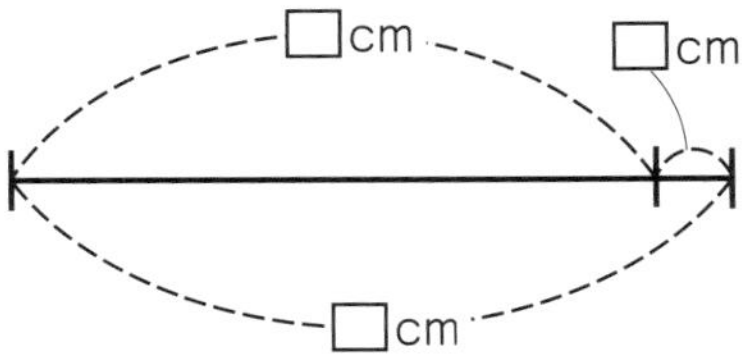

式

答え（　　　　）

4 おふろにお湯をためています。最初《さいしょ》にはかったときは 54.7 L でした。2回目にはかると 36.5 L ふえていました。おふろにはいっているお湯の量《りょう》は何 L ですか。

式

答え（　　　　）

学習日　　月　　日

9 小数のひき算①

答え 10ページ

残《のこ》り を求《もと》める

・残りを求めるときは、ひき算の式で表します。
小数のひき算の筆算も、小数点をたてにそろえて、整数のときと同じように計算します。
答えの一の位《くらい》が0のときは、0と小数点をわすれないように注意します。

3.4 2	1．位をそろえてかく。
−2.9 8	2．整数のひき算と同じように計算する。
0.4 4	3．上の小数点にそろえて、答えの小数点をうつ。

1 3.54 L のジュースのうち、2.35 L を飲みました。
ジュースは何 L 残っていますか。

ジュースが何 L 残るか、求める式をかきましょう。

考え方 ことばの式にあてはめてみましょう。

もとの量《りょう》 − 飲んだ量
＝ 残っている量

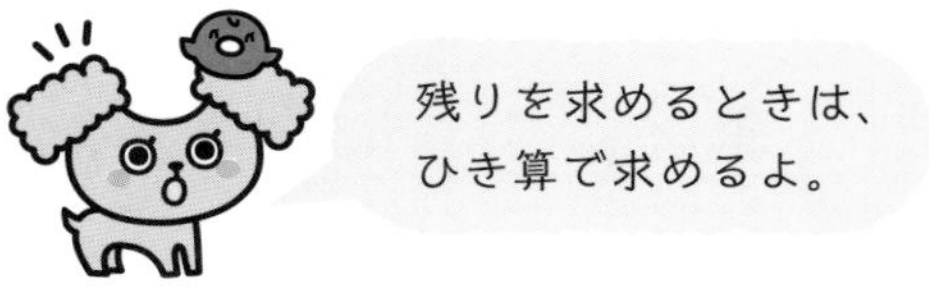
残りを求めるときは、
ひき算で求めるよ。

考え方 図をかいてみましょう。

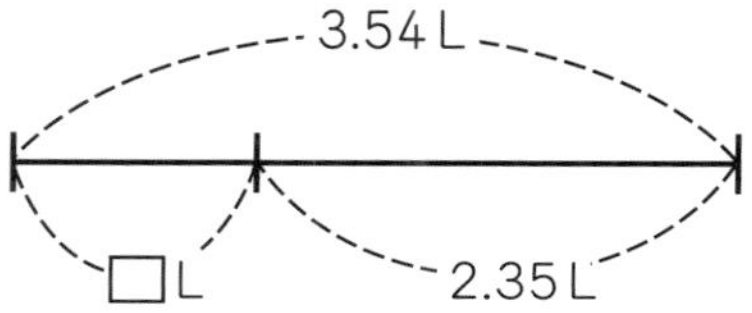
3.54 L
□L
2.35 L

式 3.54 − ①□

筆算で計算して、答えを求めましょう。

```
    3 . 5  4
 −  2 . 3  5
 ―――――――――――
    1 . ③ ②
```

式 3.54 − ④□ ＝ ⑤□

答え ⑥□ L

ヒント ひけないときは、整数のときと同じように、くり下げて計算しよう。

★できた問題には、「た」をかこう！★

でき 1　でき 2　でき 3　でき 4

学習日　　月　　日

答え 10ページ

1 4.37 L の水があります。そのうち 3.09 L の水を使いました。水は何 L 残《のこ》っていますか。

もとの量《りょう》 − 使った量 ＝ 残りの量

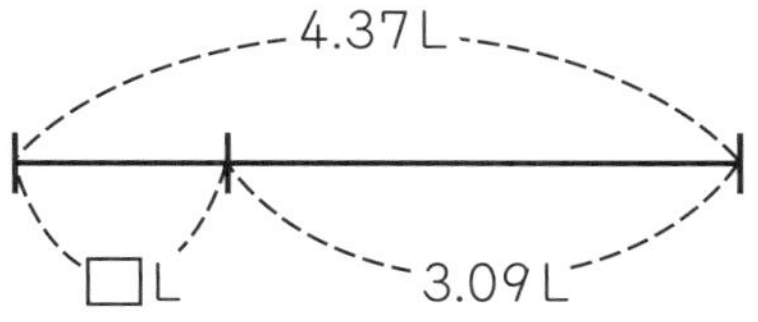

式

答え（　　　　　）

2 3 m のひもから 187 cm を切って使いました。あと何 m 残っていますか。

もとの長さ − 使った長さ ＝ 残りの長さ

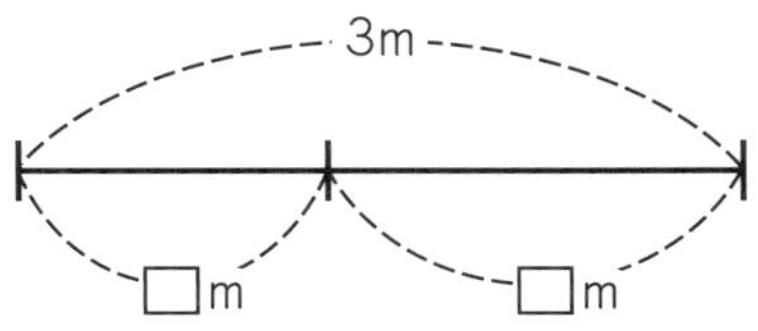

式

答え（　　　　　）

3 1玉 5.68 kg のすいかがあります。そのすいかのうち 1.9 kg を食べました。すいかは何 kg 残っていますか。

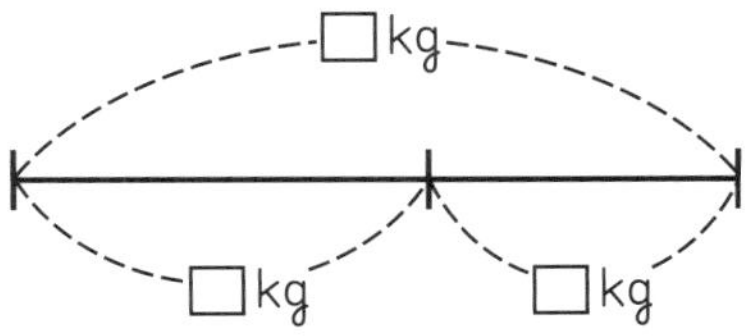

式

答え（　　　　　）

4 家から駅までの道のりは 2.8 km あります。家から駅に向かって 1.55 km 歩きました。残りの道のりは何 km ですか。

式

答え（　　　　　）

ヒント　**2** 187 cm を m で表しましょう。

ぴったり1 じゅんび

学習日　　月　　日

10 小数のひき算②

答え 11ページ

2つの数のちがいを求《もと》める

・2つの数のちがいを求めるには、大きい方の数から小さい方の数をひいて求めます。

1 教科書のたての長さは 25.6 cm で、横の長さは 18.2 cm です。たてと横の長さのちがいは何 cm ですか。

長さのちがいが何 cm になるか、求める式をかきましょう。

考え方 ことばの式にあてはめてみましょう。

たての長さ － 横の長さ
＝ 長さのちがい

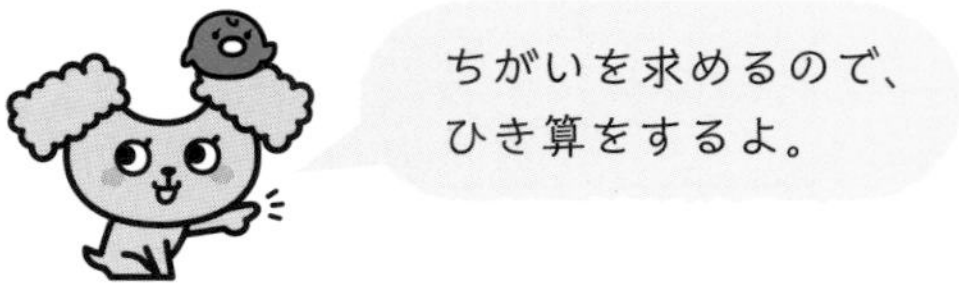

考え方 図をかいてみましょう。

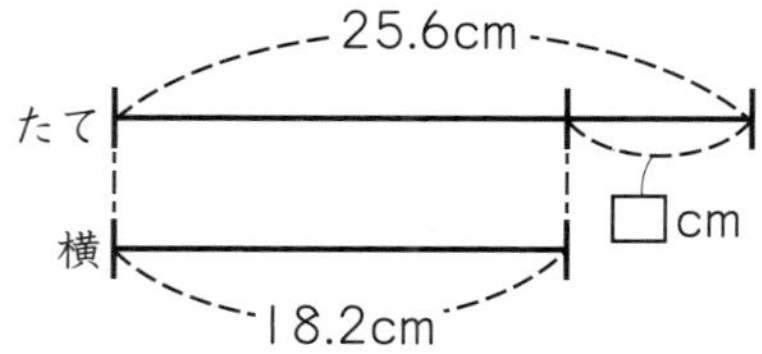

式 25.6－①

計算して、答えを求めましょう。

式 25.6－② ＝③

答え ④ cm

2 3.25 kg のお米と 2.6 kg の小麦こがあります。お米と小麦この重さのちがいは何 kg ですか。

重さのちがいが何 kg になるか、求める式をかきましょう。

考え方 ことばの式にあてはめてみましょう。

お米の重さ － 小麦この重さ
＝ 重さのちがい

考え方 図をかいてみましょう。

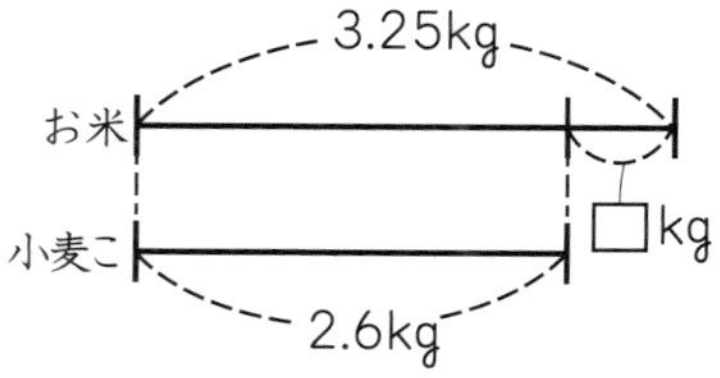

式 3.25－①

筆算で計算して、答えを求めましょう。

式 3.25－② ＝③

答え ④ kg

ヒント **2** 筆算するときは、2.6 kg を 2.60 kg として計算するよ。

練習

★できた問題には、「た」をかこう！★

できた 1　できた 2　できた 3　できた 4

学習日　　月　　日

答え 11ページ

1 兄の身長は 154.3 cm で、弟の身長は 132.5 cm です。兄と弟の身長のちがいは何 cm ですか。

兄の身長 － 弟の身長 ＝ 身長のちがい

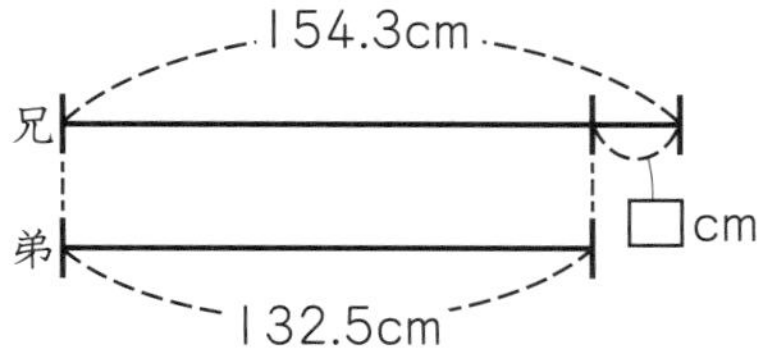

式

答え（　　　　　）

2 すいかの重さは 5.65 kg、メロンの重さは 940 g です。すいかとメロンの重さのちがいは何 kg ですか。

すいかの重さ － メロンの重さ
＝ 重さのちがい

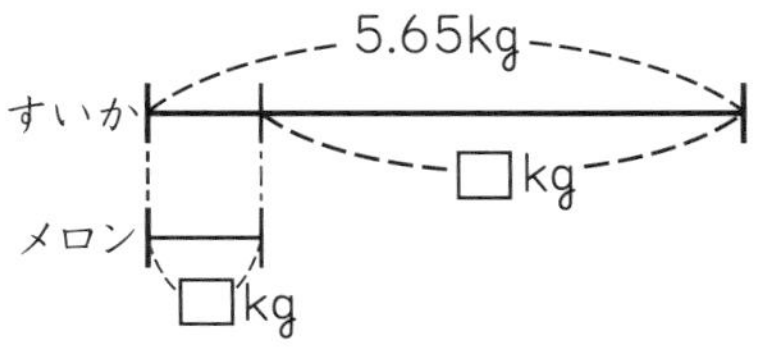

式

答え（　　　　　）

3 かずやさんのはばとびの記録《きろく》は 2.89 m で、たくみさんの記録は 3.16 m です。2人の記録のちがいは何 m ですか。

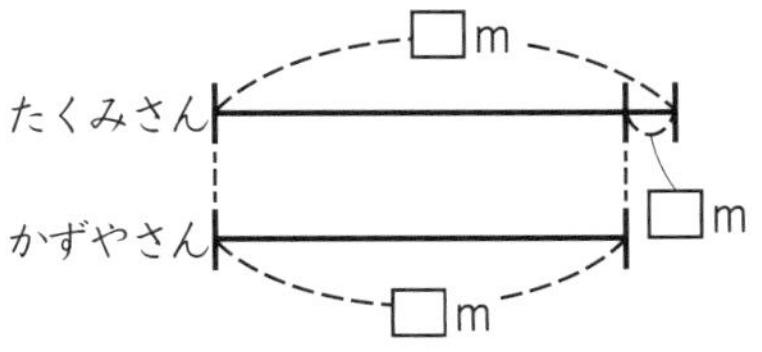

式

答え（　　　　　）

4 ハイキングコースA《エー》の道のりは 4 km、ハイキングコースB《ビー》の道のりは 1.85 km です。2つのハイキングコースの道のりのちがいは何 km ですか。

式

答え（　　　　　）

ヒント　3 大きい数から、小さい数をひくよ。

ぴったり1 じゅんび

学習日　　月　　日

11 わり算の筆算⑥

答え 12ページ

2けたの数でわる筆算のしかた

① 商の見当をつけましょう。

84÷14=□

84 を 80、14 を 10 とみて、商を 8 と見当をつけます。

②わる数と見当をつけた商をかけてたしかめてみましょう。

14×8=112

③②の積《せき》が、わられる数より大きすぎたときは、見当をつけた商を 1 ずつ小さくし、小さすぎたときは、見当をつけた商を 1 ずつ大きくして正しい商を求《もと》めます。

```
     6
14)84
   84…14×6
    0
```

1 えん筆が 65 本あります。13 人で同じ数ずつ分けると、1 人分は何本になりますか。

1 人分が何本になるか、求める式をかきましょう。

次のどちらかの考え方で式をかこう。

考え方 ことばの式にあてはめてみましょう。

全部の本数 ÷ 分ける人数 = 1 人分の本数

同じ数ずつ分けるのだから、わり算で求めるよ。

考え方 図をかいてみましょう。

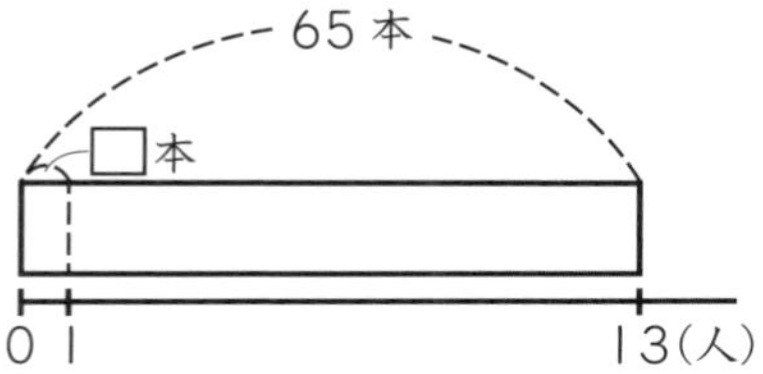

式 65÷①□

筆算で計算して、答えを求めましょう。

65 を 60、13 を 10 とみて、見当をつけた商は②□

わる数にかけてたしかめてみると、

13×③□=④□

わられる数より大きくなるので、1 だけ小さくした数でためしてみよう。

式 65÷⑥□=⑦□

答え ⑧□ 本

```
      ⑤□
13)65
   65
    0
```

ヒント　見当をつけた商が、いつも正しい商とはかぎらないよ。

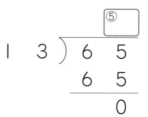

答え 12ページ

1 とうもろこしが 72 本あります。24 人で同じ数ずつ分けると、1 人分は何本になりますか。

全部の本数 ÷ 分ける人数
＝ 1 人分の本数

式

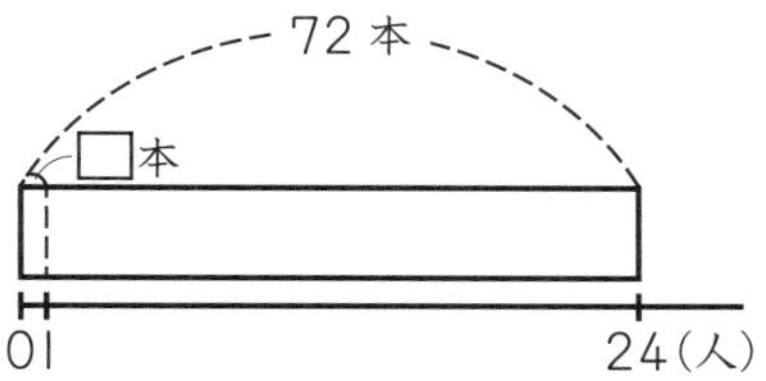

答え（　　　　）

2 重さ 96 kg のお米を、ふくろに同じ重さずつ入れると、ちょうど 12 ふくろになりました。1 ふくろに何 kg のお米がはいっていますか。

全部の重さ ÷ 分けるふくろの数
＝ 1 ふくろ分の重さ

式

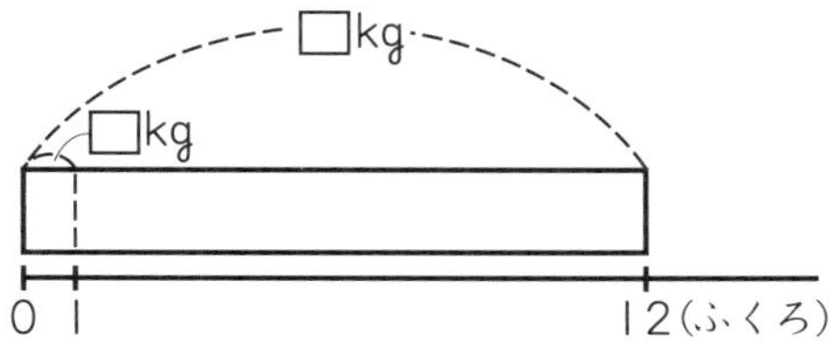

答え（　　　　）

3 270 ページの本があります。1 日に同じページ数ずつ読んで、15 日でちょうど読み終えました。1 日に何ページずつ読みましたか。

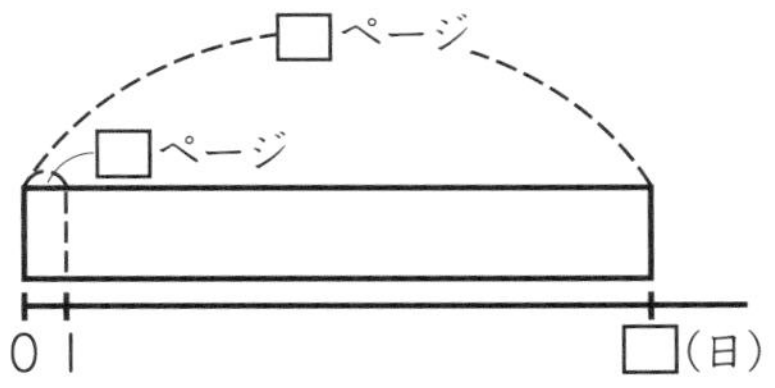

式

答え（　　　　）

4 18 m で 972 円のリボンがあります。このリボン 1 m は何円ですか。

式

答え（　　　　）

ヒント
4 18 を 20 とみて、商の見当をつけよう。

学習日　　月　　日

12 わり算の筆算⑦

答え 13ページ

同じ数の集まりがいくつあるか求《もと》める

・全体を同じ数の集まりで分けるとき、同じ数の集まりがいくつあるかを求めるには、わり算を使って考えます。

1 折《お》り紙が416まいあります。1人に16まいずつ分けると、何人に分けられますか。

次のどちらかの考え方で式をかこう。

何人に分けられるか、求める式をかきましょう。

考え方 ことばの式にあてはめてみましょう。

全部のまい数 ÷ 1人分のまい数 ＝ 人数

同じ数の集まりがいくつあるかを求めるのだから、わり算で求めるよ。

考え方 図をかいてみましょう。

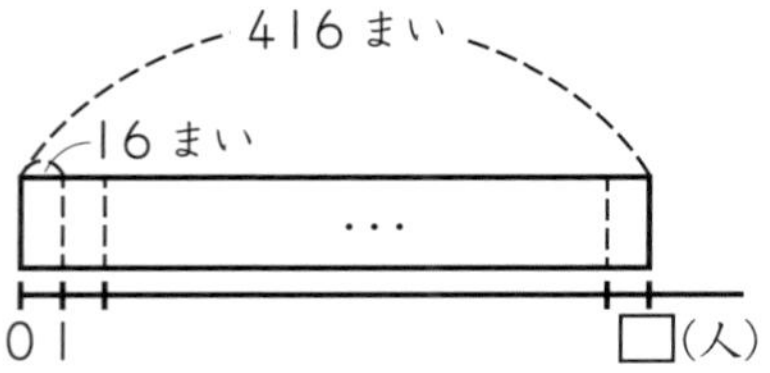

式 416÷①□

筆算で計算して、答えを求めましょう。

			②□	6
1	6)	4	1	6
		3	2	
			③□	6
			9	6
				0

筆算は
たてる→かける→ひく→おろす
の順《じゅん》だよ。

式 416÷④□＝⑤□

答え ⑥□人

ヒント 16を20、41を40とみて、商の見当をつけながら計算しよう。

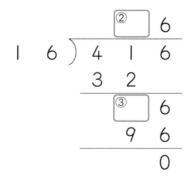

答え 13ページ

1 花のなえが 91 本あります。1人に 13 本ずつ配ると、何人に分けられますか。

全部の本数 ÷ 1人に配る本数 ＝ 人数

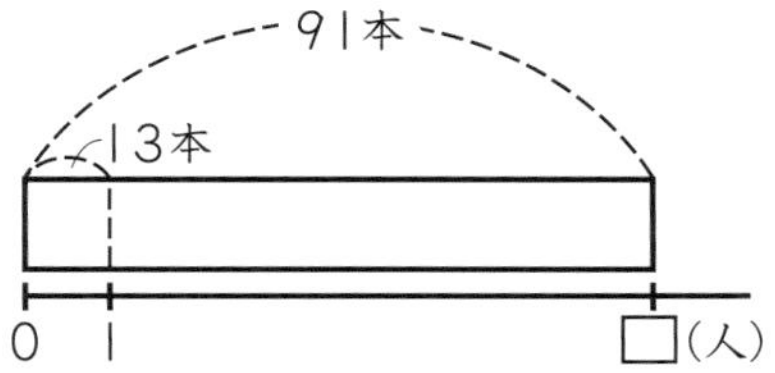

式

答え（　　　　　）

2 サッカークラブの子ども 76 人が、19 人ずつに分かれてチームをつくります。何チームできますか。

全部の人数 ÷ 1チームの人数
＝ チームの数

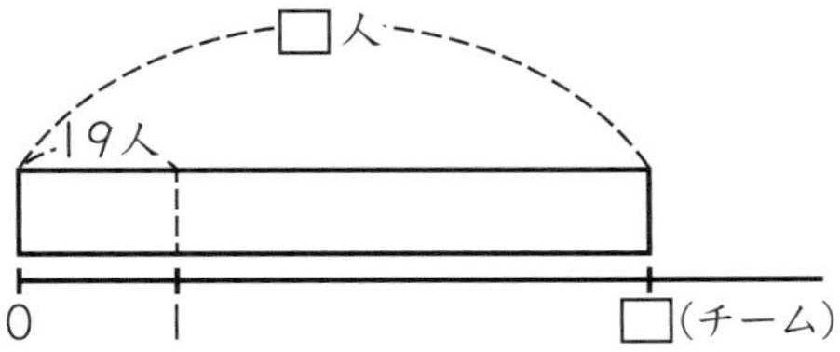

式

答え（　　　　　）

3 シールが 345 まいあります。1まいの台紙に 23 まいずつはると、台紙は何まいになりますか。

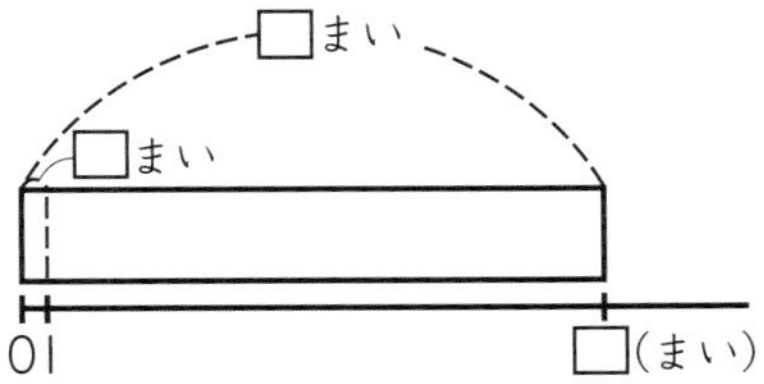

式

答え（　　　　　）

4 945 本のねじを、45 本ずつふくろに入れます。ふくろは何ふくろ必要《ひつよう》ですか。

式

答え（　　　　　）

ヒント　3 23 まいの集まりがいくつできるかを考えよう。

13 わり算の筆算⑧

答え 14ページ

何倍かを求《もと》める

・ある数がもとにする数の何倍かを求めるときは、わり算の式で表します。
何倍かということは、もとにする大きさを１とみていくつになるかということです。

もとにする大きさを求める

・何倍にあたる数から、もとにする大きさ１つ分を求める計算もわり算で表せます。

1 みかんのこ数は148こで、パイナップルのこ数は37こです。みかんのこ数は、パイナップルのこ数の何倍ですか。

何倍になるか、求める式をかきましょう。

考え方 37この□倍が148こなので、
37×□＝148の□にあてはまる数を求めます。

パイナップルのこ数 ─□倍→ みかんのこ数
37こ　　　　　　　148こ

考え方 図をかいてみましょう。

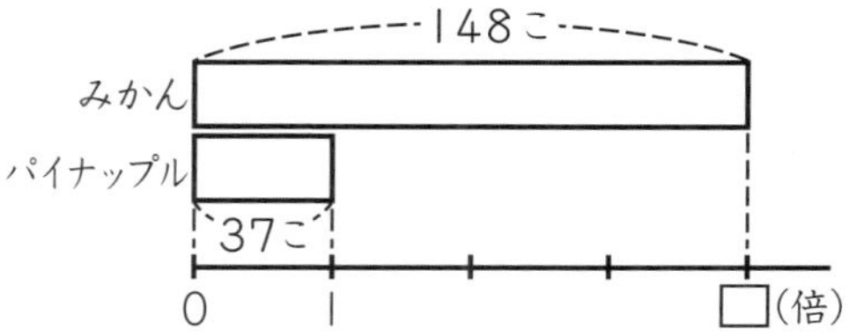

式 148÷①［　　］

筆算で計算して、答えを求めましょう。

式 148÷②［　　］＝③［　　］

答え ④［　　］倍

何倍かを求めるときは、わり算で求めるよ。

2 イルカの体重は255kgで、たかしさんの体重の5倍です。たかしさんの体重は何kgですか。

たかしさんの体重を、求める式をかきましょう。

考え方 □kgの5倍が255kgなので、
□×5＝255の□にあてはまる数を求めます。

たかしさんの体重 ─5倍→ イルカの体重
□kg　　　　　　　255kg

考え方 図をかいてみましょう。

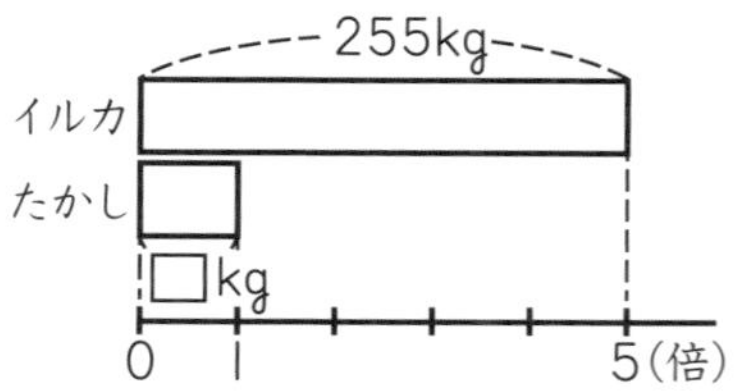

式 255÷①［　　］

筆算で計算して、答えを求めましょう。

式 255÷②［　　］＝③［　　］

答え ④［　　］kg

ヒント **2** もとにする数が、いくつになるかを考えよう。

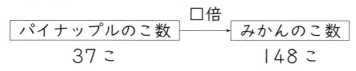

ぴったり2
練習

★できた問題には、「た」をかこう！★

1 でき　2 でき　3 でき　4 でき

学習日　月　日

答え　14ページ

1 ゆみさんが持っているカードのまい数は 78 まいで、あけみさんが持っているカードのまい数は 26 まいです。ゆみさんが持っているカードのまい数は、あけみさんが持っているカードのまい数の何倍ですか。

あけみさんのまい数（26 まい）→ □倍 → ゆみさんのまい数（78 まい）

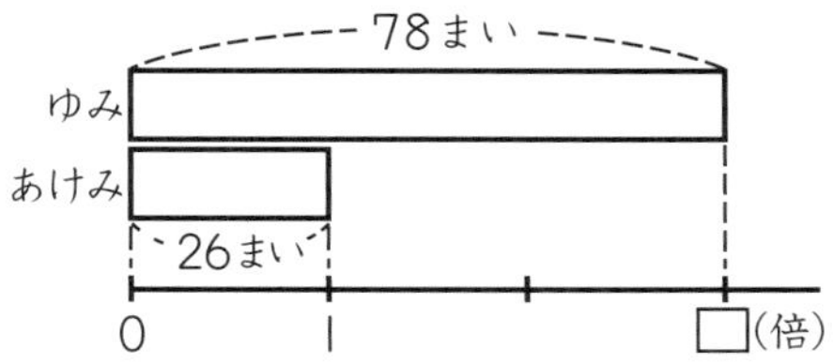

式

答え（　　　　）

2 けんじさんの身長は 1 m 38 cm で、くつのサイズは 23 cm です。けんじさんの身長は、くつのサイズの何倍ですか。

くつのサイズ（23 cm）→ □倍 → けんじさんの身長（1 m 38 cm）

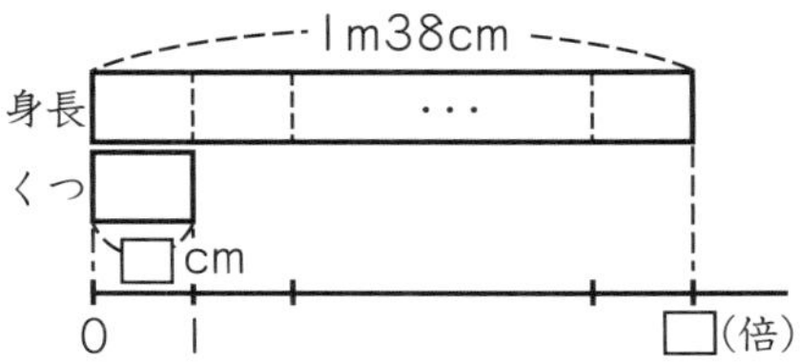

式

答え（　　　　）

3 今日、図書館を利用《りよう》した人は 70 人で、昨日《きのう》、利用した人の 14 倍でした。
昨日、図書館を利用した人は何人ですか。

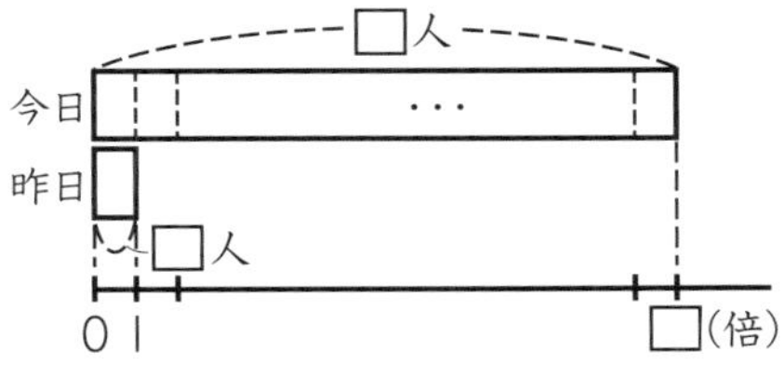

式

答え（　　　　）

4 A《エー》市からB《ビー》市までの道のりは 462 km で、A市からC《シー》市までの道のりの 22 倍です。
A市からC市までの道のりは何 km ですか。

式

答え（　　　　）

ヒント　2　1 m 38 cm を cm になおしてから、筆算をしよう。

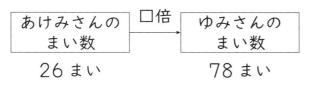

学習日　　月　　日

14 わり算の筆算⑨

答え 15ページ

あまりのあるわり算の筆算のしかた

・筆算のと中で、わられる数がわる数より小さくなったら、その数があまりとなります。

1 カードが 459 まいあります。このカードを 19 人で同じ数ずつ分けると、1人分は何まいになって、何まいあまりますか。

1人分が何まいになり、あまりが何まいになるか、求《もと》める式をかきましょう。

次のどちらかの考え方で式をかこう。

考え方 ことばの式にあてはめてみましょう。

全部のまい数 ÷ 分ける人数
= 1人分のまい数
あまり あまりのまい数

同じ数ずつ分けるのだから、わり算で求めるよ。

考え方 図をかいてみましょう。

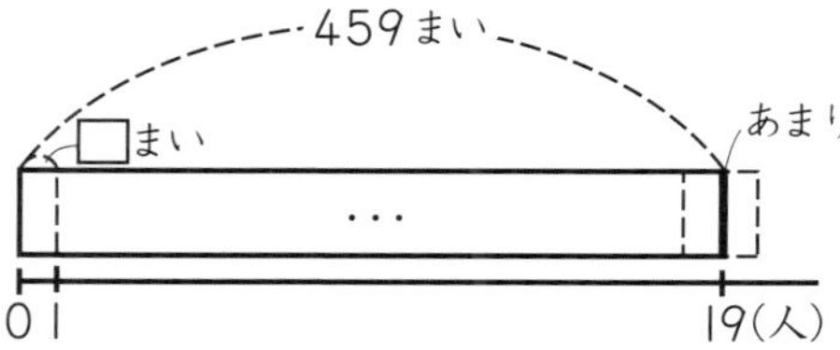

式 459÷①[　　]

筆算で計算して、答えを求めましょう。

```
       ②[ ] 4
19 ) 4  5  9
     3  8
        7  9
        7 ③[ ]
          ④[ ]
```

商の見当をつけよう。

式 459÷⑤[　　]=⑥[　　] あまり ⑦[　　]

答え 1人分は⑧[　　]まいになって、⑨[　　]まいあまる。

ヒント 19を20とみて、商の見当をつけてみよう。

★できた問題には、「た」をかこう！★

❶ でき　❷ でき　❸ でき　❹ でき

学習日　月　日

答え　15ページ

1 ボールペンが 93 本あります。13 人で同じ数ずつ分けると、1 人分は何本になり、何本あまりますか。

全部の本数 ÷ 分ける人数
＝ 1 人分の本数 あまり あまりの本数

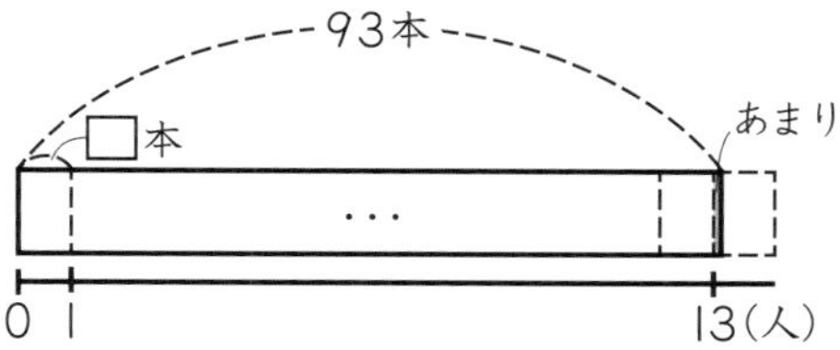

式

答え（1 人分は　　　　になり、　　　　あまる。）

2 75 このビー玉を、同じ数ずつふくろに入れると、18 ふくろできました。ビー玉は 1 ふくろに何こはいっていて、何こあまりますか。

全部のこ数 ÷ ふくろの数
＝ 1 ふくろのこ数 あまり あまりのこ数

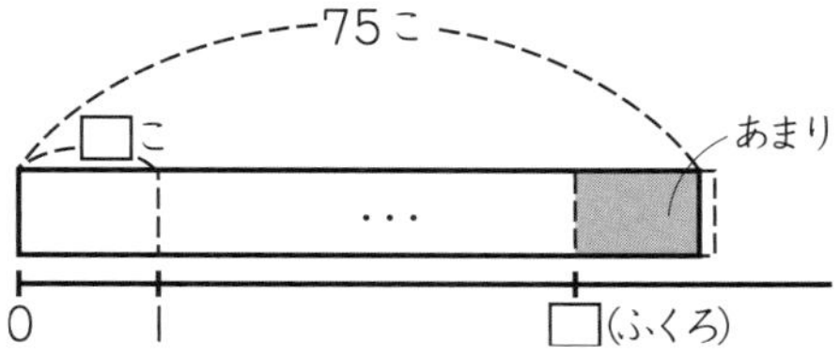

式

答え（1 ふくろに　　　　はいっていて、　　　　あまる。）

3 520 本のえん筆があります。同じ数ずつ束《たば》にすると、27 束できました。えん筆は 1 束何本で、何本あまりますか。

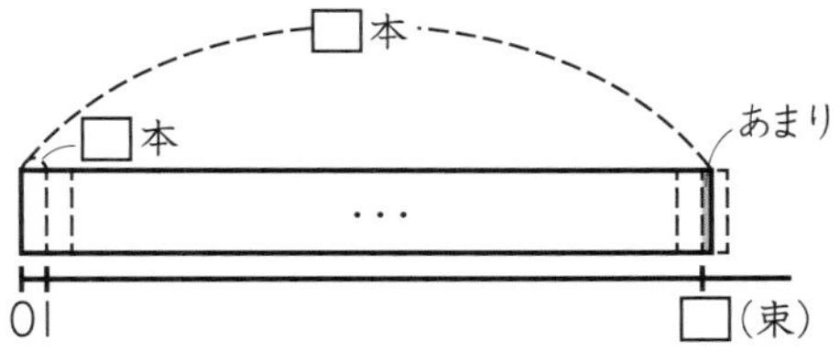

式

答え（1 束　　　　で、　　　　あまる。）

4 754 kg のお米を 32 人で同じ重さずつに分けると、1 人分は何 kg になり、何 kg あまりますか。

式

答え（1 人分は　　　　になり、　　　　あまる。）

ヒント　4　32 を 30 とみて、商の見当をつけよう。

15 わり算の筆算⑩

答え 16ページ

同じ数の集まりがいくつあるか求《もと》める

・全体を同じ数の集まりで分けるとき、同じ数の集まりがいくつあるかを求めるには、わり算を使って考えます。わりきれないときは、あまりがでます。

1 420このみかんを、32こずつ箱につめていきます。何箱できて、何こあまりますか。

何箱に分けられるか、
求める式をかきましょう。

考え方 ことばの式にあてはめてみましょう。

全部のこ数 ÷ 1箱につめるこ数
＝ 箱の数 あまり あまりのこ数

同じ数ずつ分けるのだから、
わり算で求めるよ。

考え方 図をかいてみましょう。

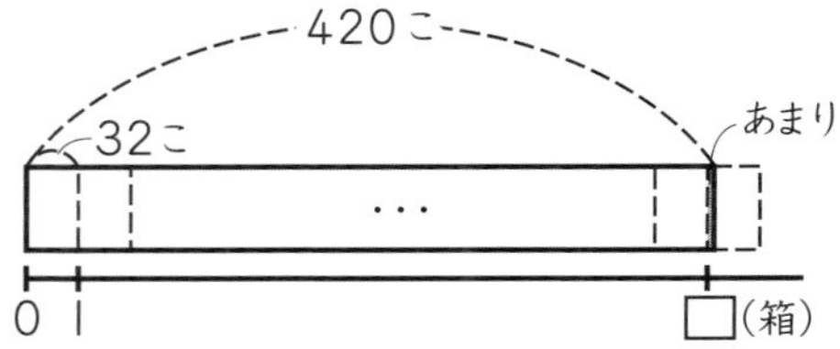

式 420÷① □

筆算で計算して、答えを求めましょう。

```
        ② 3
32 ) 4 2 0
     3 2
     1 0 ③
       9 6
         ④
```

筆算は
たてる→かける→ひく→おろす
の順《じゅん》だよ。

式 420÷⑤ □ ＝⑥ □ あまり⑦ □

答え ⑧ □ 箱できて、⑨ □ こあまる。

ヒント 「わる数×商＋あまり」を計算して、わられる数になるか、答えのたしかめをしよう。

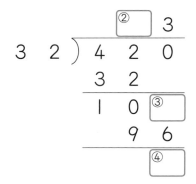

★できた問題には、「た」をかこう！★

1 でき　2 でき　3 でき　4 でき

答え 16ページ

1 折《お》り紙《がみ》が 94 まいあります。1人に 18 まいずつ配ると、何人に分けられて、何まいあまりますか。

全部のまい数 ÷ 1人分のまい数
＝ 人数 あまり あまりのまい数

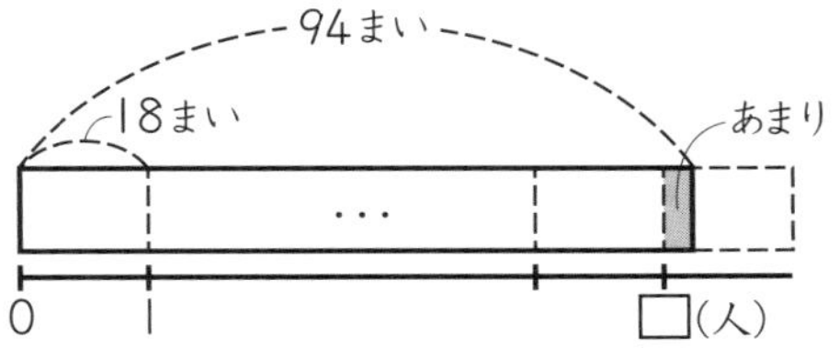

式

答え（　　　　に分けられて、　　　　あまる。）

2 ひまわりの花が 73 本あります。14 本ずつ束《たば》にすると、何束できて、何本あまりますか。

全部の本数 ÷ 1束分の本数
＝ 束の数 あまり あまりの本数

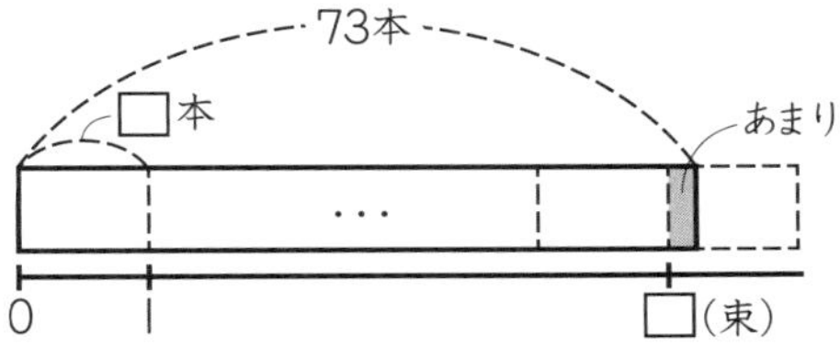

式

答え（　　　　できて、　　　　あまる。）

3 450 円でチョコレートを買います。1こ 60 円のチョコレートを買うと、何こ買えて、何円あまりますか。

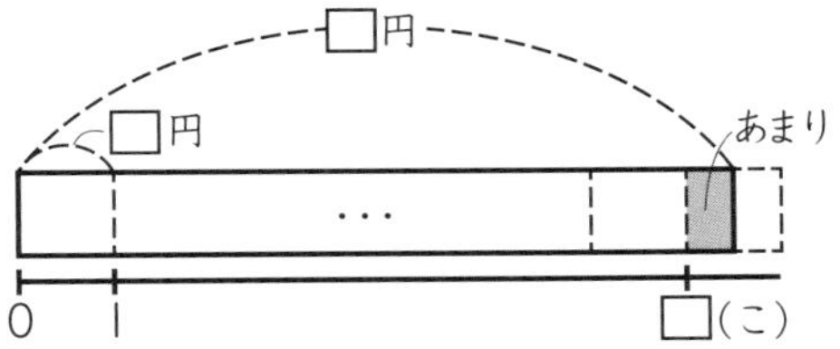

式

答え（　　　　買えて、　　　　あまる。）

4 843 本のペットボトルを、1箱に 24 本ずつつめると、何箱できて、何本あまりますか。

式

答え（　　　　できて、　　　　あまる。）

ヒント　4 24 を 20 とみて、商の見当をつけよう。

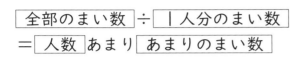

ぴったり1 じゅんび

16 割合

答え 17ページ

割合《わりあい》

・もとにする大きさを１とするとき、くらべられる大きさが何倍にあたるかを表した数を、**割合**といいます。

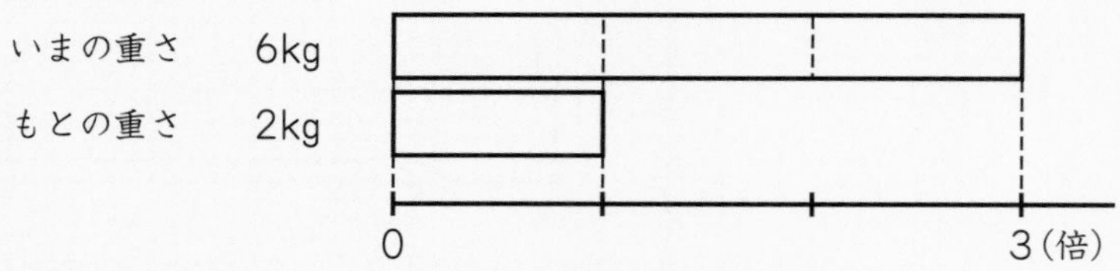

もとの重さ × 割合(何倍か) ＝ いまの重さ

２つの数量《すうりょう》の関係《かんけい》をくらべるときに、ある量をもとにして、その何倍になっているかでくらべることがあります。

1 バネA《エー》はもとの長さが 30 cm で、120 cm までのびます。バネB《ビー》はもとの長さが 45 cm で、135 cm までのびます。

バネAがのびた後の長さは、のびる前の長さの何倍ですか。また、バネBがのびた後の長さは、のびる前の長さの何倍ですか。それぞれ求《もと》めましょう。

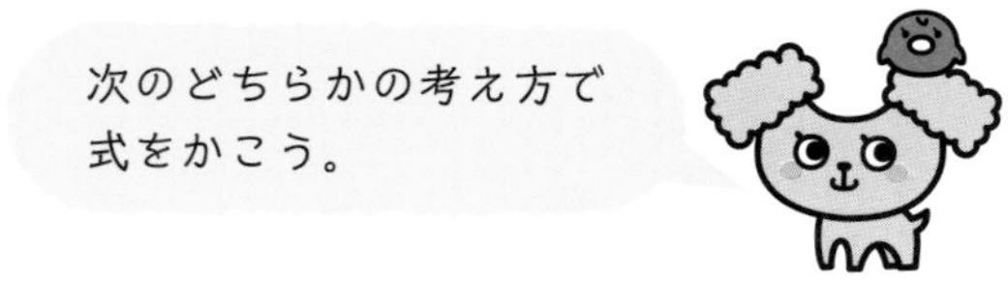

考え方 ことばの式にあてはめてみましょう。

のびた後の長さ ÷ のびる前の長さ ＝ 何倍

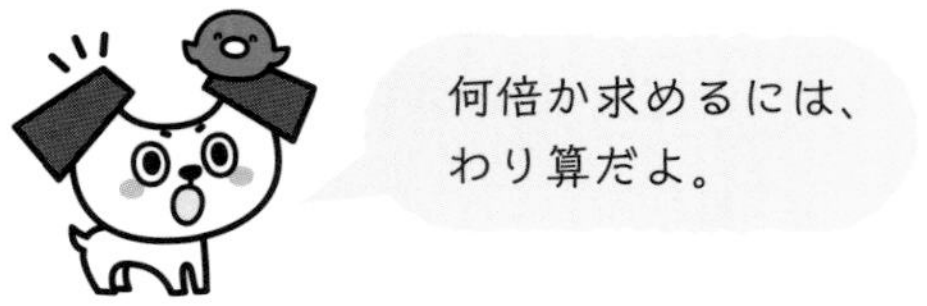

考え方 図をかいてみましょう。

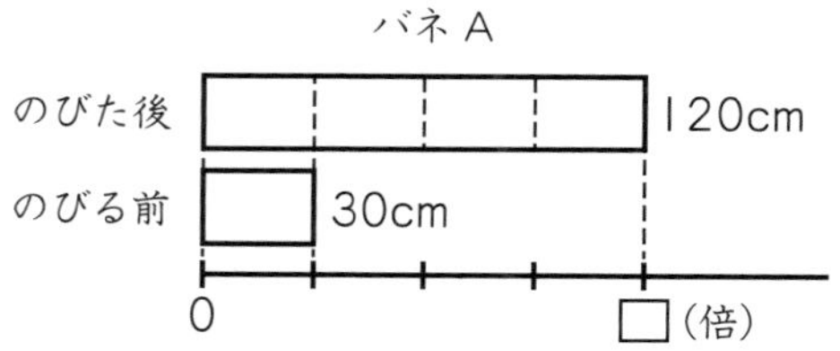

式 バネA…120÷① ＝② 　　バネB…135÷③ ＝④

答え バネA…⑤ 倍　　バネB…⑥ 倍

バネAとバネBでは、どちらがよくのびるといえますか。

考え方 のびた後とのびる前の長さの差《さ》はどちらも 90 cm で同じなので、くらべることができません。そこで、割合を使ってみましょう。

答え バネ⑦ のほうがよくのびる。

ヒント もとの大きさがちがうときは、割合を使ってくらべます。

1 ゴムA《エー》はもとの長さが 50 cm で、150 cm までのびます。ゴムB《ビー》はもとの長さが 25 cm で、125 cm までのびます。

(1)ゴムAがのびた後の長さは、のびる前の長さの何倍ですか。

のびた後の長さ ÷ のびる前の長さ
＝ 何倍

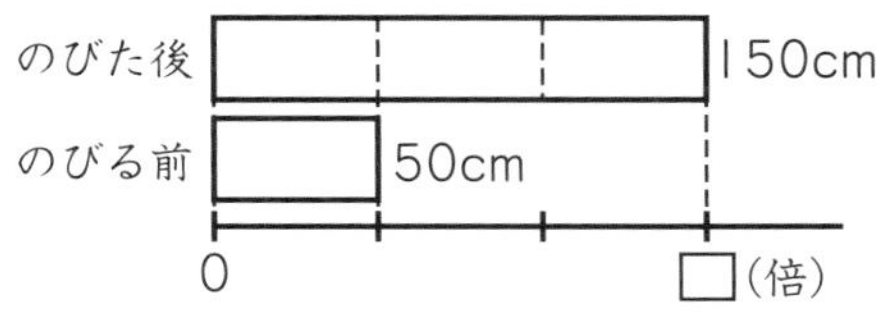

式

答え（　　　　　）

(2)ゴムBがのびた後の長さは、のびる前の長さの何倍ですか。

のびた後の長さ ÷ のびる前の長さ
＝ 何倍

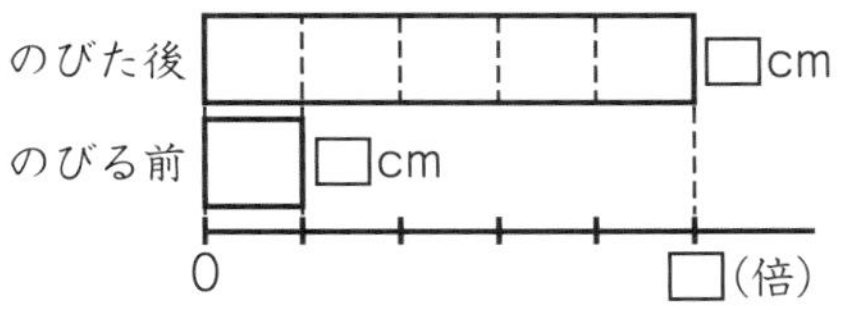

式

答え（　　　　　）

(3)どちらのゴムがよくのびるといえますか。

答え（　　　　　）

2 あるお店で、肉のねだんを上げました。右の表は、100 g あたりの肉のねだんをまとめたものです。

	ね上げ前	ね上げ後
肉A	240 円	720 円
肉B	480 円	960 円

(1)肉Aの、ね上げ後のねだんは、ね上げ前のねだんの何倍ですか。

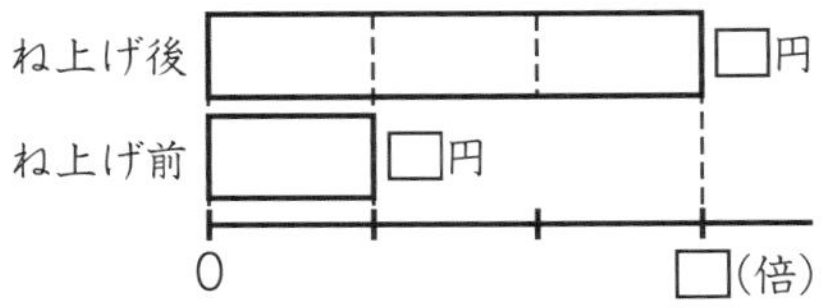

式

答え（　　　　　）

(2)肉Bの、ね上げ後のねだんは、ね上げ前のねだんの何倍ですか。

式

答え（　　　　　）

(3)肉Aと肉Bでは、どちらのほうが、ね上げしているといえますか。

答え（　　　　　）

ヒント　何倍かを求《もと》めるには、わり算を使います。

ぴったり1 じゅんび

学習日　月　日

17 式と計算の順じょ①

答え 18ページ

式と計算の順《じゅん》じょ

・ふつう、左から順に計算します。
・式の中に(　)があるときは、(　)の中をさきに計算します。
・式の中のかけ算やわり算は、たし算やひき算よりさきに計算します。

1 180円のノート1さつと、35円のえん筆3本買ったときの代金はいくらですか。

代金はいくらになるか、1つの式に表してみましょう。

次のどちらかの考え方で式をかこう。

考え方 ことばの式にあてはめてみましょう。

ノートの代金 ＋ えん筆の代金 ＝ 全部の代金

えん筆3本の代金を表すには…

考え方 図をかいてみましょう。

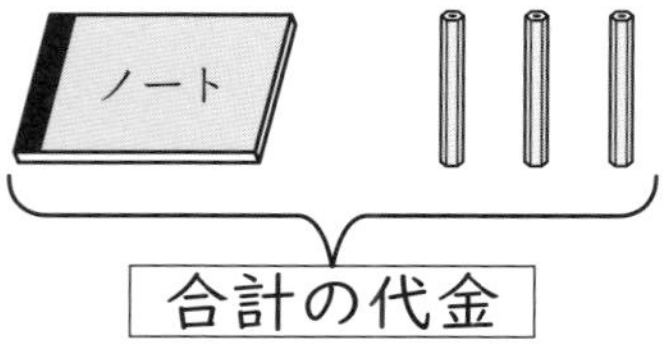

式 180＋①□×②□

計算して、答えを求《もと》めましょう。

式 180＋③□×④□＝⑤□

答え ⑥□円

2 98円のペンを4本買って、500円出しました。おつりはいくらですか。

おつりはいくらになるか、1つの式に表してみましょう。

考え方 ことばの式にあてはめてみましょう。

出したお金 － ペンの代金 ＝ おつり

考え方 図をかいてみましょう。

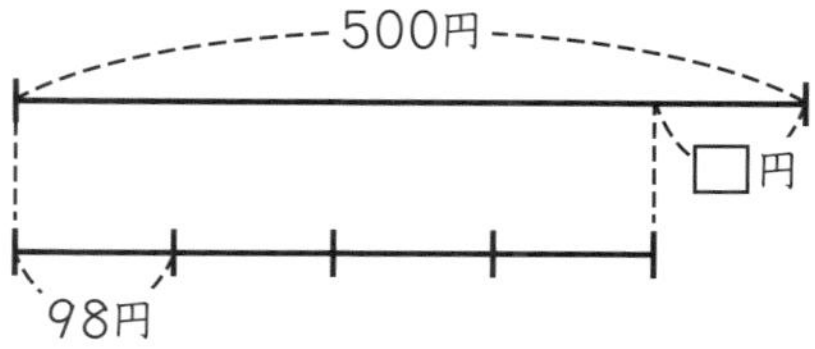

式 500－①□×②□

計算して、答えを求めましょう。

式 500－③□×④□＝⑤□

答え ⑥□円

ヒント **2** ペン4本分の代金は、どのような式で表せるか考えよう。

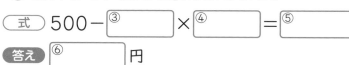

答え 18ページ

1 1本25円のえん筆を8本と1こ120円の消しゴムを1こ買ったときの代金を、1つの式にかいて求《もと》めましょう。

［えん筆の代金］＋［消しゴムの代金］
＝［合計の代金］

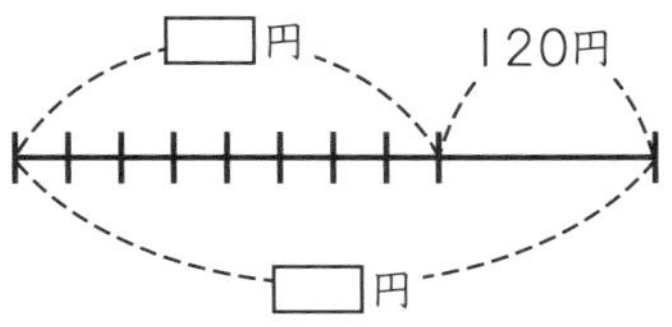

式

答え（　　　　）

2 1箱に、ジュースをたてに3本、横に5本ならべて入れます。ジュース60本を箱に入れるのに、箱は何箱いりますか。1つの式にかいて求めましょう。

［ジュースの本数］÷［1箱に入れるジュースの本数］
＝［箱の数］

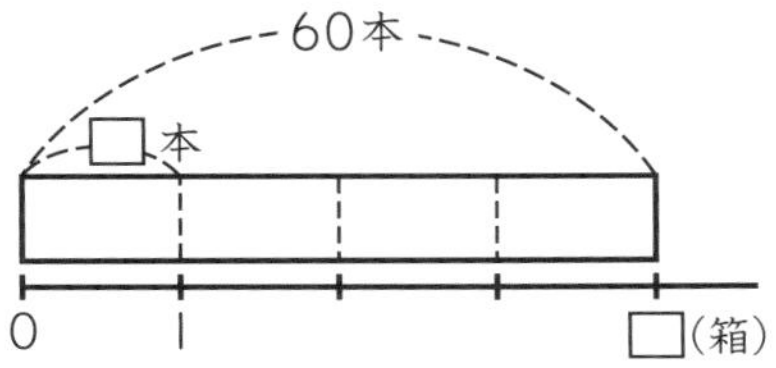

式

答え（　　　　）

3 3mのリボンを12cmずつ16本切り取って使いました。残《のこ》りは何cmですか。1つの式にかいて求めましょう。

式

答え（　　　　）

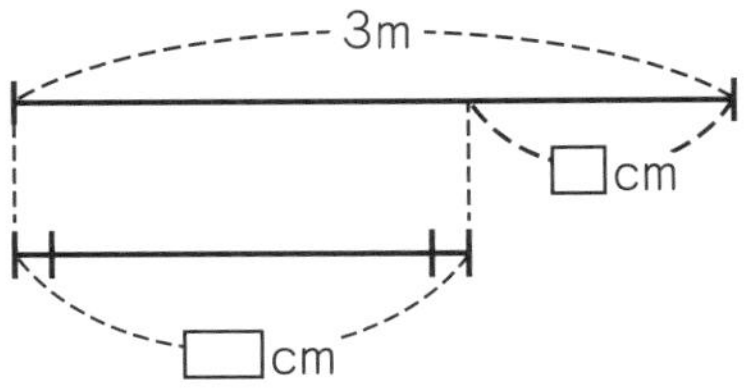

4 185ページある本を、今日までに101ページ読みました。残りのページをあと4日間でちょうど読み終えるには、1日に何ページずつ読めばよいですか。1つの式にかいて求めましょう。

式

答え（　　　　）

ヒント ② 1箱に入れるジュースの本数を考えよう。

学習日　　月　　日

18 式と計算の順じょ②

答え 19ページ

計算の間の関係《かんけい》(たし算、ひき算)

・□を使った式に表すと、計算の間の関係と、□の答えを出す計算がわかります。

□＋5＝12
□ ⇄ 12（5をたす／5をひく）
□＝12－5

□－8＝22
□ ⇄ 22（8をひく／8をたす）
□＝22＋8

1 公園で子どもが□人遊んでいます。そこへ5人来たので16人になりました。□にあてはまる数を求《もと》めましょう。

□を使って、1つの式に表してみましょう。

次のどちらかの考え方で式をかこう。

考え方 ことばの式にあてはめてみましょう。

最初《さいしょ》に遊んでいた人数 ＋ 来た人数
＝ 合計の人数

考え方 図をかいてみましょう。

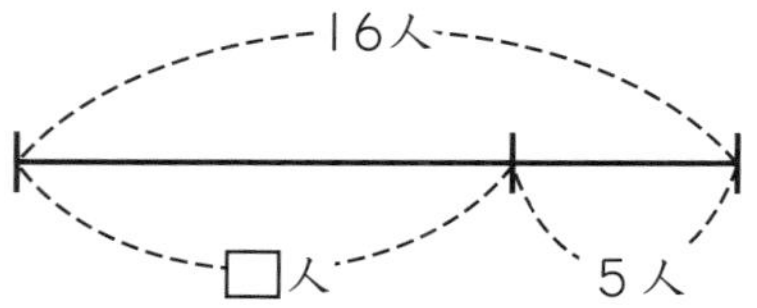

式 □＋① ＝16

計算して、答えを求めましょう。

式 □＝16－② ＝③

答え ④

2 公園で子どもが□人遊んでいます。そこから6人帰ったので12人になりました。□にあてはまる数を求めましょう。

□を使って、1つの式に表してみましょう。

考え方 ことばの式にあてはめてみましょう。

最初に遊んでいた人数 － 帰った人数
＝ 残《のこ》っている人数

考え方 図をかいてみましょう。

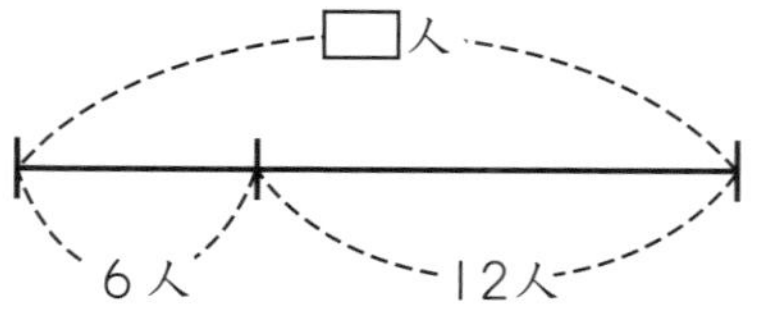

式 □－① ＝12

計算して、答えを求めましょう。

式 □＝12＋② ＝③

答え ④

ヒント　式をかくときにまようときは、数の出入りを図にしてみよう。

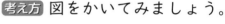

学習日　　月　　日

★できた問題には、「た」をかこう！★

できた 1　できた 2　できた 3　できた 4

答え 19ページ

1 去年の動物園の入場料《にゅうじょうりょう》は□円でした。今年の入場料は 40 円ね上がりして、420 円です。□にあてはまる数を求《もと》めましょう。

去年の入場料 ＋ ね上げ分の金がく
＝ 今年の入場料

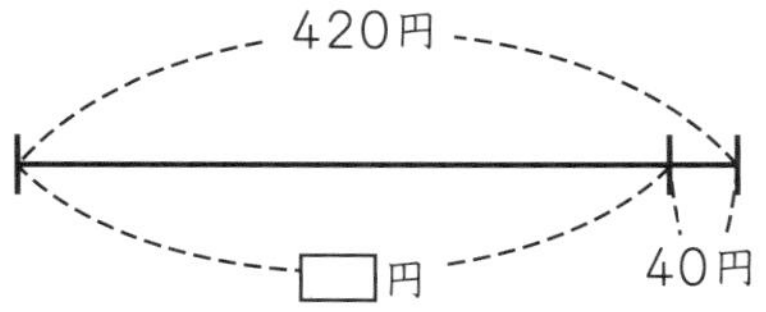

式

答え（　　　　　）

2 昨日《きのう》、畑でとれたきゅうりは□本です。今日、25 本のきゅうりがとれて、昨日とあわせて 57 本になりました。□にあてはまる数を求めましょう。

昨日の本数 ＋ 今日の本数
＝ あわせた本数

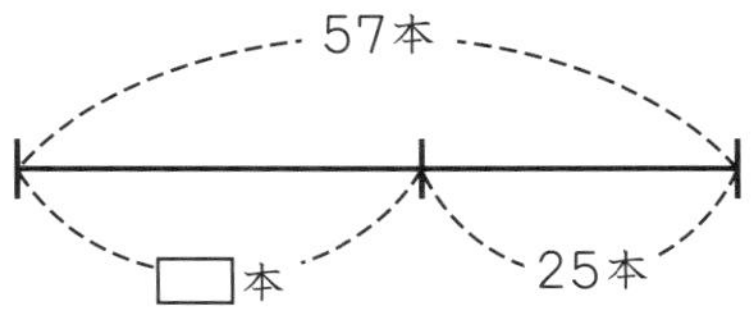

式

答え（　　　　　）

3 おみやげにクッキーを□まいもらいました。みんなで 14 まい食べたら、22 まい残《のこ》りました。□にあてはまる数を求めましょう。

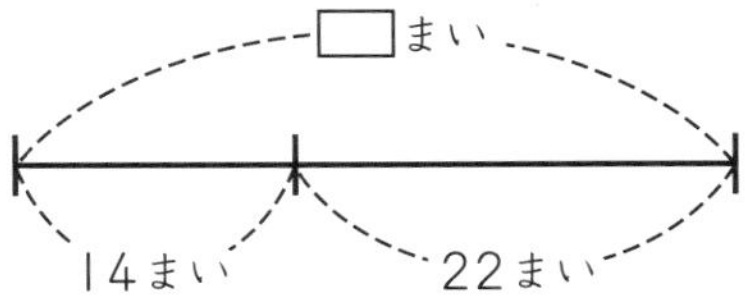

式

答え（　　　　　）

4 バスに□人の乗客が乗っています。1つ目のバスていで 15 人おりて、9 人乗りました。そのまま終点まで走り、終点のバスていで 43 人全員がおりました。□にあてはまる数を求めましょう。

式

答え（　　　　　）

ヒント　**4** 1つ目のバスていを出発したとき、バスの乗客の人数が何人か考えよう。

学習日　　月　　日

19 式と計算の順じょ③

答え 20ページ

計算の間の関係《かんけい》(かけ算、わり算)

・□を使った式に表すと、計算の間の関係と、□の答えを出す計算がわかります。

□×5＝60
□ →5をかける→ 60
□ ←5でわる← 60
□＝60÷5

□÷8＝22
□ →8でわる→ 22
□ ←8をかける← 22
□＝22×8

1 1ふくろに□このあめがはいっています。3ふくろ買ったら、全部で42こでした。□にあてはまる数を求《もと》めましょう。

次のどちらかの考え方で式をかこう。

□を使って、1つの式に表してみましょう。

考え方 ことばの式にあてはめてみましょう。

1ふくろにはいっているあめの数 × ふくろの数 ＝ 全部のあめの数

考え方 図をかいてみましょう。

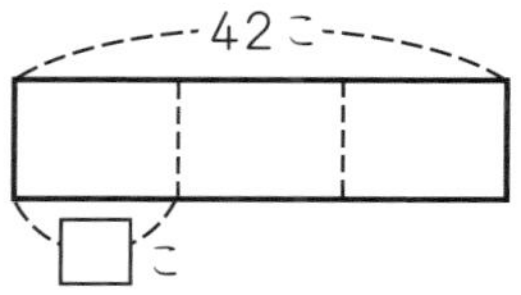

式 □×3＝①

計算して、答えを求めましょう。

式 □＝② ÷3＝③

答え ④

2 えん筆が□本あります。7人の子どもに同じ数ずつ分けたら、1人6本もらえました。□にあてはまる数を求めましょう。

□を使って、1つの式に表してみましょう。

考え方 ことばの式にあてはめてみましょう。

えん筆の数 ÷ 人数 ＝ 1人分の数

考え方 図をかいてみましょう。

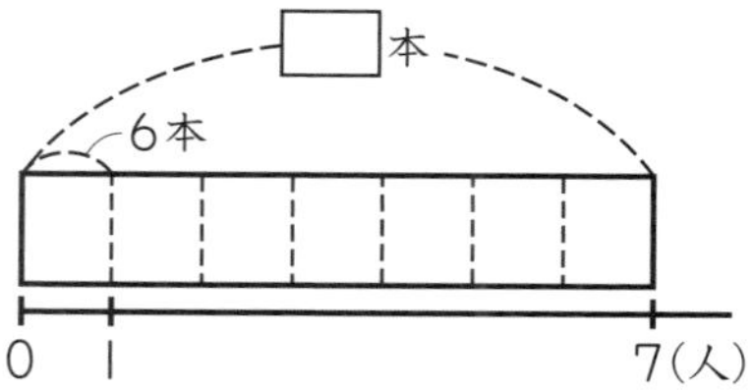

式 □÷7＝①

計算して、答えを求めましょう。

式 □＝② ×7＝③

答え ④

ヒント **2** 同じ数ずつ分けるときは、わり算をするよ。

練習

★できた問題には、「た」をかこう！★

1 でき　2 でき　3 でき　4 でき

答え 20ページ

1 1箱に□このケーキがはいっています。箱が14箱あるとき、ケーキは全部で56こになります。□にあてはまる数を求《もと》めましょう。

1箱にはいっているこ数 × 箱の数
＝ 全部のケーキのこ数

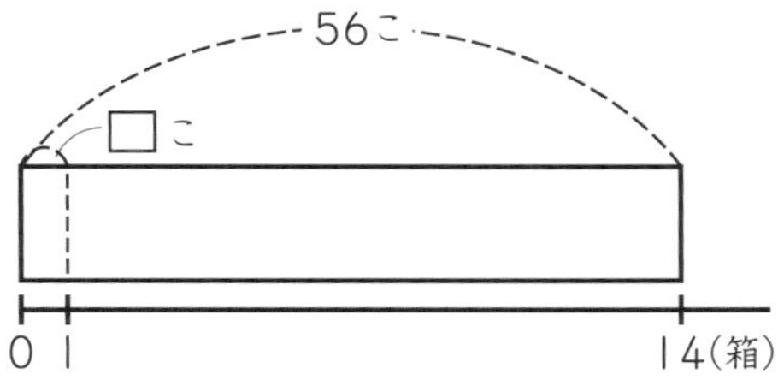

式

答え（　　　　）

2 □ページの本があります。1日に25ページずつ読むと、ちょうど8日間で読み終えます。□にあてはまる数を求めましょう。

全部のページ数 ÷ 1日に読むページ数
＝ 日にち

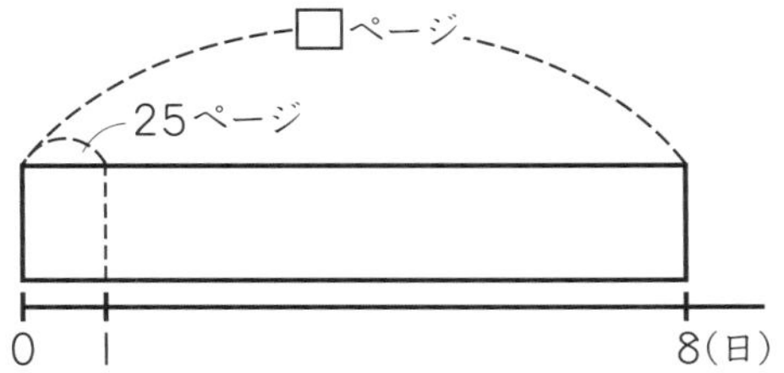

式

答え（　　　　）

3 ジュースが960 mLあります。1つのコップに□ mLずつ入れると、ちょうどコップ8こ分になりました。□にあてはまる数を求めましょう。

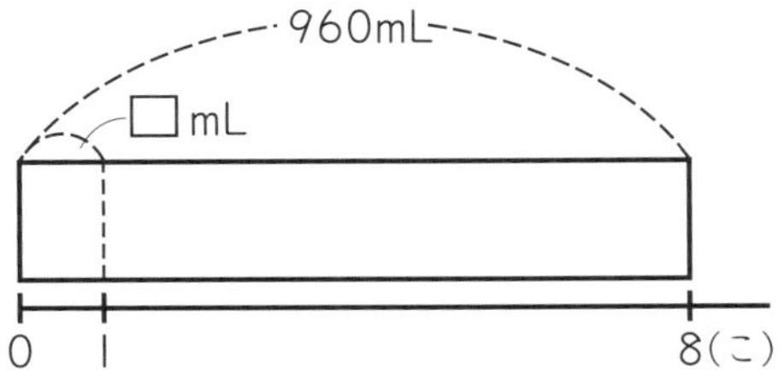

式

答え（　　　　）

4 みかんが□こあります。1人に8こずつ配ると、ちょうど15人に配ることができます。□にあてはまる数を求めましょう。

式

答え（　　　　）

ヒント　3 同じ数ずつに分けるので、わり算で計算しよう。

学習日　　月　　日

20 式と計算の順じょ④

答え 21ページ

式の表し方とよみ方

・同じ問題でも、見方や考え方がちがうと、式もちがってきます。

下の○と●をあわせた数を求《もと》める式の考え方

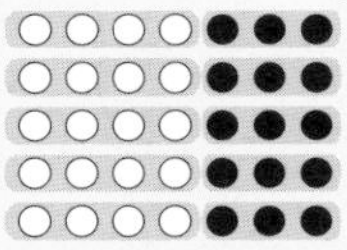

○が4こ×5列と
●が3こ×5列
4×5＋3×5

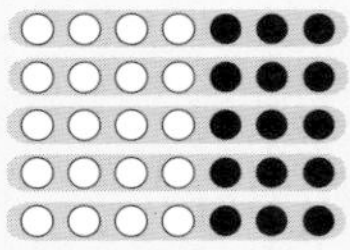

1列に4こ(○)＋3こ(●)
7こ×5列
(4＋3)×5

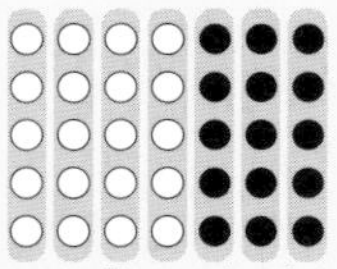

○が5こ×4列と
●が5こ×3列
5×4＋5×3

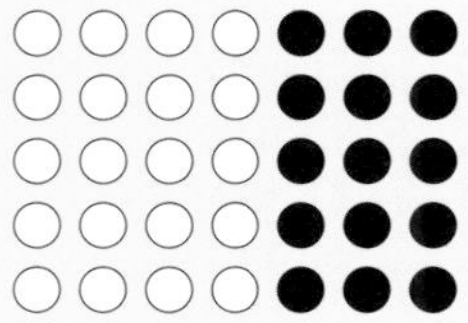

式が何を表しているかをよみとることができるようにしましょう。

1 右の図で●の数を求める式を次のように表したとき、式の表す意味を考えて、●の数を求めましょう。

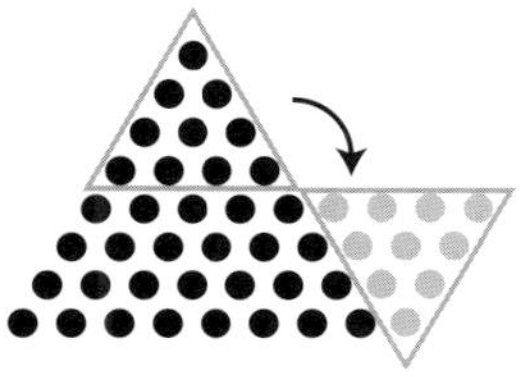

式9×4の表す意味を考えましょう。

考え方 ●の9のまとまりが4つあるとみます。

右の図のように、上の4だんをうつすと、①［　　］この列が②［　　］列できることを表します。

計算して、答えを求めましょう。

式 9×4＝③［　　］

答え ④［　　］こ

2 右の図を見て、次の式が何を表しているか、説明《せつめい》しましょう。

1ふさ 480円

1こ 150円

480－150×3

考え方 文字の式で考えてみましょう。

［ぶどう1ふさの代金］－［りんご1この代金］×［こ数］

答え ぶどう①［　　］ふさの代金とりんご②［　　］こ分の代金のちがいを表しています。

ヒント **1** 求めやすいように、図形をうつしてみよう。

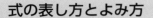

★できた問題には、「た」をかこう！★

でき 1　でき 2

学習日　　月　　日

答え 21ページ

1 右の図を見て、次の式が何を表しているか、説明《せつめい》しましょう。

ケーキ1こ 250円	ジュース1本 120円

(1)(250＋120)×4

(［ケーキ1この代金］＋［ジュース1本の代金］)×［こ数］

説明(　　　　　　　　　　　　)

(2)1000－250×3

説明(　　　　　　　　　　　　)

2 右の図で●の数を求《もと》める式を次のように表したとき、式の表す意味を説明して、●の数を求めましょう。

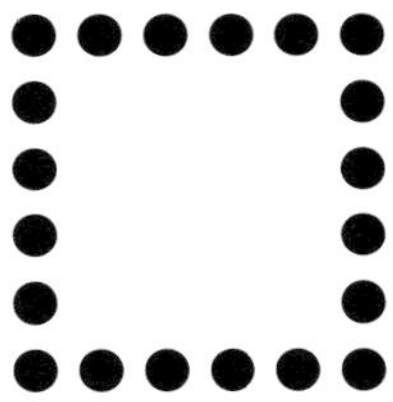

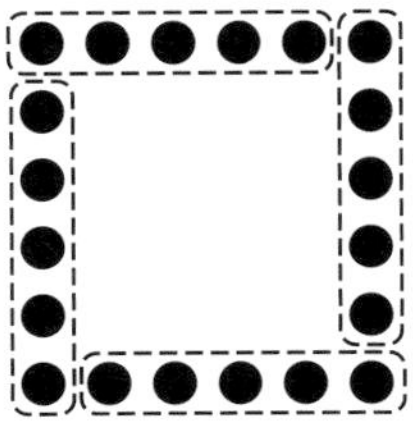

(1)5×4

説明

答え(　　　　　　)

(2)6×2＋4×2

説明

答え(　　　　　　)

ヒント　**2** (2)6×2、4×2 それぞれの意味を考えよう。

21 がい数の計算①

学習日　　月　　日

答え 22ページ

がい数《すう》のたし算のしかた

・およその数を**がい数**といい、約《やく》○○と表します。
| つの数を、ある位《くらい》までのがい数で表すには、そのすぐ下の位の数字が、0、|、2、3、4のときは切り捨《す》てて、5、6、7、8、9のときは切り上げます。この方法《ほうほう》を**四捨五入《ししゃごにゅう》**といいます。
和を、ある位までのがい数で求《もと》めたいときは、それぞれの数を、求めようと思う位までのがい数にしてから計算します。

1 お店で、デジタルカメラが 39800 円、プリンターが |4200 円で売られています。全部買うと、代金は約何万何千円になりますか。

次のどちらかの考え方で式をかこう。

全部で約何円になるか、求める式をかきましょう。

考え方 ことばの式にあてはめてみましょう。

デジタルカメラの代金のがい数
＋ プリンターの代金のがい数
＝ およその代金

それぞれの代金をまずは、がい数で表すよ。

39800 円を千の位までのがい数にすると、
① 円、
|4200 円を千の位までのがい数にすると、
② 円となる。

考え方 図をかいてみましょう。

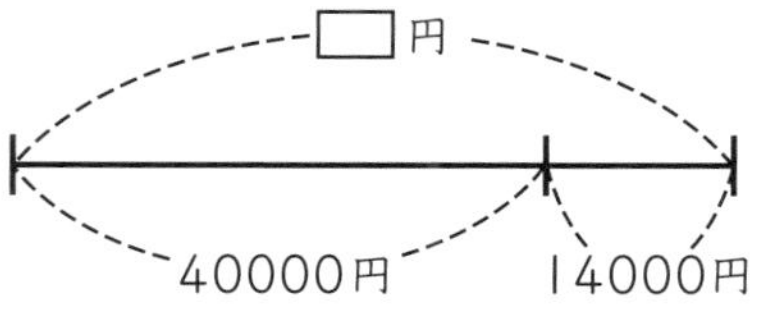

式 ③ ＋ ④

計算して、答えを求めましょう。

式 ⑤ ＋ ⑥ ＝ ⑦

答え 約 ⑧ 円

ヒント 約何万何千円かなので、千の位までのがい数で表してみよう。

答え 22ページ

1 お店で、84800円のテレビと、9800円のＤＶＤ《ディーブイディー》プレイヤーを買います。代金は約《やく》何万何千円になりますか。

テレビの代金のがい数
＋ DVDプレイヤーの代金のがい数
＝ およその代金

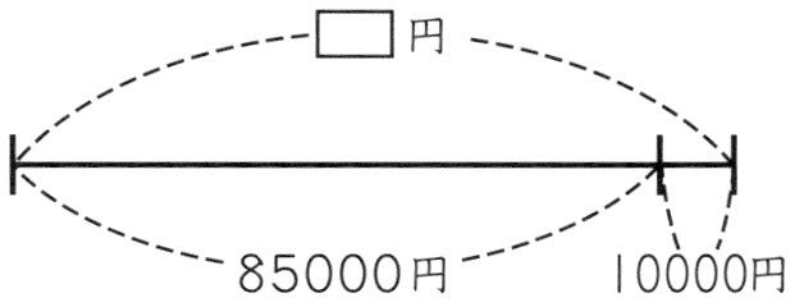

式

答え（　　　　）

2 ある動物園の土曜日の入場者数は35942人、日曜日の入場者数は47568人でした。2日間の入場者数は、あわせて約何万何千人になりますか。

土曜日の入場者数のがい数
＋ 日曜日の入場者数のがい数
＝ およその入場者数

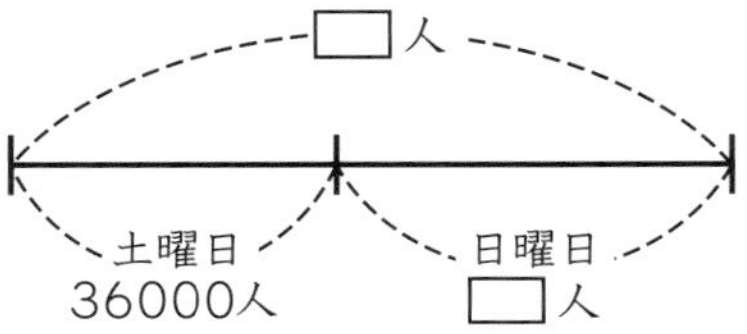

式

答え（　　　　）

3 スポーツ店で、5378円のサッカーシューズと、3240円のサッカーボールを買います。あわせていくらになりますか。上から2けたのがい数で求《もと》めましょう。

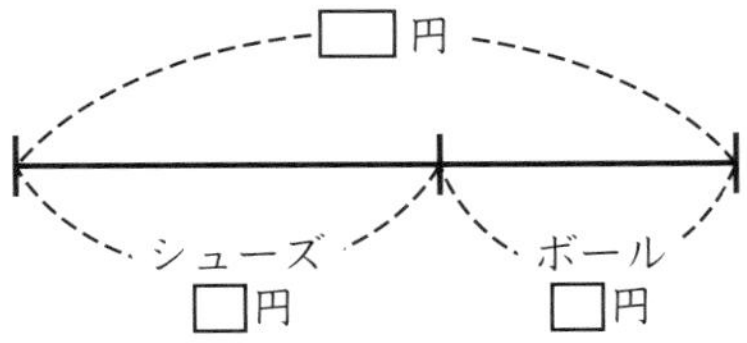

式

答え（　　　　）

4 東市の人口は、288503人、西市の人口は、310485人です。この2つの市をあわせた人口は、約何万人ですか。

式

答え（　　　　）

ヒント　3 上から2けたのがい数なので、約何千何百円かを求めるよ。

学習日　　月　　日

22 がい数の計算②

答え 23ページ

がい数のひき算のしかた

・差《さ》をある位《くらい》までのがい数で求《もと》めたいときは、それぞれの数を、求めようと思う位までのがい数にしてから計算します。

1 ある音楽ホールで、コンサートがあった日の入場者数は 6342 人でした。次の日のバレエの発表会の入場者数は 1814 人でした。2日間の入場者数のちがいは約《やく》何千何百人ですか。

次のどちらかの考え方で式をかこう。

ちがいが何人になるか、求める式をかきましょう。

考え方 ことばの式にあてはめてみましょう。

コンサートの入場者数のがい数
－ バレエの入場者数のがい数
＝ およそのちがい

それぞれの入場者数をまずは、がい数で表すよ。

6342 人を百の位までのがい数にすると、

① ＿＿＿ 人、

1814 人を百の位までのがい数にすると、

② ＿＿＿ 人となる。

考え方 図をかいてみましょう。

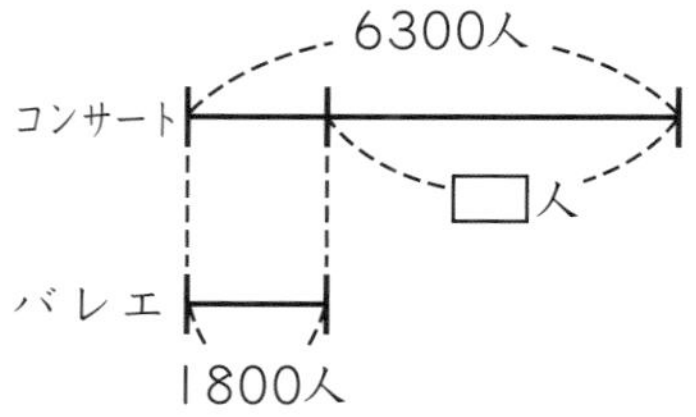

式 ③ ＿＿＿ － ④ ＿＿＿

計算して、答えを求めましょう。

式 ⑤ ＿＿＿ － ⑥ ＿＿＿ ＝ ⑦ ＿＿＿

答え 約 ⑧ ＿＿＿ 人

ヒント　ひき算する前に、それぞれの入場者数をがい数で表そう。

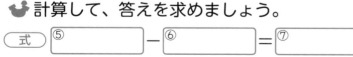

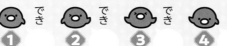

答え 23ページ

1 あるえい画館の土曜日の入場者数は 13734 人、日曜日の入場者数は 22461 人でした。2日間の入場者数のちがいは、約《やく》何万何千人になりますか。

日曜日の入場者数のがい数

－ 土曜日の入場者数のがい数

＝ およその入場者数のちがい

式

答え（　　　　　）

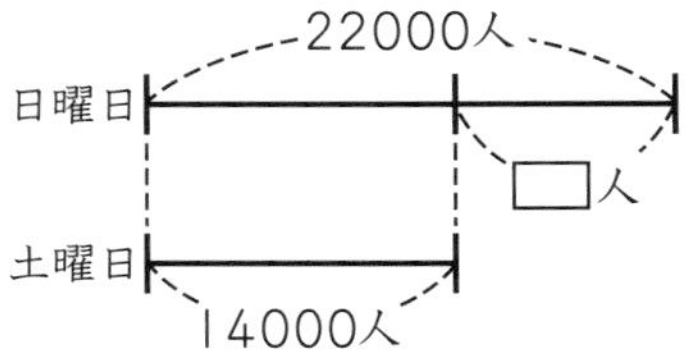

2 ゆきさんは、8582 円持っています。6448 円のゲームソフトを買いました。残《のこ》っているお金は、約何千何百円になりますか。

持っているお金のがい数

－ ゲームソフトの代金のがい数

＝ およその残っているお金

式

答え（　　　　　）

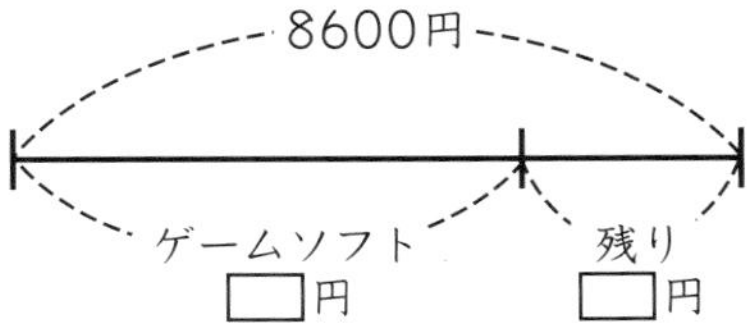

3 あるチケットを買うのに、3846 人の人が順番《じゅんばん》を待《ま》っています。このうち 1485 人がチケットを買い終えました。まだ、順番を待っている人は何人いますか。上から２けたのがい数で求《もと》めましょう。

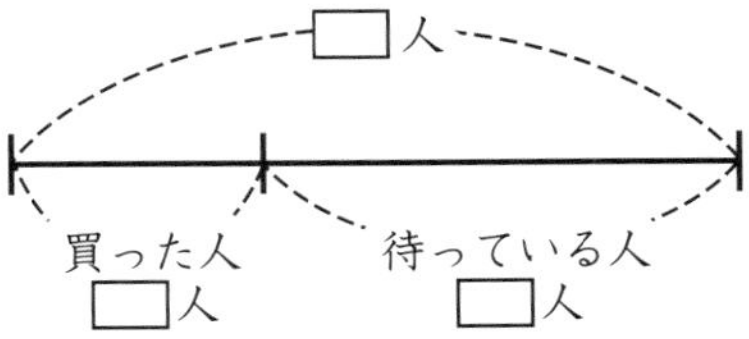

式

答え（　　　　　）

4 ある店の日曜日の売り上げは 536225 円、月曜日の売り上げは 273461 円でした。2日間の売り上げのちがいは、約何万円ですか。

式

答え（　　　　　）

ヒント　3　上から２けたのがい数なので、約何千何百人かを求めるよ。

ぴったり1 じゅんび

学習日　　月　　日

23 がい数の計算③

答え 24ページ

がい数のかけ算のしかた

・ふくざつなかけ算の積《せき》を見積《みつ》もるには、ふつう、かけられる数もかける数も上から１けたのがい数にしてから計算します。

1 コンビニエンス・ストアで、１こ480円のケーキを108こ売りました。売り上げ金がくは、約《やく》何円ですか。

売り上げ金がくが約何円か、求《もと》める式をかきましょう。

考え方 ことばの式にあてはめてみましょう。

ケーキ１この代金のがい数

×売れた数のがい数

＝およその売り上げ金がく

ケーキ１この代金480円を上から１けたのがい数にすると、①［　　］円、

売れたこ数108こを上から１けたのがい数にすると、②［　　］ことなる。

考え方 図をかいてみましょう。

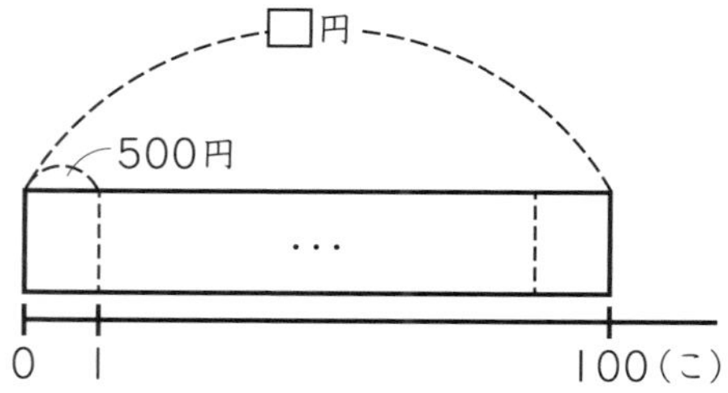

式 ③［　　］×④［　　］

計算して、答えを求めましょう。

式 ⑤［　　］×⑥［　　］＝⑦［　　］

答え 約⑧［　　］円

ヒント 上から１けたのがい数にするときは、上から２けた目の数を四捨五入《ししゃごにゅう》するよ。

答え 24ページ

1 1箱に 72 このボールがはいった箱が 206 箱あります。ボールは全部で、約《やく》何こありますか。

1箱にあるボールのこ数のがい数
×箱の数のがい数
＝およその全部のこ数

式

答え（　　　　　）

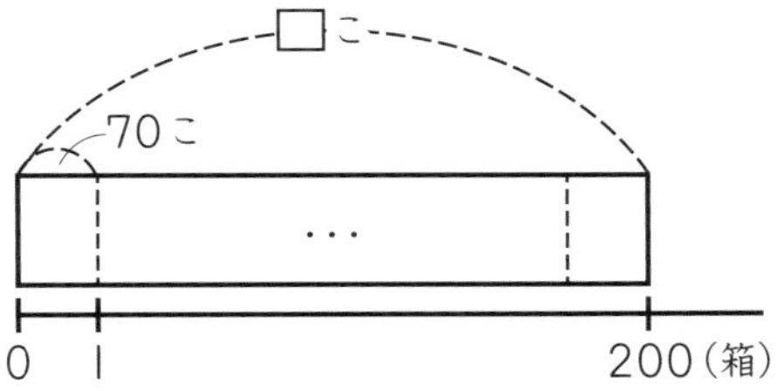

2 あるクラスの 35 人で遠足に出かけます。電車代が 790 円のとき、全員の電車代は、約何円ですか。

1人あたりの電車代のがい数
×人数のがい数
＝およその全員の電車代

式

答え（　　　　　）

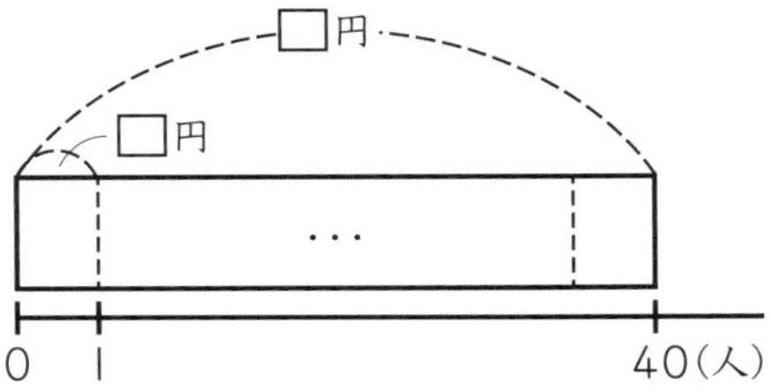

3 280 mL 入りのジュースが 535 本あります。ジュースは全部で、約何 L ですか。

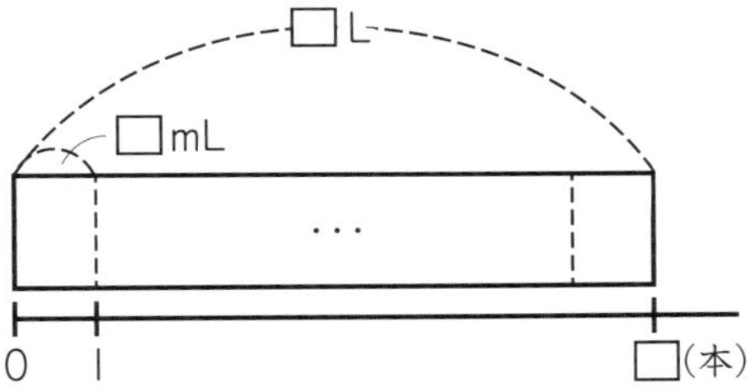

式

答え（　　　　　）

4 あるざっしが 374 さつあります。1さつの重さは 580 g です。全部の重さは、約何 kg ですか。

式

答え（　　　　　）

ヒント　**4** 重さの単位《たんい》に注意しよう。

学習日　月　日

24 がい数の計算④

答え 25ページ

がい数のわり算のしかた

・ふくざつなわり算の商を見積《みつ》もるには、ふつう、わられる数を上から2けた、わる数を上から1けたのがい数にして、計算し、商は上から1けただけ求《もと》めます。

1 パーティー会場を借《か》りるのに157800円かかります。37人のメンバーが同じ金がくをはらって参加《さんか》するとき、1人分の参加料《りょう》は、約《やく》何円ですか。

次のどちらかの考え方で式をかこう。

1人分の参加料が何円になるか、求める式をかきましょう。

考え方 ことばの式にあてはめてみましょう。

会場を借りる代金のがい数
÷ 参加人数のがい数
＝ 1人あたりのおよその参加料

それぞれの数をまずは、がい数で表すよ。

157800円を上から2けたのがい数にすると、①□円、
37人を上から1けたのがい数にすると、②□人となる。

考え方 図をかいてみましょう。

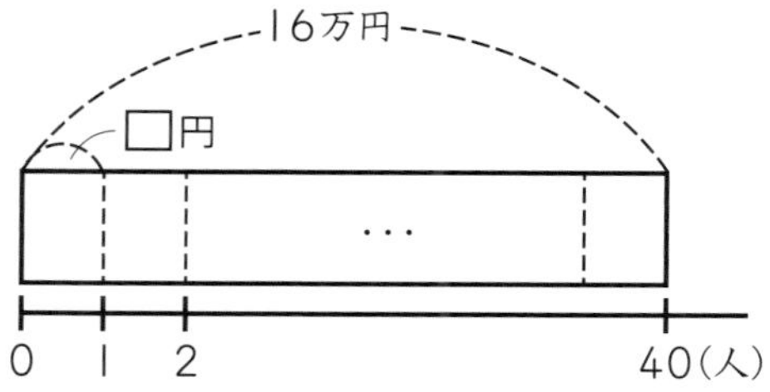

式 ③□÷④□

計算して、答えを求めましょう。

式 ⑤□÷⑥□＝⑦□

答え 約⑧□円

ヒント 上から2けたのがい数にするには、上から3けた目の数を四捨五入《ししゃごにゅう》するよ。

ぴったり2

練習

★できた問題には、「た」をかこう！★

1 でき　2 でき　3 でき　4 でき

答え 25ページ

1 あるグループ 35 人でバーベキューをするのに、材料代《ざいりょうだい》は 121590 円かかります。1 人分の材料代は、約《やく》何円ですか。

材料代のがい数 ÷ 人数のがい数
＝ 1 人分のおよその材料代

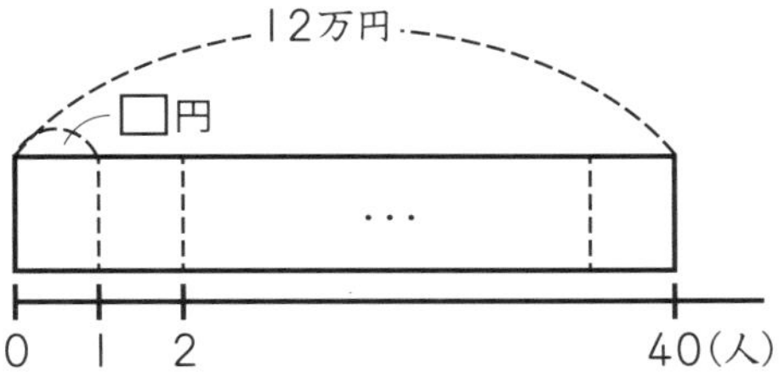

式

答え(　　　　　　)

2 バスを 2 台借《か》りるのに 164500 円かかります。野球チームの 83 人がバスを 2 台借りて、試合《しあい》会場に行きます。1 人分のバス代は、約何円ですか。

バス代のがい数 ÷ 人数のがい数
＝ 1 人あたりのおよそのバス代

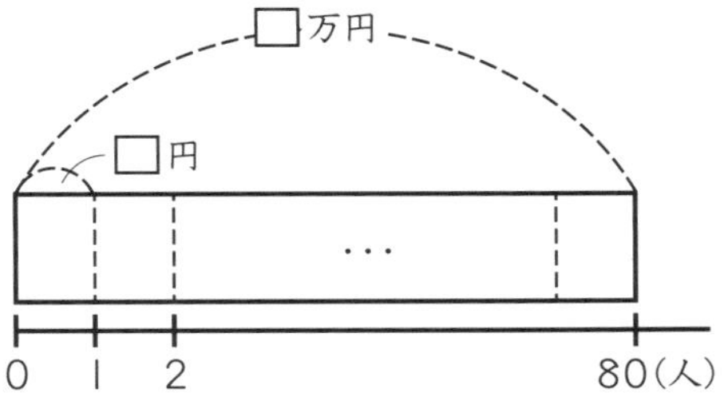

式

答え(　　　　　　)

3 ジュースが 23 L 800 mL あります。28 人に同じ量《りょう》ずつ分けると、1 人分のジュースの量は、約何 mL ですか。

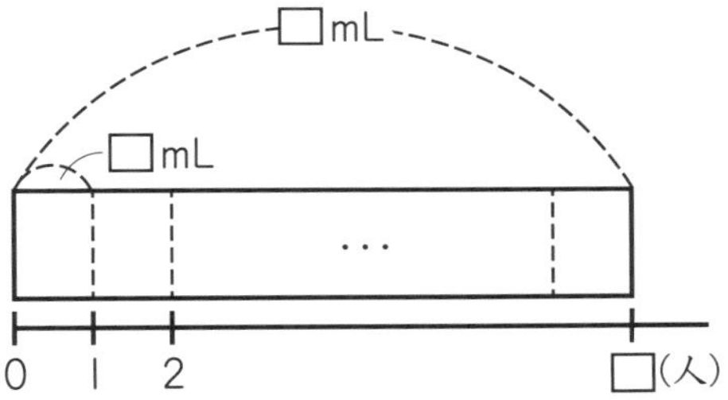

式

答え(　　　　　　)

4 子ども会の 45 人でさつまいもほりをしたところ、全員で 29.5 kg のさつまいもをほりました。1 人約何 g のさつまいもをほりましたか。

式

答え(　　　　　　)

ヒント　3 量の単位《たんい》に注意しよう。

25 面積

答え 26ページ

面積《めんせき》

①長方形や正方形の面積は、次の公式を使って求《もと》めることができます。

長方形の面積＝たて×横

正方形の面積＝1辺《ぺん》×1辺

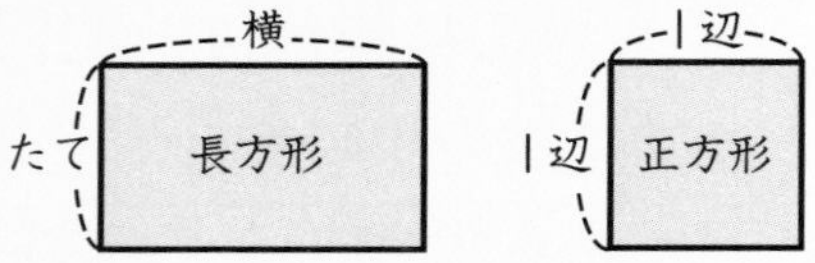

②ま四角ではない図形の面積でも、長方形や正方形の組み合わせでできたものは、かんたんに求めることができます。

1 たて5cm、横7cmの長方形の紙があります。面積は何cm^2ですか。

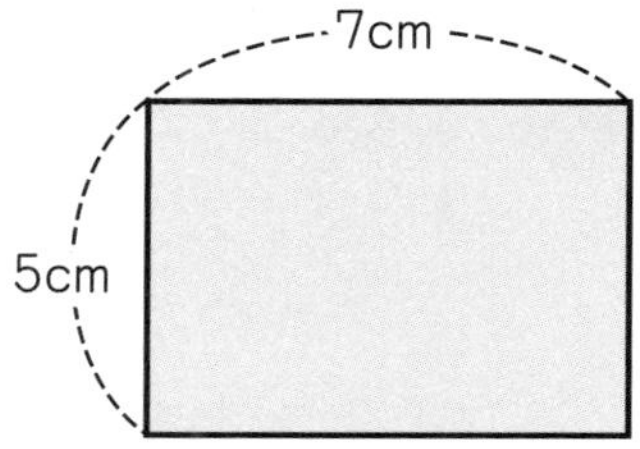

面積は何cm^2か、求める式をかきましょう。

考え方 長方形の面積を求める公式にあてはめてみましょう。

［たて］×［横］＝［長方形の面積］

式 5×①［　　］

計算して、答えを求めましょう。

式 5×②［　　］＝③［　　］

答え ④［　　］cm^2

2 右の図形の面積は何cm^2ですか。

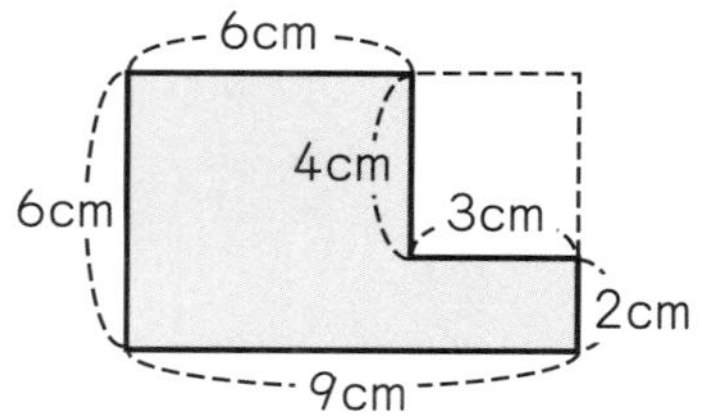

面積は何cm^2か、求める式をかきましょう。

考え方 たてや横に線を入れて、2つの長方形に分けて求めましょう。

式 ㋐たてに線を入れたとき

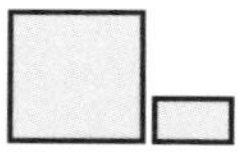

6×6＋2×①［　　］

㋑横に線を入れたとき

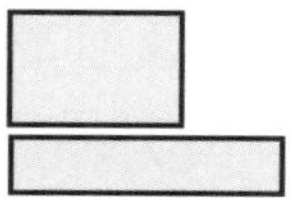

4×6＋2×②［　　］

計算して、答えを求めましょう。

答え ③［　　］cm^2

ヒント **2** 大きな長方形の面積から小さな長方形の面積をひいても求められるよ。

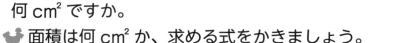

答え 26ページ

❶ 1辺《ぺん》の長さが8cmの正方形の折《お》り紙《がみ》があります。面積《めんせき》は何 cm^2 ですか。

[1辺]×[1辺]＝[正方形の面積]

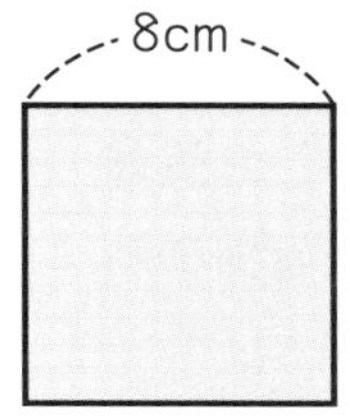

式

答え（ ）

❷ しおりさんの学校の校庭は、たて60m、横120mです。校庭の面積は何 m^2 ですか。

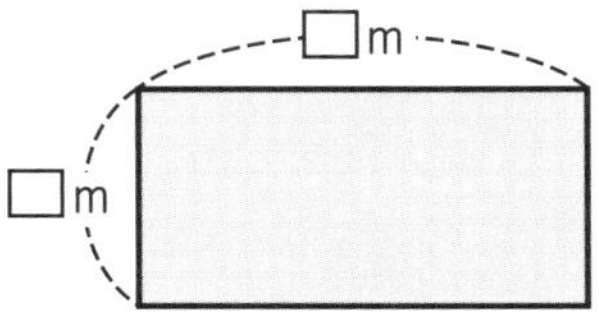

式

答え（ ）

❸ 右の図形の面積は何 cm^2 ですか。

たてに線を入れて、2つの長方形に分けると、
[左側《ひだりがわ》の長方形の面積]＋[右側の長方形の面積]
＝[図形の面積]

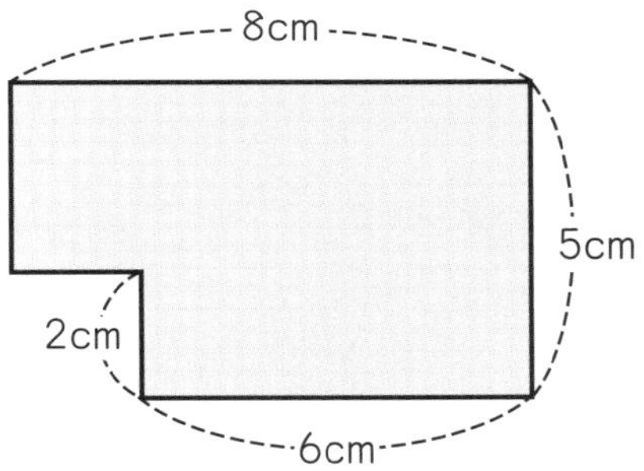

式

答え（ ）

❹ 1辺の長さが10mの正方形の土地をたがやして、右の図のような形の畑をつくりました。この畑の面積は何 m^2 ですか。

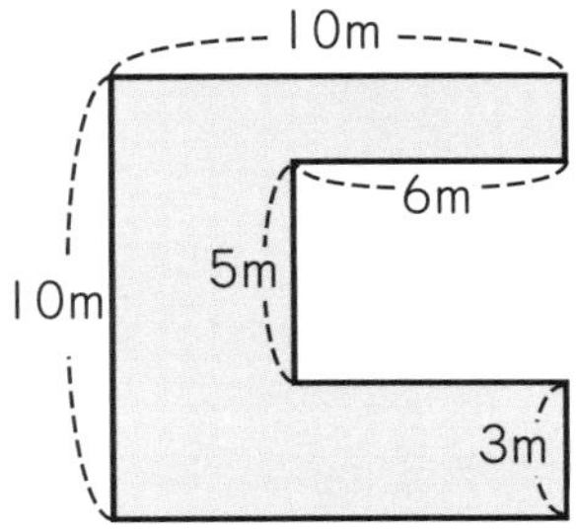

式

答え（ ）

ヒント ❸ 横に線を入れて、2つの長方形に分けても求《もと》められるよ。

ぴったり1 じゅんび

学習日　　月　　日

26 小数のかけ算①

答え 27ページ

小数のかけ算の筆算のしかた

・小数のときも、整数のときと同じように式を立てます。

［１つ分の数］×［いくつ分］＝［全体の数］

例 1.6×7 の筆算

小数点を考えないで、たてにそろえてかきます。

```
  1.6       1.6
×   7  ➡  ×   7
          1 1 2
```

➡ かけられる数の小数点にそろえて、積《せき》の小数点をうちます。

```
  1.6
×   7
 11.2
```

1 重さ 2.3 kg のブロックが7こあります。
ブロックの重さは全部で何 kg ですか。

次のどちらかの考え方で式をかこう。

ブロックの重さが全部で何 kg になるか、求《もと》める式をかきましょう。

考え方 ことばの式にあてはめてみましょう。

［１この重さ］×［こ数］＝［全体の重さ］

１こ分の重さと、それが何こ分なのか、考えよう。

考え方 図をかいてみましょう。

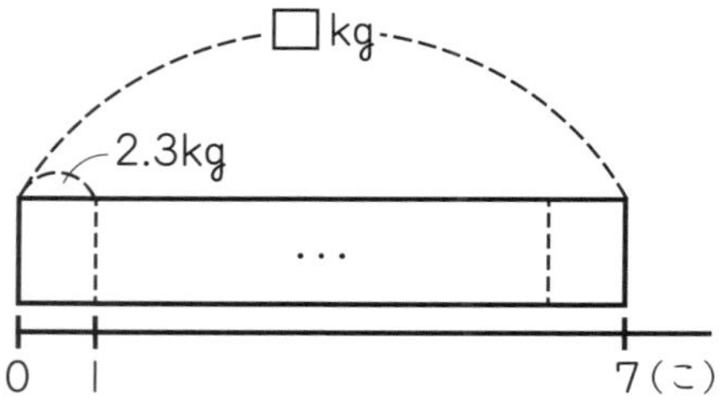

式 2.3×①［　　］

筆算で計算して、答えを求めましょう。

```
   2 . 3
×      7
 1 ② . 1
```

式 2.3×③［　　］＝④［　　］

答え ⑤［　　］kg

ヒント 整数と同じように筆算してから、小数点をうつのをわすれないようにしよう。

★できた問題には、「た」をかこう！★

1 でき　2 でき　3 でき　4 でき

学習日　　月　　日

答え 27ページ

1 0.8 L 入りのよう器《き》にはいったお茶が6こあります。お茶は全部で何 L ありますか。

| 1この量《りょう》 | × | こ数 | ＝ | 全体の量 |

式

答え（　　　　　　）

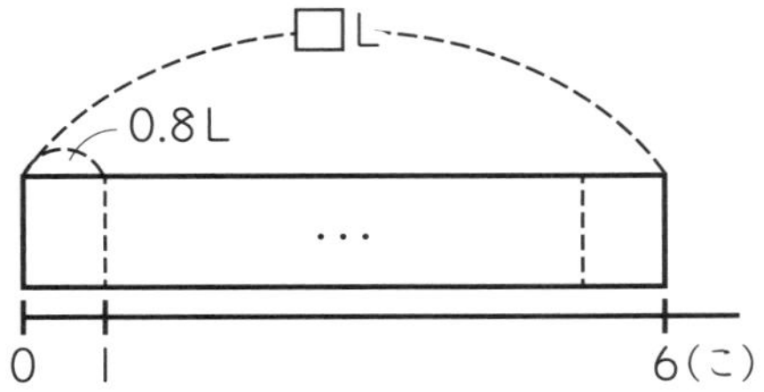

2 ダンボール箱を1箱組み立てるのに 1.4 m のテープを使います。8箱組み立てるには、テープは何 m いりますか。

| 1箱分の長さ | × | 箱の数 | ＝ | 全体の長さ |

式

答え（　　　　　　）

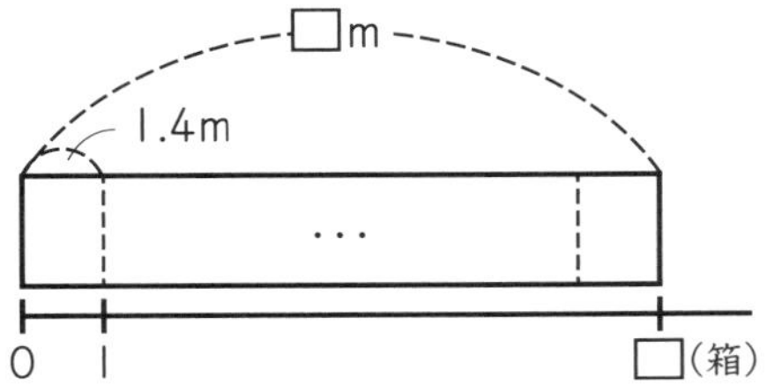

3 1つのふくろに 2.7 kg のお米がはいっています。このふくろが 12 ふくろあるとき、お米は全部で何 kg ですか。

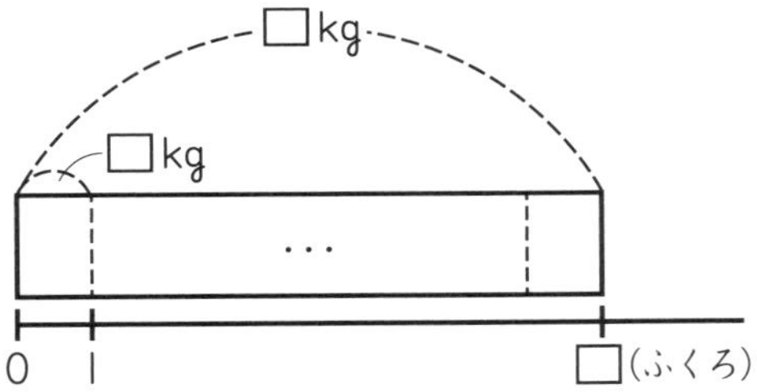

式

答え（　　　　　　）

4 鉄パイプ1本の重さは 3.3 kg です。この鉄パイプが 34 本では、何 kg になりますか。

式

答え（　　　　　　）

ヒント　3 小数に2けたの整数をかけるときも、同じように筆算するよ。

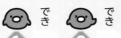

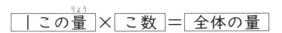

学習日　　月　　日

27 小数のかけ算②

答え 28ページ

小数のかけ算の筆算のしかた

①筆算をして、積《せき》が整数のあたいになったら、
小数点と、小数第一《だいいち》位《い》の0はかきません。

例
```
  2.6
×  5
 13.0 → 13
```

②筆算をして、積の一の位《くらい》が0のときは、
0と小数点をかきます。

例
```
  0.26
×   3
  0.78
```

1 子ども15人に0.72Lずつジュースを配ります。
ジュースは何Lいりますか。

次のどちらかの考え方で
式をかこう。

ジュースが何Lいるか、求《もと》める式をかきましょう。

考え方 ことばの式にあてはめてみましょう。

| 1人分の量《りょう》 | × | 何人分 | ＝ | 全体の量 |

1人分の量と、それが何人分
なのか、考えよう。

考え方 図をかいてみましょう。

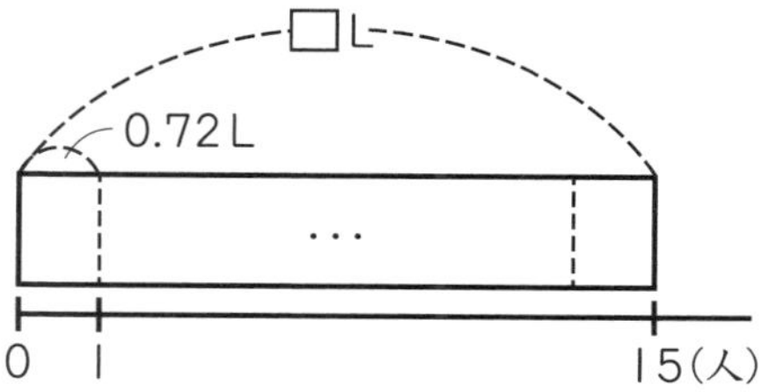

式 0.72×①□

筆算で計算して、答えを求めましょう。

```
    0 . 7 2
×       1 5
-----------
    3 ②□ 0
  ③□ 2
-----------
1 ④□. 8 0
```

式 0.72×⑤□＝⑥□

答え ⑦□L

ヒント 整数と同じように筆算するよ。小数点をうつのをわすれないようにしよう。

答え 28ページ

1 やかんが4こあります。それぞれのやかんに水を 2.3 L ずつ入れると、水は全部で何 L になりますか。

1こ分の量《りょう》 × こ数
＝ 全体の量

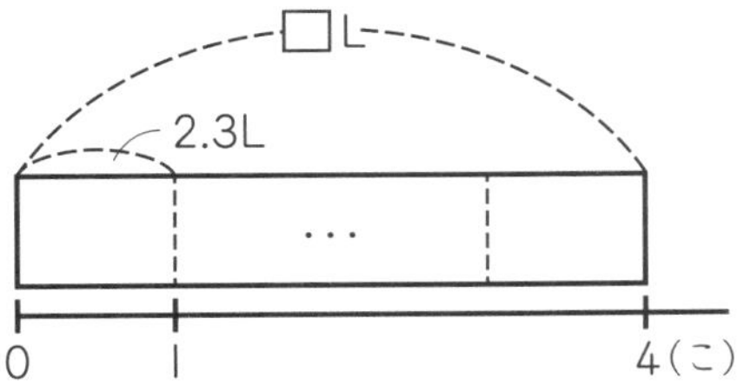

式

答え（　　　　）

2 8人でリレーをします。1人 0.65 km ずつ走るとき、全員で走った道のりは、何 km ですか。

1人分の道のり × 人数
＝ 全体の道のり

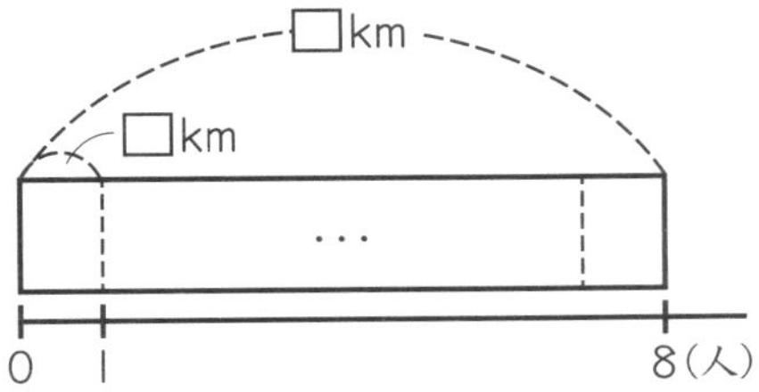

式

答え（　　　　）

3 ふくろが 18 ふくろあります。それぞれのふくろに塩《しお》を 3.6 kg ずつ入れるとき、塩は何 kg いりますか。

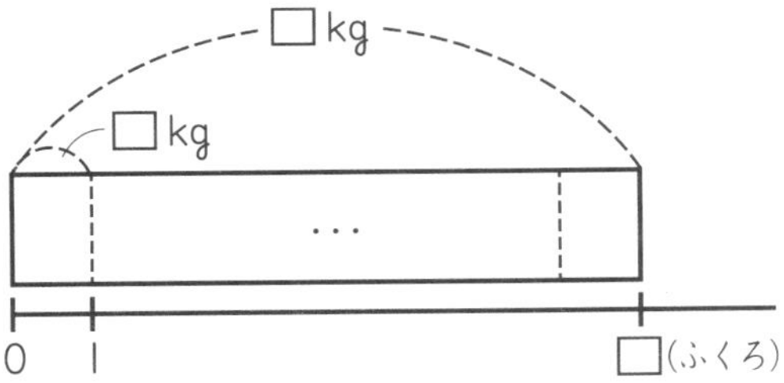

式

答え（　　　　）

4 同じ形をした積《つ》み木《き》が 38 こあります。1この積み木の高さが 2.2 cm のとき、この積み木を全部積むと、高さは何 cm になりますか。

式

答え（　　　　）

ヒント ③ 1ふくろ分は、3.6 kg だね。

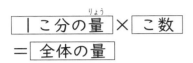

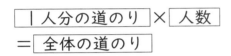

28 小数のかけ算③

答え 29ページ

かけ算とたし算をふくむ計算

・かけ算とたし算で1つの式に表したときは、かけ算をさきに計算します。

例 $12+3.4\times6=12+20.4$
$=32.4$

1 箱にかんづめが15こはいっています。かんづめ1この重さは0.7kgで、箱の重さは0.3kgです。全体の重さは何kgですか。

次のどちらかの考え方で式をかこう。

全体の重さを、求《もと》める式をかきましょう。

考え方 ことばの式にあてはめてみましょう。

かんづめ全部の重さ ＋ 箱の重さ
＝ 全体の重さ

かんづめ全部の重さは、1こ分の重さが、何こあるかで考えるよ。

考え方 図をかいてみましょう。

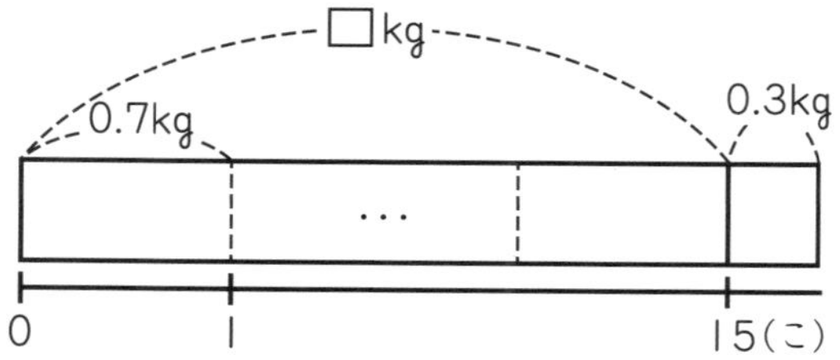

式 0.7×① ＋②

筆算で計算して、答えを求めましょう。

```
    0 . 7
×   1   5
---------
    3   5
    7
---------
1  ③ . 5
```

式 0.7×④ ＋⑤ ＝⑥

答え ⑦ kg

ヒント かんづめ全部の重さに、箱の重さを加《くわ》えるよ。

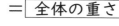

答え 29ページ

1 箱にジュースが 18 本はいっています。ジュース 1 本の重さは 0.36 kg で、箱の重さは 0.2 kg です。全体の重さは何 kg ですか。

ジュース全部の重さ ＋ 箱の重さ
＝ 全体の重さ

式

答え（　　　　　）

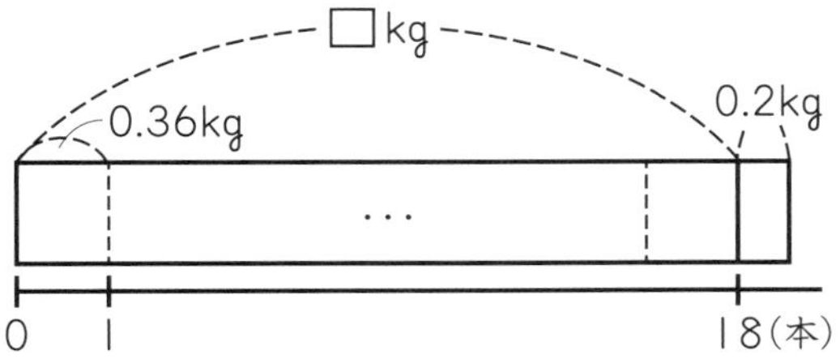

2 2 m のリボンに、1.7 m のリボンを 8 本つなげて、1 本の長いリボンにします。このリボンは何 m ですか。

1.7 m のリボン全部の長さ ＋ 2 m のリボン
＝ 全体の長さ

式

答え（　　　　　）

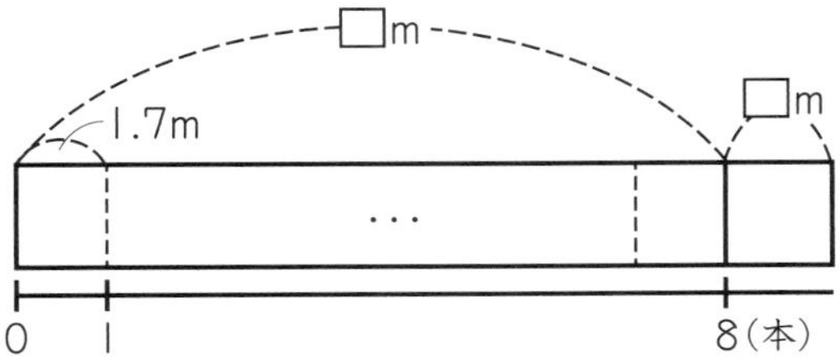

3 2.6 L の水がはいったバケツが 6 こあります。このバケツの水を、1.9 L の水がはいっている水そうに入れます。水そうの水は何 L になりますか。

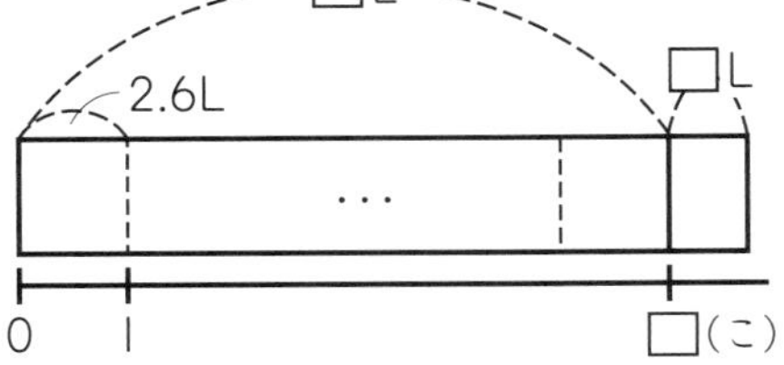

式

答え（　　　　　）

4 0.12 kg のみかん 7 こと、0.3 kg のりんご 12 こをあわせた重さは、何 kg ですか。

式

答え（　　　　　）

ヒント
4 みかんだけの重さと、りんごだけの重さを、それぞれ考えよう。

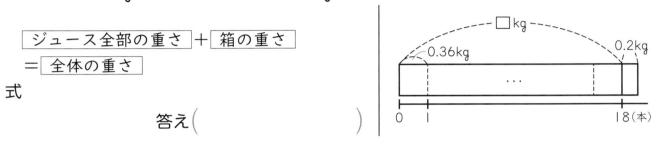

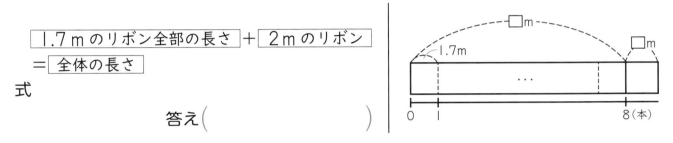

ぴったり1 じゅんび

29 小数のわり算①

学習日　　月　　日

答え 30ページ

小数÷整数の計算

①0.8÷4 の計算

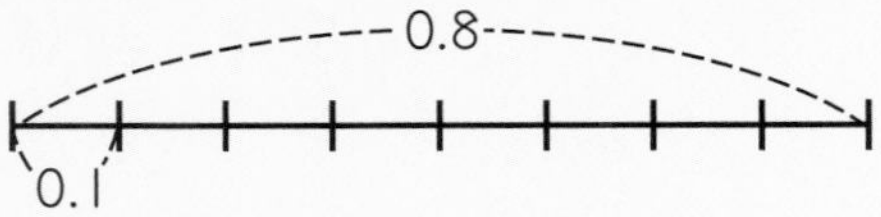

0.8 は、0.1 が 8 こ

→　0.8÷4 は、0.1 が (8÷4) こ

→　0.8÷4＝0.2

②7.8÷3 の筆算

整数と同じように計算します。

```
     2 6
3 ) 7.8
    6
    1 8
    1 8
      0
```

➡ わられる数の小数点にそろえて、商の小数点をうちます。

```
     2.6
3 ) 7.8
    6
    1 8
    1 8
      0
```

1 5.6 kg のすいかを 4 人で同じ量《りょう》に分けます。
1 人分は何 kg になりますか。

次のどちらかの考え方で式をかこう。

1 人分が何 kg になるか、求《もと》める式をかきましょう。

考え方 ことばの式にあてはめてみましょう。

すいかの重さ ÷ 分ける人数
＝ 1 人分の重さ

同じ量ずつ分けるのだから、わり算で求めるよ。

考え方 図をかいてみましょう。

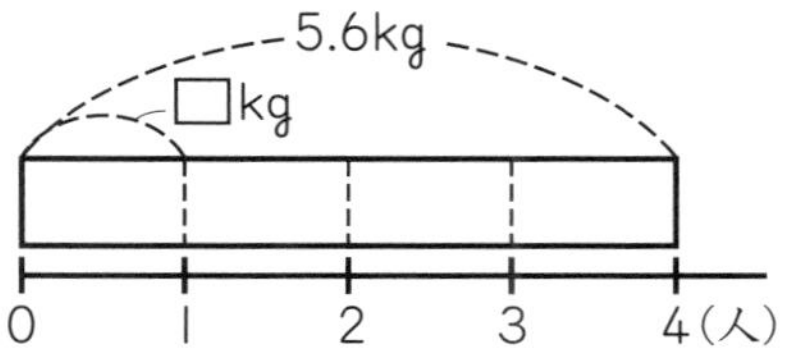

式 5.6÷①

筆算で計算して、答えを求めましょう。

```
     ②. 4
4 ) 5 . 6
    4
    1 ③
    1  6
       0
```

筆算は
たてる→かける→ひく→おろす
の順《じゅん》だよ。

式 5.6÷④ ＝⑤

答え ⑥ kg

ヒント 整数と同じように筆算してから、商に小数点をうつのをわすれないようにしよう。

ぴったり2
練習

★できた問題には、「た」をかこう！★

でき 1　でき 2　でき 3　でき 4

学習日　月　日

答え 30ページ

1 0.9 L の牛にゅうを3人で同じ量《りょう》に分けます。1人分は何 L になりますか。

全部の量 ÷ 分ける人数 ＝ 1人分の量

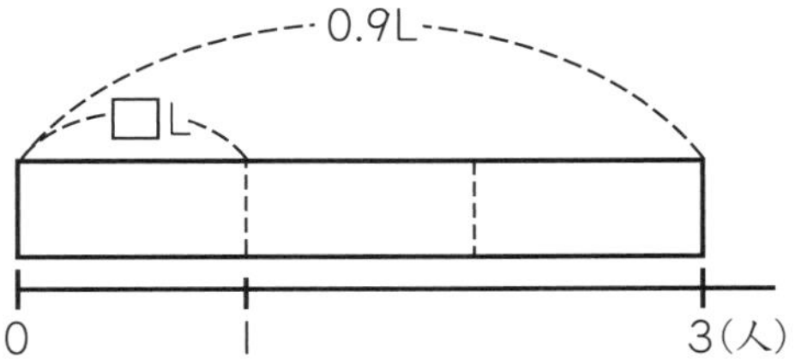

式

答え（　　　　）

2 20.4 m のテープを6等分します。1本分の長さは何 m になりますか。

全部の長さ ÷ 分けるこ数
＝ 1本分の長さ

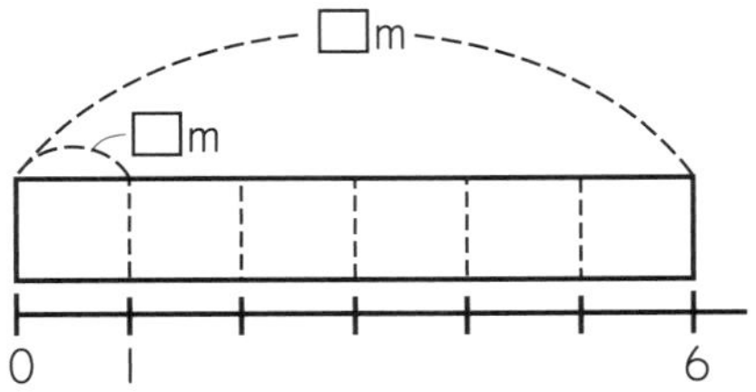

式

答え（　　　　）

3 4 m の鉄パイプがあり、重さは 10.96 kg です。この鉄パイプ1 m の重さは何 kg ですか。

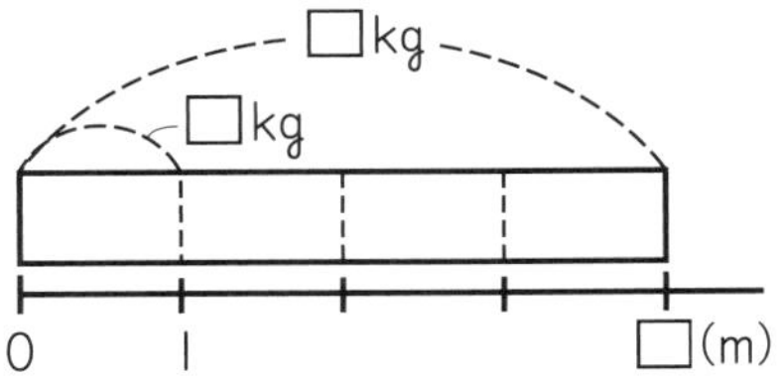

式

答え（　　　　）

4 重さ 12.3 kg のお米を、同じ量ずつ 15 まいのふくろに入れていきます。1まいのふくろにはいるお米は何 kg ですか。

式

答え（　　　　）

ヒント **4** 一の位《くらい》に答えがたたないときは、0をかいて筆算をわり進めるよ。

ぴったり1 じゅんび

30 小数のわり算②

学習日　　月　　日

答え 31ページ

あまりと答えのたしかめ

①小数のわり算であまりを考えるとき、あまりの小数点は、わられる数の小数点にそろえてうちます。

②次のように答えのたしかめをします。

［わる数］×［商］＋［あまり］＝［わられる数］

例 27.3÷4 を一の位《くらい》まで求《もと》めて、あまりを出すと、

27.3÷4＝6 あまり 3.3

答えのたしかめ

4×6＋3.3＝27.3

```
      6
4 ) 2 7.3
    2 4
      3.3
```

1 18.7 m のテープがあります。このテープから、4 m のテープは何本とれて、何 m あまりますか。

次のどちらかの考え方で式をかこう。

テープが何本とれて、あまりが何 m になるか、求める式をかきましょう。

考え方 ことばの式にあてはめてみましょう。

［全部の長さ］÷［1本の長さ］

＝［本数］あまり［あまりの長さ］

4 m の集まりがいくつあるかだから、わり算で求めるよ。

考え方 図をかいてみましょう。

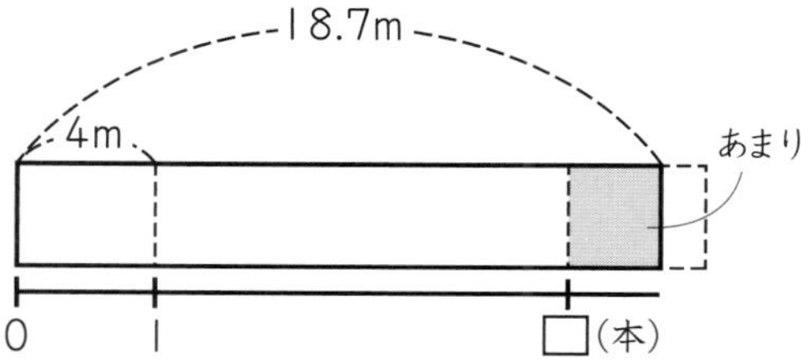

式 18.7÷①［　］

筆算で計算して、答えを求めましょう。

```
         ②[ ]
4 ) 1  8 . 7
    1  6
       2 .③[ ]
```

たしかめ

4×⑦［　］＋⑧［　］＝18.7

式 18.7÷④［　］＝⑤［　］あまり⑥［　］

答え ⑨［　］本とれて、⑩［　］m あまる。

ヒント 本数を求めるので、商は一の位まで計算して、あまりを出すよ。

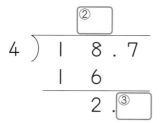

答え　31ページ

1 お茶が 17.6 L あります。3L ずつ分けると、何人に分けられて、何 L あまりますか。

全部の量《りょう》 ÷ 1人分の量
＝ 人数 あまり あまりの量

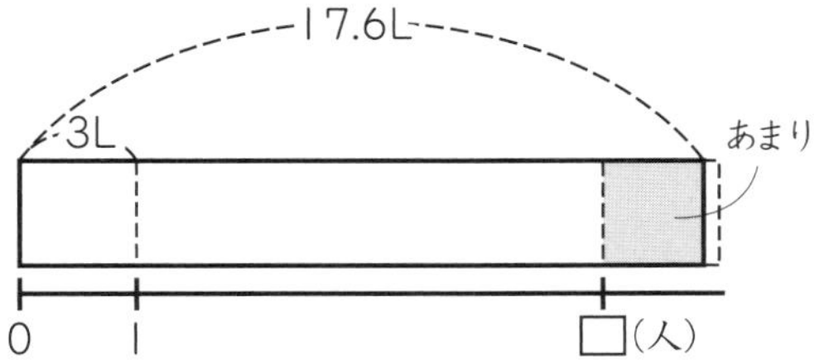

式

答え（　　　　　に分けられて、　　　　　あまる。）

2 21.3 kg のさとうがあります。このさとうを 4 kg ずつふくろにつめていくと、ふくろは何ふくろできて、何 kg あまりますか。

全部の重さ ÷ 1ふくろ分の重さ
＝ ふくろの数
あまり あまりの重さ

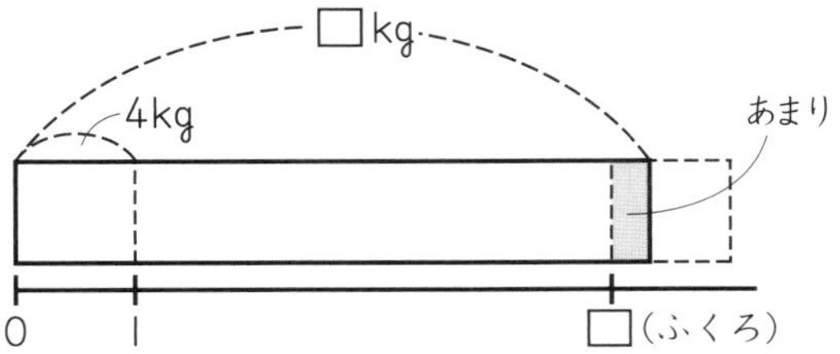

式

答え（　　　　　できて、　　　　　あまる。）

3 面積《めんせき》が 56.5 m^2 の畑があります。この畑を 5 m^2 ずつに分けるといくつに分けられて、何 m^2 あまりますか。

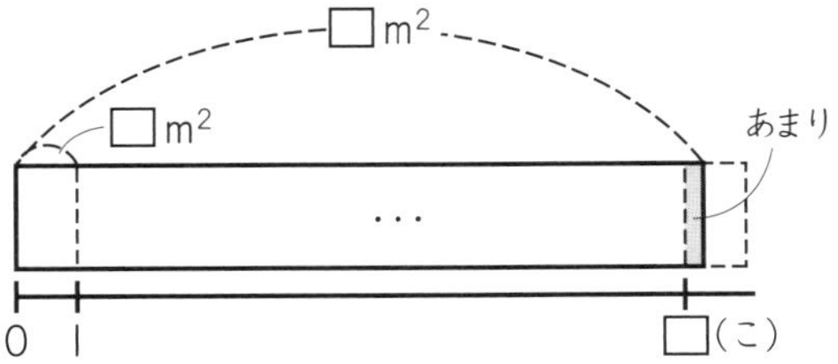

式

答え（　　　　　に分けられて、　　　　　あまる。）

4 水そうに水が 40.6 L はいっています。この水そうの水を、バケツで 3L ずつくみ出すと、何回までくみ出せて、何 L あまりますか。

式

答え（　　　　　までくみ出せて、　　　　　あまる。）

ヒント　③ 商は一の位《くらい》まで求《もと》めるよ。

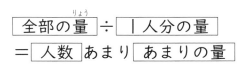

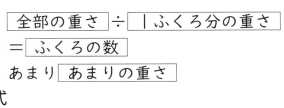

ぴったり1 じゅんび

学習日　　月　　日

31 小数のわり算③

答え 32ページ

がい数で表す

・小数のわり算でも、0をつけたして計算を続《つづ》けることができます。
わりきれないときには、商をがい数で表すことがあります。

例 4.9÷3＝1.633…より、1.63

例
```
      1.633
  3 ) 4.9
      3
      19
      18
       10
        9
        10
         9
         1
```

1 2.6Lのジュースを同じ量《りょう》ずつ6人で分けるとき、1人分は何Lですか。上から2けたのがい数で求《もと》めましょう。

次のどちらかの考え方で式をかこう。

1人分は何Lか、求める式をかきましょう。

考え方 ことばの式にあてはめてみましょう。

全部の量 ÷ 分ける人数
＝ 1人分の量

同じ量ずつ分けるのだから、わり算で求めるよ。

考え方 図をかいてみましょう。

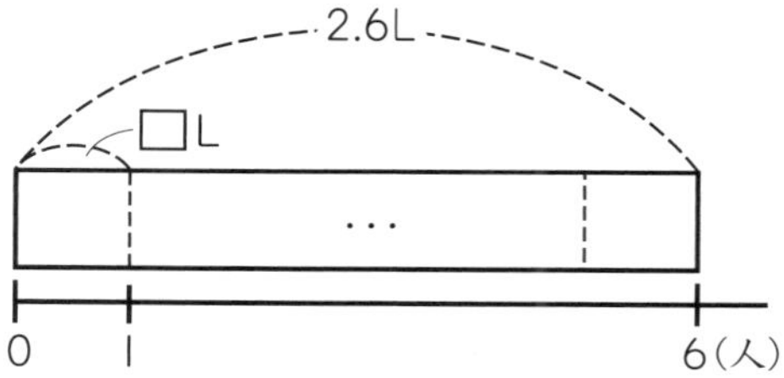

式 2.6÷①□

筆算で計算して、答えを求めましょう。

```
        0.②□ 3 ④□
  6 ) 2 . 6
      2   4
          2   0
          1   8
              2  ③□
              1   8
                  2
```

式 2.6÷⑤□＝⑥□

答え 約《やく》⑦□ L

ヒント 上から2けたのがい数で表すときは、上から3けた目の数を四捨五入《ししゃごにゅう》するよ。

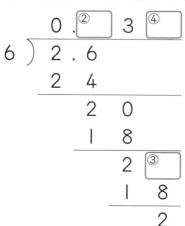

答え 32ページ

1 4.7 kg のすいかを同じ量《りょう》ずつ６人に分けるとき、１人分は何 kg になりますか。$\frac{1}{10}$ の位《くらい》までのがい数で求《もと》めましょう。

全部の重さ ÷ 分ける人数
＝ １人分の重さ

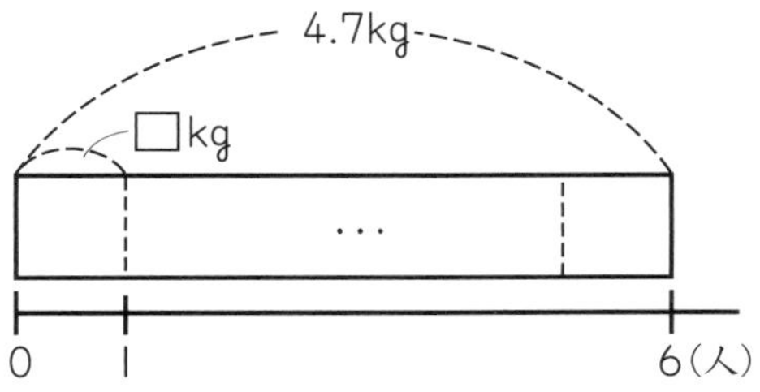

式

答え（　　　　）

2 24.3 m のテープを同じ長さずつ７本に分けるとき、１本の長さは何 m になりますか。上から２けたのがい数で表しましょう。

全部の長さ ÷ 分ける本数
＝ １本分の長さ

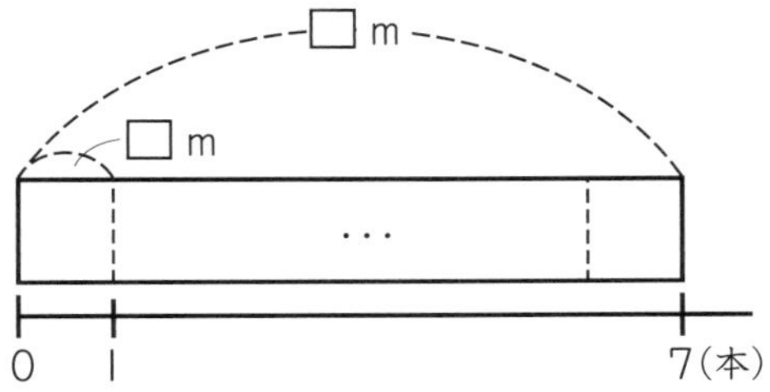

式

答え（　　　　）

3 20 L の水を等分して、11 本のペットボトルに入れます。１本の水の量は何 L ですか。上から２けたのがい数で表しましょう。

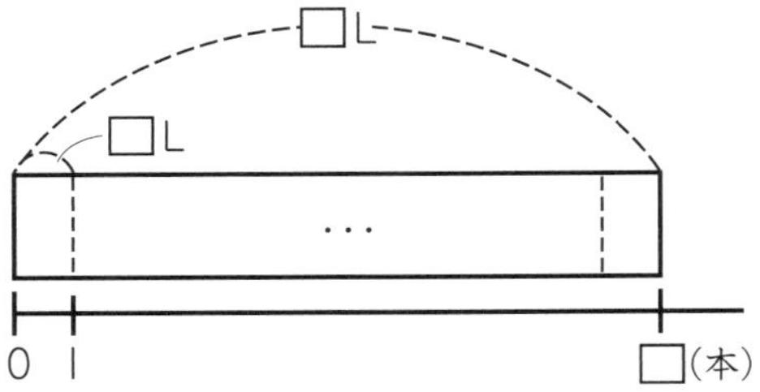

式

答え（　　　　）

4 12 L のガソリンで 130 km 走る車は、ガソリン１L で何 km 走りますか。上から３けたのがい数で表しましょう。

式

答え（　　　　）

ヒント　**1** $\frac{1}{100}$ の位の数を四捨五入《ししゃごにゅう》するよ。

学習日　　月　　日

32 小数のわり算④

答え 33ページ

何倍かを求《もと》める

・ある数がもとにする数の何倍かを求めるときは、わり算の式で表します。何倍かを表す数が小数になることもあります。

何倍かということは、もとにする大きさを１とみていくつになるかということです。

例 1.3倍は、もとの大きさを１としたとき、1.3にあたる大きさを表します。

1 重さのちがう３このボールがあります。赤、青のボールの重さは、それぞれ白のボールの重さの何倍ですか。

白	15g
赤	18g
青	27g

次のどちらかの考え方で式をかこう。

何倍になるか、求める式をそれぞれかきましょう。

考え方 赤いボールは、15gの□倍が18gなので、15×□＝18、青いボールは、15gの□倍が27gなので、15×□＝27

□にあてはまる数をそれぞれ求めます。

考え方 図をかいてみましょう。

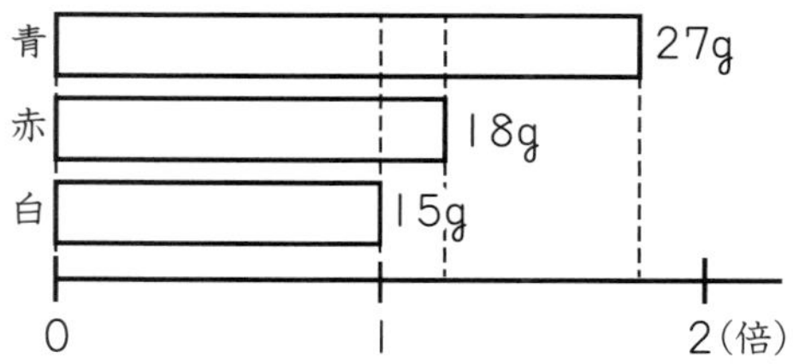

何倍かを求めるときは、わり算で求めるよ。

式 赤いボール　18÷①

青いボール　②÷15

筆算で計算して、答えを求めましょう。

```
        1.③
15 ) 1 8
     1 5
       3 0
       3 0
         0
```

```
        1.④
15 ) 2 7
     1 5
     1 2 0
     1 2 0
         0
```

式 赤　18÷⑤＝⑥　　青　⑦÷15＝⑧

答え 赤いボールの重さは、白いボールの重さの⑨倍

青いボールの重さは、白いボールの重さの⑩倍

ヒント もとにするボールの重さが何か、よく考えよう。

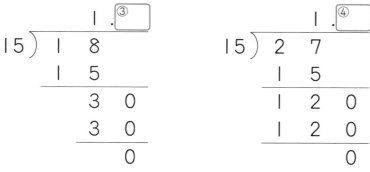

ぴったり2

練習

★できた問題には、「た」をかこう！★

でき 1　でき 2　でき 3

答え 33ページ

1 さとしさんは、長さが 32 cm の魚をつかまえました。弟がつかまえた魚の長さは 20 cm です。さとしさんがつかまえた魚の長さは、弟がつかまえた魚の長さの何倍ですか。

さとしさんの魚の長さ ÷ 弟の魚の長さ ＝ 何倍

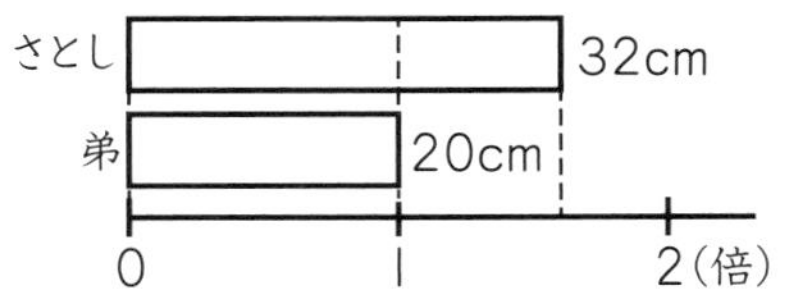

式

答え（　　　　）

2 たかしさんは 53.2 m 泳ぎ、だいちさんは 28 m 泳ぎました。たかしさんが泳いだきょりは、だいちさんが泳いだきょりの何倍ですか。

たかしさんのきょり ÷ だいちさんのきょり ＝ 何倍

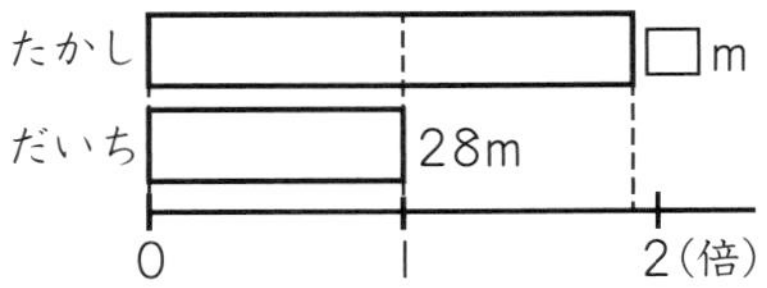

式

答え（　　　　）

3 3つの飲み物があります。右の表はそれぞれの量《りょう》を表しています。牛にゅう、ジュースの量は、それぞれ水の量の何倍ですか。

水	300 mL
牛にゅう	540 mL
ジュース	720 mL

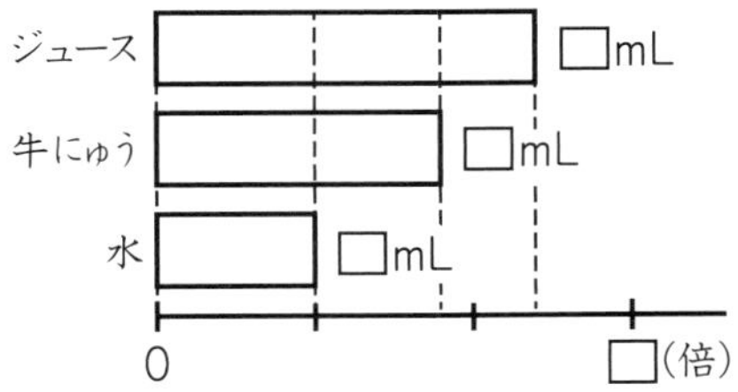

式　牛にゅう

ジュース

答え　牛にゅう（　　　　）

ジュース（　　　　）

ヒント **3** 水の量を１とみて、それぞれ考えよう。

ぴったり1 じゅんび

学習日 月 日

33 調べ方と整理のしかた

答え 34ページ

2つのことがらについての整理のしかた

・2つのことがらについて調べるとき、1つのことがらを表のたてにとり、もう1つのことがらを横にとって整理します。
整理した表から、いろいろなことをよみとることができます。

1 けんたさんの学校で、1週間のけがについて調べました。

1週間のけが調べ

曜日	場所	体の部分	けがの種類《しゅるい》
月	ろうか	足	ねんざ
	教　室	手	つき指
	運動場	足	打ぼく
	体育館	手	つき指
	ろうか	うで	切りきず
火	教　室	うで	すりきず
	中　庭	足	切りきず
	体育館	足	ねんざ
水	教　室	うで	切りきず
	体育館	手	つき指

曜日	場所	体の部分	けがの種類
水	教　室	うで	打ぼく
木	階だん	足	ねんざ
	体育館	足	打ぼく
	ろうか	顔	すりきず
	運動場	足	こっせつ
金	教　室	手	つき指
	体育館	足	切りきず
	中　庭	うで	すりきず
	運動場	手	つき指
	運動場	足	打ぼく

この記録《きろく》をもとにして、どんな場所で体のどの部分にけがをする人が多いかを調べる表をつくりましょう。

考え方 記録を順《じゅん》に見て、いちばん最初《さいしょ》は「ろうかで足のけが」なので、下の表の「ろうか」と「足」のらんに正の字の一をかきます。このように、調べましょう。

場所＼体の部分	足	手	うで	顔	合計
体育館					
ろうか	一				
教　室		一			
運動場					
中　庭					
階だん					
合　計					

教室でうでのけがをした人は何人ですか。

答え ① 人

ヒント 数えまちがえないように注意しよう。

学習日　　月　　日

★できた問題には、「た」をかこう！★

できた 1　できた 2

答え 34ページ

1 次の問題に答えましょう。

(1)前ページの「1週間のけが調べ」について、場所とけがの種類《しゅるい》について調べた下の表に正の字で数え、数字をかきましょう。

けがの種類 / 場所	すりきず	切りきず	ねんざ	打ぼく	つき指	こっせつ	合　計
体育館							
ろうか							
教　室							
運動場							
中　庭							
階だん							
合　計							

(2)運動場で打ぼくをした人は何人ですか。

答え(　　　　　　)

(3)つき指をした人の合計は何人ですか。

答え(　　　　　　)

2 次の問題に答えましょう。

(1)前ページの「1週間のけが調べ」について、体の部分とけがの種類について調べた下の表に数字をかきましょう。

けがの種類 / 体の部分	すりきず	切りきず	ねんざ	打ぼく	つき指	こっせつ	合　計
足							
手							
う　で							
顔							
合　計							

(2)うでに切りきずをした人は何人ですか。

答え(　　　　　　)

(3)足をけがした人の合計は何人ですか。

答え(　　　　　　)

ヒント　1 (2)運動場の横と打ぼくのたてが交わるところの数だよ。

ぴったり1 じゅんび

学習日　月　日

34 分数のたし算①

答え 35ページ

分数のたし算のしかた

①分母が同じ分数のたし算では、分母はそのままにして、分子だけをたします。
②帯分数《たいぶんすう》は、仮分数《かぶんすう》になおすか、整数部分と分数部分に分けて計算します。

仮分数になおす

$1\frac{3}{5}+\frac{1}{5}=\frac{8}{5}+\frac{1}{5}$

$=\frac{9}{5}$

整数部分と分数部分に分ける

$1\frac{3}{5}+\frac{1}{5}=1+\frac{3}{5}+\frac{1}{5}$

$=1\frac{4}{5}$

1 2つのペットボトルに、ジュースがそれぞれ $\frac{5}{6}$ Lと $\frac{2}{6}$ Lはいっています。ジュースはあわせて何Lありますか。

あわせて何Lになるか、求《もと》める式をかきましょう。

あわせるから、たし算で求めるよ。

考え方　ことばの式にあてはめてみましょう。

ペットボトルにはいっている量《りょう》
＋もう1つのペットボトルにはいっている量
＝あわせた量

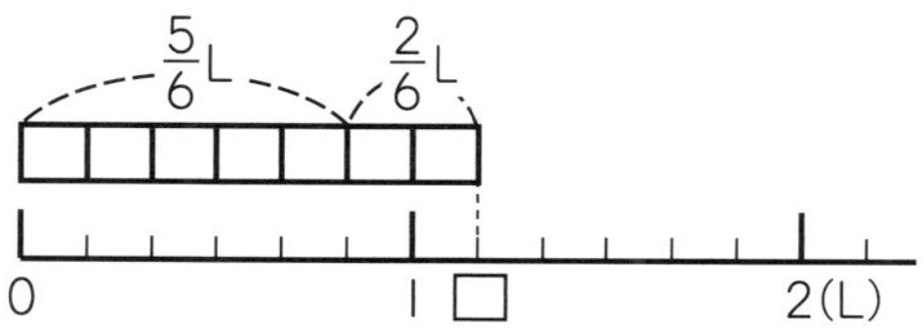

式　$\frac{5}{6}+$ ①

計算して、答えを求めましょう。

$\frac{5}{6}$ は、$\frac{1}{6}$ が ② こ、$\frac{2}{6}$ は、$\frac{1}{6}$ が ③ こ。

あわせて、$\frac{1}{6}$ が（④ ＋ ⑤）こ。

式　$\frac{5}{6}+$ ⑥ ＝ ⑦

答え　⑧ L

ヒント　$\frac{1}{6}$ の何こ分か考えて、計算しよう。

答え 35ページ

1 お茶が、たかしさんの水とうの中には $\frac{4}{5}$ L、さとしさんの水とうの中には $\frac{2}{5}$ L はいっています。2人のお茶をあわせると何 L ありますか。

たかしさんのお茶の量《りょう》 ＋ さとしさんのお茶の量
＝ あわせた量

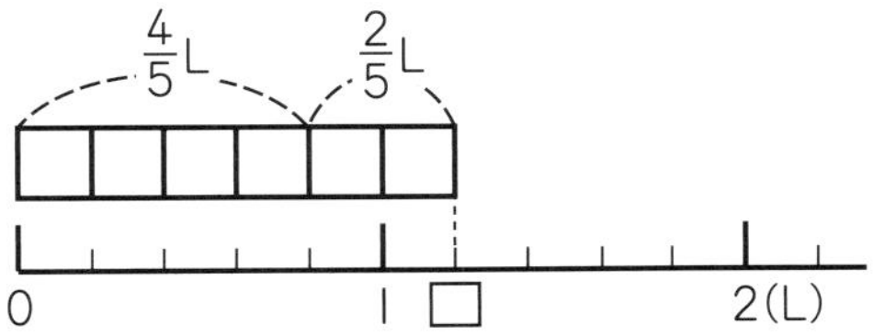

式

答え（　　　　　）

2 さとうが $\frac{5}{8}$ kg、塩《しお》が $\frac{7}{8}$ kg あります。これらをあわせると何 kg になりますか。

さとうの重さ ＋ 塩の重さ ＝ あわせた重さ

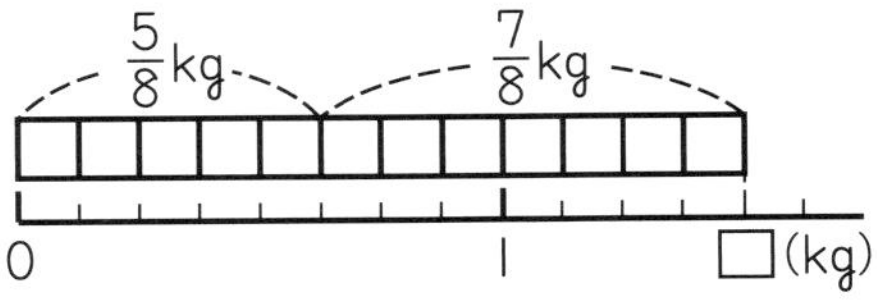

式

答え（　　　　　）

3 今日は $1\frac{2}{9}$ km 泳ぎ、昨日《きのう》は $\frac{5}{9}$ km 泳ぎました。2日あわせると何 km 泳ぎましたか。

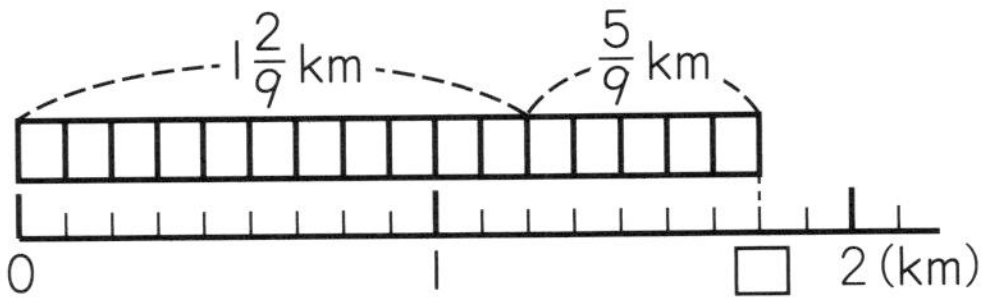

式

答え（　　　　　）

4 算数を $1\frac{3}{6}$ 時間勉強したあと、国語を $\frac{5}{6}$ 時間勉強しました。あわせて何時間勉強しましたか。

式

答え（　　　　　）

ヒント　**3** **4** 帯分数《たいぶんすう》を仮分数《かぶんすう》になおしてから計算しよう。

35 分数のたし算②

答え 36ページ

分数のたし算

・もとの数からある数分だけふえるときは、たし算をして、ふえたあとの数を求《もと》めます。

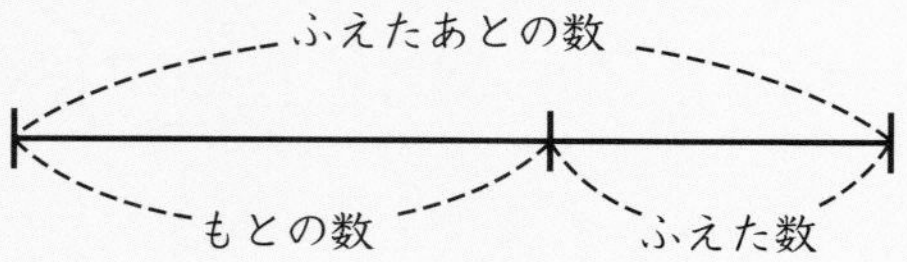

1 1年生のときの身長は $1\frac{1}{8}$ m でした。今、身長をはかると $\frac{2}{8}$ m ふえていました。今の身長は何 m ですか。

今の身長を、求める式をかきましょう。

考え方 ことばの式にあてはめてみましょう。

もとの数 ＋ ふえた数
＝ ふえたあとの数

もとの身長から、ふえるからたし算で求めるよ。

考え方 図をかいてみましょう。

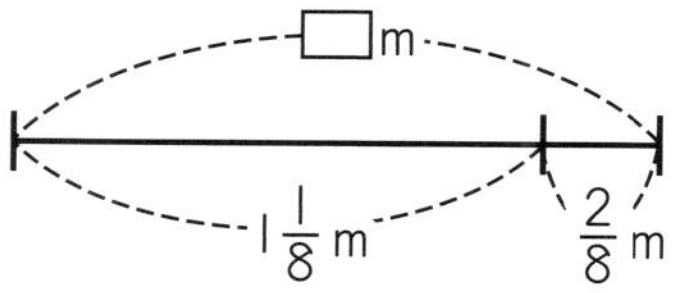

式　$1\frac{1}{8}$ ＋ ①□

計算して、答えを求めましょう。

$1\frac{1}{8}$ ＝ $\frac{②□}{8}$ なので、

$1\frac{1}{8}$ ＋ ③□ ＝ $\frac{④□}{8}$ ＋ ⑤□ ＝ ⑥□

式　$1\frac{1}{8}$ ＋ ⑦□ ＝ ⑧□

答え ⑨□ m

ヒント 帯分数《たいぶんすう》を仮分数《かぶんすう》になおしてから、計算しよう。

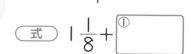

1 お肉の量《りょう》を、いつもは $\frac{4}{9}$ kg で売っているのを、特売日《とくばいび》には $\frac{3}{9}$ kg ふやして売ります。特売日のお肉の量は何 kg ですか。

いつもの量 ＋ ふえた量 ＝ お肉の量

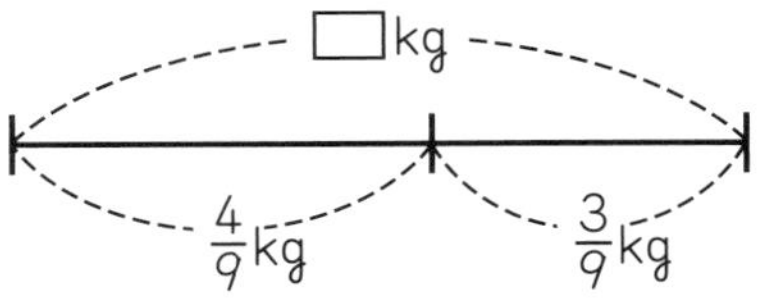

式

答え（　　　　　）

2 やかんに $\frac{6}{4}$ L の水がはいっています。そこに、$\frac{3}{4}$ L の水を入れてふやすと、やかんには何 L の水がはいっていますか。

最初《さいしょ》の水の量 ＋ ふえた量 ＝ やかんの水の量

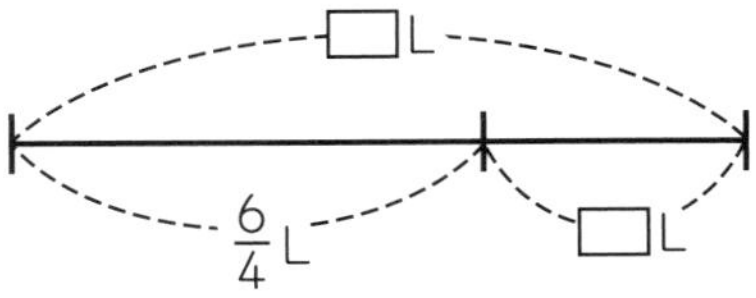

式

答え（　　　　　）

3 家から駅までの道のりは $1\frac{3}{5}$ km です。今週は工事中のため、回り道をすると、道のりは $\frac{1}{5}$ km ふえます。今週、家から駅までの道のりは何 km ですか。

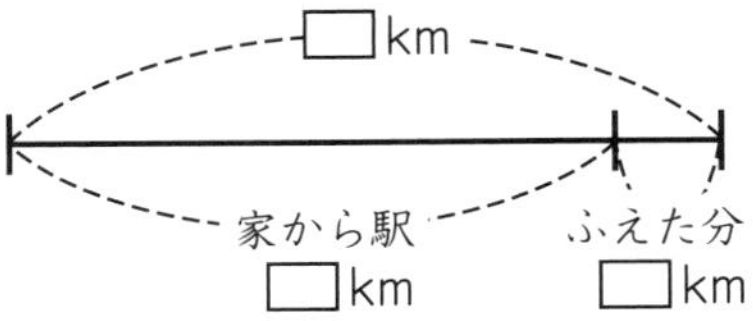

式

答え（　　　　　）

4 スキー場には雪が $2\frac{3}{7}$ m 積《つ》もっています。夜の間に雪がふって、$\frac{5}{7}$ m ふえました。積もっている雪は何 m ですか。

式

答え（　　　　　）

ヒント 3 4 帯分数《たいぶんすう》を仮分数《かぶんすう》になおしてから計算しよう。

学習日　　月　　日

36 分数のひき算①

答え 37ページ

分数のひき算のしかた

①分母が同じ分数のひき算では、分母はそのままにして、分子だけをひきます。
②帯分数《たいぶんすう》のひき算で、分数部分がひけないときは、整数部分から1くり下げて計算するか、仮分数《かぶんすう》になおして計算します。

整数部分から1くり下げる。

$2\frac{1}{5}-\frac{2}{5}=1\frac{6}{5}-\frac{2}{5}$

$=1\frac{4}{5}$

仮分数になおす。

$2\frac{1}{5}-\frac{2}{5}=\frac{11}{5}-\frac{2}{5}$

$=\frac{9}{5}$

1 $\frac{9}{7}$ Lのジュースのうち、$\frac{4}{7}$ Lを飲みました。ジュースは何L残《のこ》っていますか。

ジュースが何L残っているか、求《もと》める式をかきましょう。

考え方 ことばの式にあてはめてみましょう。

もとの量《りょう》 － 飲んだ量

＝ 残っている量

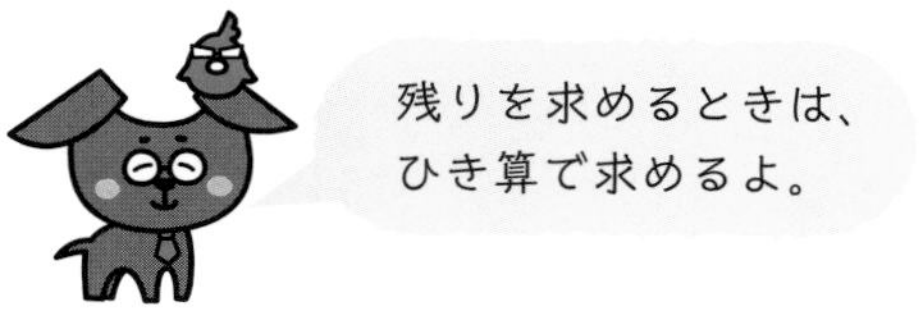

残りを求めるときは、
ひき算で求めるよ。

考え方 図をかいてみましょう。

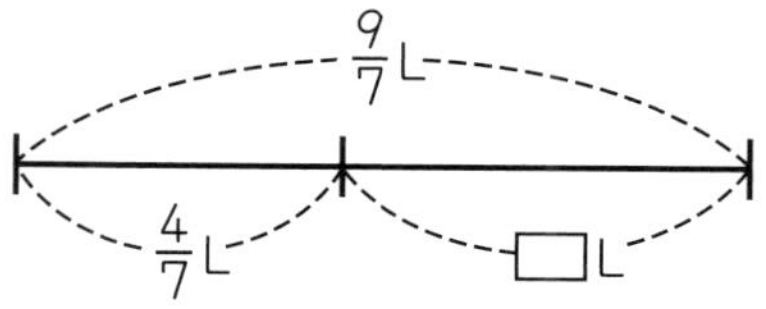

$\frac{9}{7}$L
$\frac{4}{7}$L
□L

式 $\frac{9}{7}-$ ①□

計算して、答えを求めましょう。

$\frac{9}{7}$ は、$\frac{1}{7}$ が ②□ こ、$\frac{4}{7}$ は、$\frac{1}{7}$ が ③□ こ。

残りは、$\frac{1}{7}$ が（④□ － ⑤□）こ。

式 $\frac{9}{7}-$ ⑥□ ＝ ⑦□

答え ⑧□ L

ヒント $\frac{1}{7}$ の何こ分か考えて、計算しよう。

★できた問題には、「た」をかこう！★

でき ①　でき ②　でき ③　でき ④

学習日　　月　　日

答え 37ページ

1 $\frac{9}{5}$ m のリボンがあります。そのうち、$\frac{3}{5}$ m のリボンを使いました。リボンは何 m 残《のこ》っていますか。

もとの長さ － 使った長さ ＝ 残りの長さ

式

答え（　　　　）

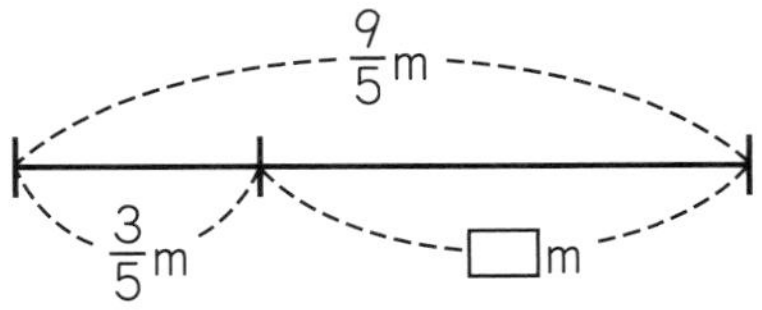

2 お湯 $\frac{7}{9}$ L のうち、$\frac{5}{9}$ L を使いました。お湯は何 L 残っていますか。

もとの量《りょう》 － 使った量 ＝ 残りの量

式

答え（　　　　）

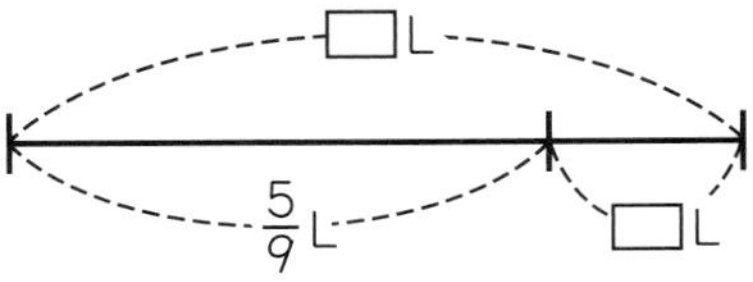

3 お米 $1\frac{5}{6}$ kg のうち、$\frac{4}{6}$ kg を食べました。お米は何 kg 残っていますか。

式

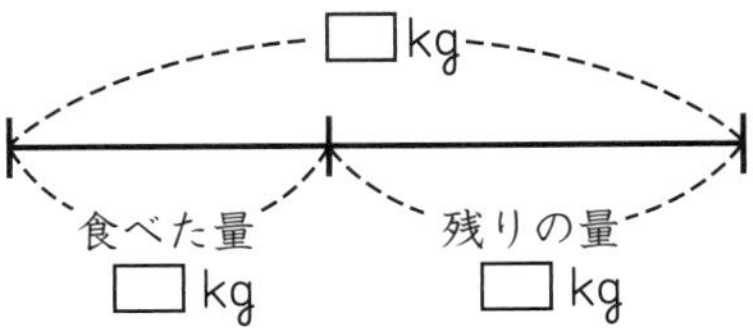

答え（　　　　）

4 学校から図書館までの道のりは $1\frac{3}{8}$ km あります。学校から図書館に向かって $\frac{6}{8}$ km 歩きました。道のりは何 km 残っていますか。

式

答え（　　　　）

ヒント
④ 帯分数《たいぶんすう》の分数部分からひけないので、仮分数《かぶんすう》になおしてから計算しよう。

37 分数のひき算②

答え 38ページ

2つの数のちがいを求《もと》める

・2つの数のちがいを求めるには、大きいほうの数から小さいほうの数をひいて求めます。
仮分数《かぶんすう》で表すとき、分母が同じ分数では、分子の数が大きいほど、大きな数になります。

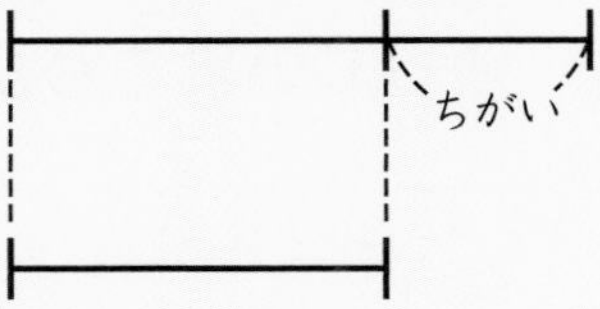

1 2つのびんに、それぞれりんごジュースが $1\frac{1}{6}$ L とオレンジジュースが $\frac{5}{6}$ L はいっています。2つのジュースの量《りょう》のちがいは何 L ですか。

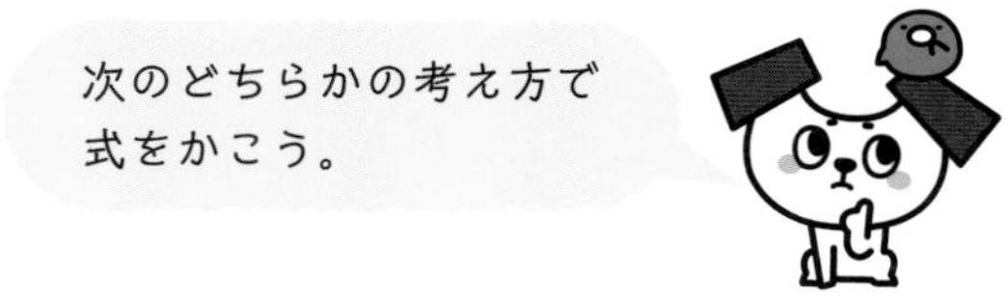

ちがいが何 L になるか、求める式をかきましょう。

考え方 ことばの式にあてはめてみましょう。

りんごジュースの量
－ オレンジジュースの量
＝ ちがいの量

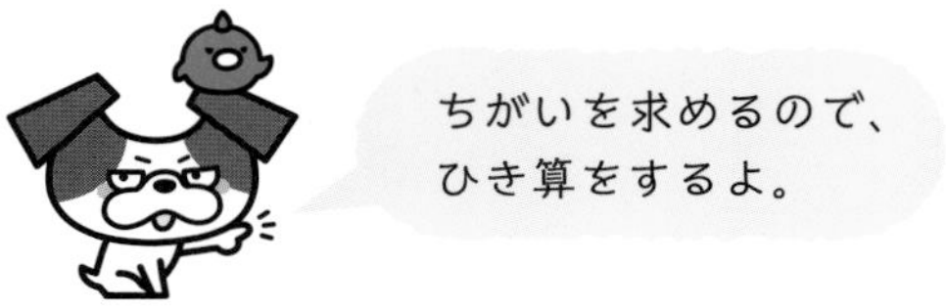

考え方 図をかいてみましょう。

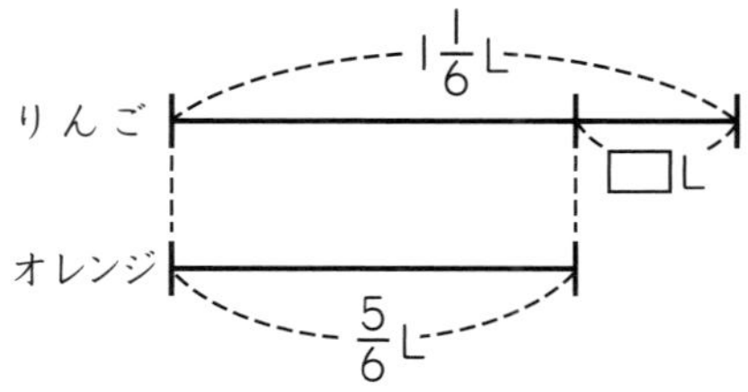

式 $1\frac{1}{6}-$ ①□

計算して、答えを求めましょう。

$1\frac{1}{6}=\frac{②□}{6}$ なので、

$1\frac{1}{6}-$ ③□ $=\frac{④□}{6}-$ ⑤□ $=$ ⑥□

式 $1\frac{1}{6}-$ ⑦□ $=$ ⑧□

答え ⑨□ L

ヒント $1\frac{1}{6}$ を仮分数になおしてから、$\frac{5}{6}$ と大きさをくらべよう。

答え 38ページ

1 家から駅までの道のりは $\frac{7}{8}$ km、学校から駅までの道のりは $\frac{3}{8}$ km です。この2つの道のりのちがいは何 km ですか。

家から駅まで － 学校から駅まで
＝ ちがいの道のり

式

答え（　　　　）

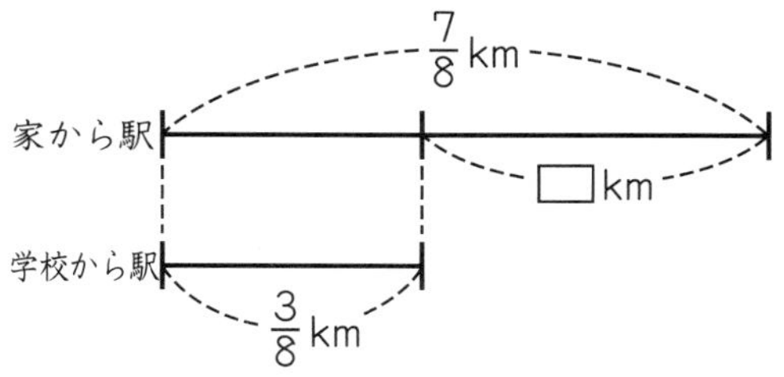

2 赤いテープの長さは $\frac{9}{4}$ m、青いテープの長さは $\frac{6}{4}$ m です。赤いテープと青いテープの長さのちがいは何 m ですか。

赤いテープの長さ － 青いテープの長さ
＝ ちがいの長さ

式

答え（　　　　）

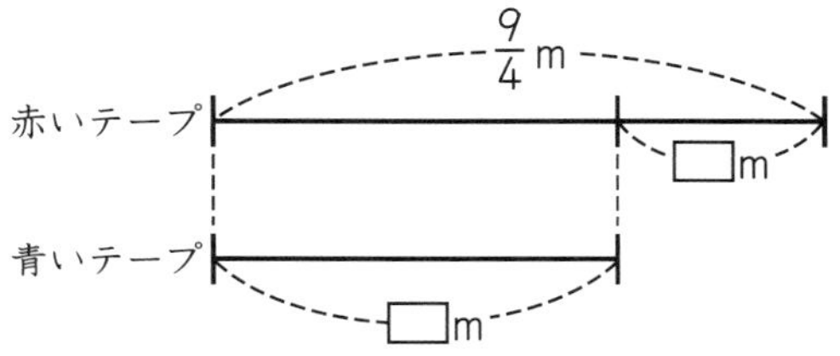

3 畑の広さは $1\frac{5}{9}$ m^2、花だんの広さは $\frac{7}{9}$ m^2 です。畑と花だんの広さのちがいは何 m^2 ですか。

式

答え（　　　　）

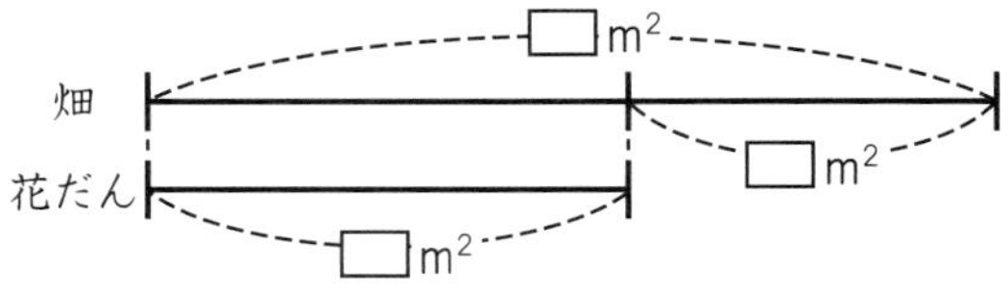

4 かぼちゃの重さは $2\frac{5}{7}$ kg、はくさいの重さは $1\frac{6}{7}$ kg です。かぼちゃとはくさいの重さのちがいは何 kg ですか。

式

答え（　　　　）

ヒント　3 4 帯分数《たいぶんすう》を仮分数《かぶんすう》になおしてから、大きさをくらべて計算しよう。

38 変わり方①

答え 39ページ

変《か》わり方を調べる

・2つの数の間に、一方の数がふえると、それにともなって一方の数がふえたり、へったりする関係《かんけい》があるとき、よりくわしく調べるために表をかくと、2つの数の関係がわかりやすくなります。

・2つの数の関係が式で表せるとき、一方の数が決まれば、もう一方の数を計算で求《もと》めることができます。

1 長さ 14 cm のはり金で、長方形をつくります。
たての長さと横の長さの関係を式に表しましょう。

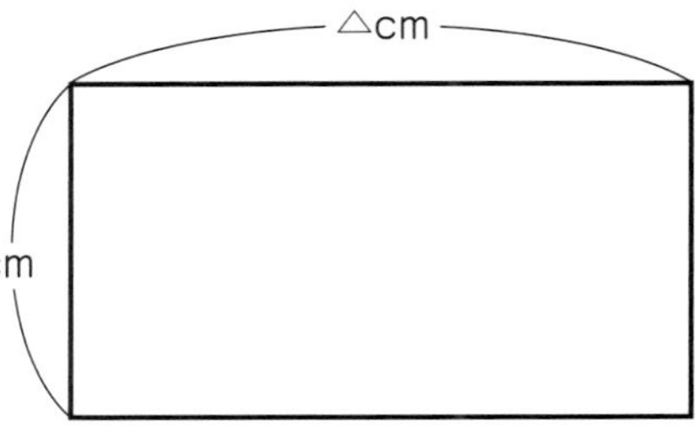

たての長さと横の長さの関係を表にしてみましょう。

考え方　たてと横の長さの和がいくつになるのか、考えてみましょう。

たての長さ(cm)	1	2	3	4	5	6
横の長さ(cm)	①	②	③	④	⑤	⑥

たての長さを○ cm、横の長さを△ cm として、式に表しましょう。

式　○＋△＝⑦

2 ひなたさんのお姉さんは、ひなたさんより4才年上です。ひなたさんとお姉さんのたんじょう日は同じです。ひなたさんの年れいと、お姉さんの年れいの関係を式に表しましょう。

2人の年れいの変わり方を、表にかいて調べましょう。

考え方　年れいの差《さ》を考えて表をつくりましょう。

ひなたさん(才)	10	11	12	13	14	15
お姉さん(才)	①	②	③	④	⑤	⑥

ひなたさんの年れいを○才、お姉さんの年れいを△才として、○と△の関係を式に表しましょう。

式　△－○＝⑦

ヒント　2つの数の関係を式に表すときは、表をかいてから考えよう。

★できた問題には、「た」をかこう！★

1 でき　2 でき

学習日　月　日

答え 39ページ

1 20このビーズをかんじさんとそのかさんで分けます。次の表は、かんじさんがもらうこ数と、そのかさんがもらうこ数の関係《かんけい》を表したものです。

(1)表を完成《かんせい》させましょう。

かんじさん(こ)	1	2	3	4	5	6	
そのかさん(こ)							

(2)かんじさんがもらうこ数を○こ、そのかさんがもらうこ数を△ことして、○と△の関係を式に表しましょう。

答え(　　　　　　　　)

(3)かんじさんが12こもらうとき、そのかさんは何こもらいますか。

答え(　　　　　　　　)

2 兄のちょ金箱には1000円、弟のちょ金箱には600円それぞれはいっています。毎月、それぞれ100円ずつちょ金箱に入れます。次の表は、兄がちょ金したお金と弟がちょ金したお金の関係を表したものです。

(1)表を完成させましょう。

兄(円)	1100	1200	1300	1400	1500	1600	
弟(円)							

(2)兄がちょ金したお金を○円、弟がちょ金したお金を△円として、○と△の関係を式に表しましょう。

答え(　　　　　　　　)

(3)弟がちょ金したお金が1000円のとき、兄がちょ金したお金は何円ですか。

答え(　　　　　　　　)

ヒント　2 (3)○と△の関係を表した式を利用《りよう》しよう。

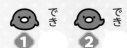

39 変わり方②

答え 40ページ

変《か》わり方《かた》を調べる

・2つの数がいっしょに変わっていくとき、変わり方を表にまとめると、変わり方のきまりをみつけやすくなります。変わっていく数を○や△として、式で表せるとき、一方の数が決まれば、もう一方の数を計算で求《もと》めることができます。

1 高さ3cmの積《つ》み木《き》を、積んでいきます。積み木の数と積み木の高さの関係《かんけい》を式に表しましょう。

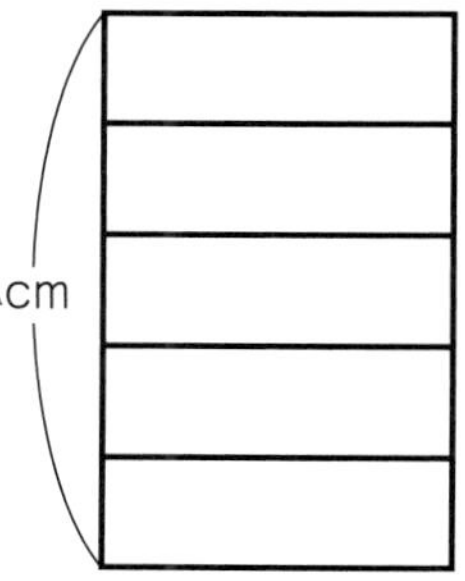

積み木の数と積み木の高さの関係を表にしてみましょう。

考え方 積み木が1こふえると、高さが何cmふえるか考えてみましょう。

積み木(こ)	1	2	3	4	5	6	
高さ(cm)	3	①	②	③	④	⑤	

積み木の数を○こ、積み木の高さを△cmとして、式に表しましょう。

式 △＝⑥□×○

積み木の数が12このとき、積み木の高さは何cmでしょう。

式 ⑦□×12＝⑧□

答え ⑨□cm

積み木の高さが45cmのとき、積み木の数は何こでしょう。

式 45÷⑩□＝⑪□

答え ⑫□こ

ヒント 一方の数が1ふえると、もう一方の数が、いくつ変わるのかを考えよう。

答え　40ページ

1 1本60円のえん筆を買います。次の表は、えん筆の本数と代金の関係《かんけい》を表したものです。

(1)表を完成《かんせい》させましょう。

えん筆(本)	1	2	3	4	5	6	
代金(円)	60						

(2)えん筆の本数を○本、代金を△円として、○と△の関係を式に表しましょう。

答え(　　　　)

(3)えん筆の代金が1440円のとき、えん筆の本数は何本ですか。

答え(　　　　)

2 右の図のように、マッチぼうで正方形をつくり、横にならべていきます。

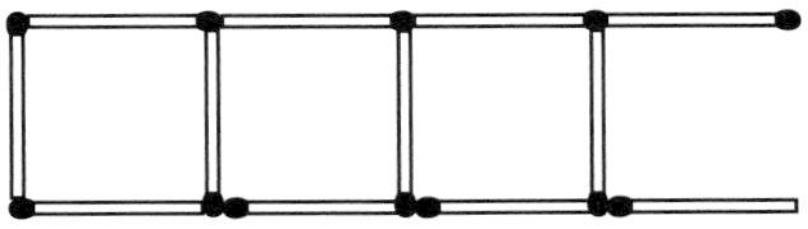

…

(1)正方形の数とマッチぼうの本数の関係を表にしましょう。

正方形の数(こ)	1	2	3	4	5	
マッチぼうの数(本)	4					

(2)正方形の数を○こ、マッチぼうの本数を△本として、○と△の関係を式に表しましょう。

答え(　　　　)

(3)マッチぼう34本で、正方形は何こできますか。

答え(　　　　)

ヒント　**2** (2)正方形の数を3倍した数とマッチぼうの数をくらべてみよう。

4年生のまとめ

学習日　　月　　日

時間 20 分

／100

ごうかく 70 点

答え 41ページ

1 183まいのカードを8人で同じ数ずつ分けます。1人分は何まいになり、何まいあまりますか。

式・答え　各5点(10点)

式

答え（　　　　）

2 あるお店でジュースを8本買ったら、60円まけてくれたので代金は900円でした。ジュース1本のねだんはいくらですか。

式10点・答え5点(15点)

式

答え（　　　　）

3 高さ12.6 cmのブロックを6こ積《つ》み上げるとき、高さは何cmになりますか。

式・答え　各5点(10点)

式

答え（　　　　）

4 $2\frac{3}{7}$ kgの塩《しお》があります。このうち$\frac{6}{7}$ kgを使いました。残《のこ》りは何kgですか。

式・答え　各5点(10点)

式

答え（　　　　）

5 1箱にかんづめが24こはいっています。365箱あるとき、かんづめは全部で約《やく》何こありますか。がい数で求《もと》めましょう。

式10点・答え5点(15点)

式

答え（　　　　）

6 公園で□人の子どもが遊んでいます。そこへ5人遊びに来ました。5時になると、8人が帰ったので12人になりました。□にあてはまる数を求めましょう。

式10点・答え5点(15点)

式

答え（　　　　）

7 ゴムA《エー》はもとの長さが30 cmで、90 cmまでのびます。ゴムB《ビー》はもとの長さが40 cmで、100 cmまでのびます。

(1)式10点・答え5点　(2)10点(25点)

(1)ゴムBがのびた後の長さは、のびる前の長さの何倍ですか。

式

答え（　　　　）

(2)ゴムAとゴムBでは、どちらがよくのびるといえますか。また、そのわけも答えましょう。

わけ

答え（　　　　）

教科書ぴったりトレーニング

丸つけラクラクかいとう

全教科書版
文章題４年

この「丸つけラクラクかいとう」は
とりはずしてお使《つか》いください。

「丸つけラクラクかいとう」では問題《もんだい》と同じ紙面《しめん》に、赤字で答えを書いています。

①問題がとけたら、まずは答え合わせをしましょう。

②まちがえた問題やわからなかった問題は、てびきを読んだり、教科書を読み返《かえ》したりしてもう一度《いちど》見直しましょう。

おうちのかたへ では、次のようなものを示しています。

- 学習のねらいやポイント
- 学習内容のつながり
- まちがいやすいことやつまずきやすいところ

お子様への説明や、学習内容の把握などにご活用ください。

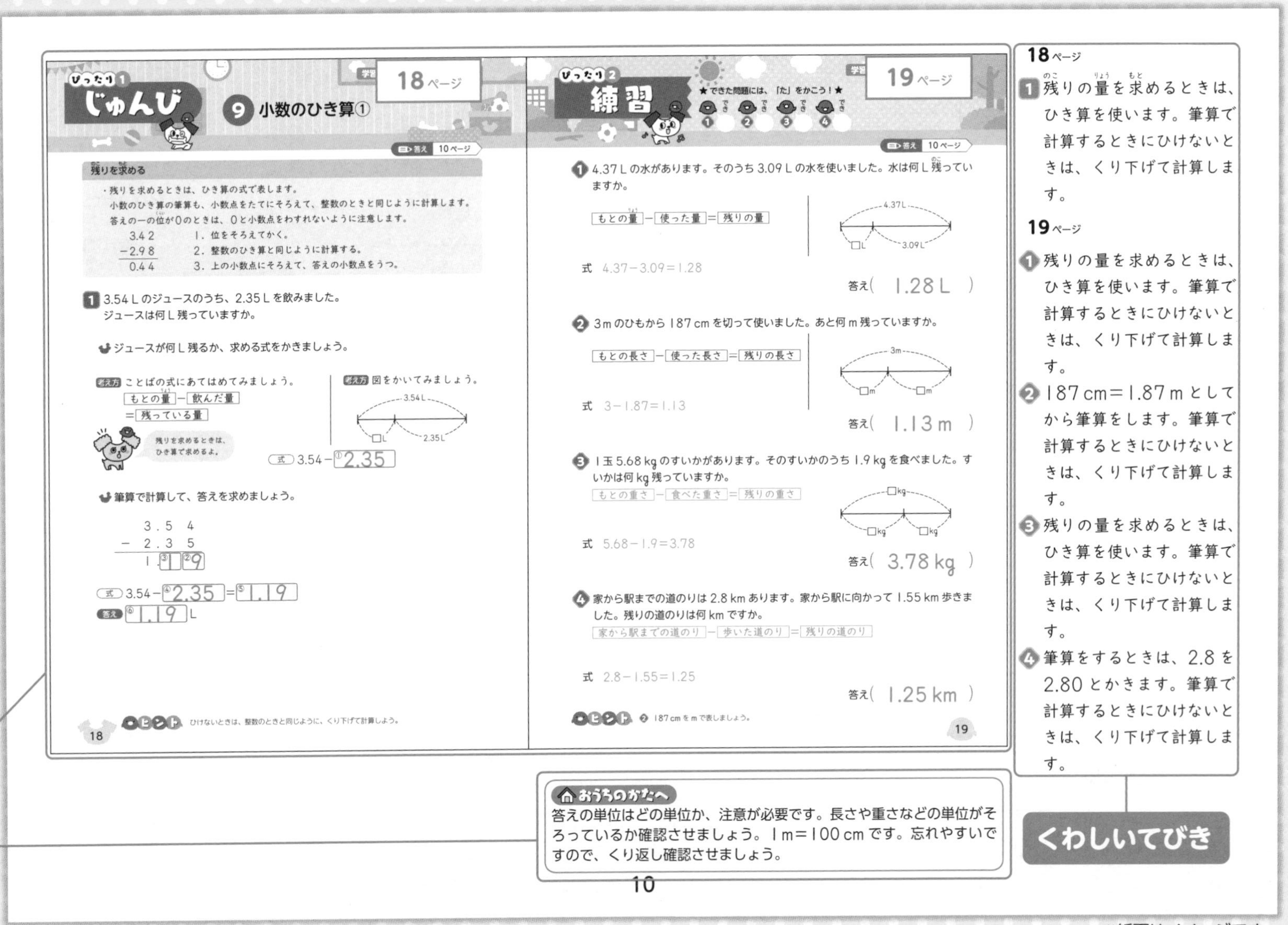

ぴったり１ じゅんび　9 小数のひき算①　18ページ

残りを求める

・残りを求めるときは、ひき算の式で表します。
小数のひき算の筆算も、小数点をたてにそろえて、整数のときと同じように計算します。
答えの一の位が０のときは、０と小数点をわすれないように注意します。

3.42 − 2.98 = 0.44
1. 位をそろえてかく。
2. 整数のひき算と同じように計算する。
3. 上の小数点にそろえて、答えの小数点をうつ。

1 3.54 L のジュースのうち、2.35 L を飲みました。ジュースは何 L 残っていますか。

ジュースが何 L 残るか、求める式をかきましょう。

考え方 ことばの式にあてはめてみましょう。
もとの量 − 飲んだ量 = 残っている量

考え方 図をかいてみましょう。

残りを求めるときは、ひき算で求めるよ。

式 3.54 − ①2.35

筆算で計算して、答えを求めましょう。

3.54 − 2.35 = 1.19

式 3.54 − ④2.35 = ⑤1.19
答え ⑥1.19 L

ヒント ひけないときは、整数のときと同じように、くり下げて計算しよう。

18

ぴったり２ 練習　19ページ

★できた問題には、「た」をかこう！★

1 4.37 L の水があります。そのうち 3.09 L の水を使いました。水は何 L 残《のこ》っていますか。
もとの量 − 使った量 = 残りの量
式 4.37−3.09=1.28
答え（ 1.28 L ）

2 3 m のひもから 187 cm を切って使いました。あと何 m 残っていますか。
もとの長さ − 使った長さ = 残りの長さ
式 3−1.87=1.13
答え（ 1.13 m ）

3 1 玉 5.68 kg のすいかがあります。そのすいかのうち 1.9 kg を食べました。すいかは何 kg 残っていますか。
もとの重さ − 食べた重さ = 残りの重さ
式 5.68−1.9=3.78
答え（ 3.78 kg ）

4 家から駅までの道のりは 2.8 km あります。家から駅に向かって 1.55 km 歩きました。残りの道のりは何 km ですか。
家から駅までの道のり − 歩いた道のり = 残りの道のり
式 2.8−1.55=1.25
答え（ 1.25 km ）

ヒント 2 187 cm を m で表しましょう。

19

18ページ

1 残《のこ》りの量《りょう》を求《もと》めるときは、ひき算を使います。筆算で計算するときにひけないときは、くり下げて計算します。

19ページ

1 残りの量を求めるときは、ひき算を使います。筆算で計算するときにひけないときは、くり下げて計算します。

2 187 cm＝1.87 m としてから筆算をします。筆算で計算するときにひけないときは、くり下げて計算します。

3 残りの量を求めるときは、ひき算を使います。筆算で計算するときにひけないときは、くり下げて計算します。

4 筆算をするときは、2.8 を 2.80 とかきます。筆算で計算するときにひけないときは、くり下げて計算します。

おうちのかたへ
答えの単位はどの単位か、注意が必要です。長さや重さなどの単位がそろっているか確認させましょう。1 m＝100 cm です。忘れやすいですので、くり返し確認させましょう。

10

見やすい答え

おうちのかたへ

くわしいてびき

※紙面はイメージです。

ぴったり1 じゅんび

学習 2ページ

1 折れ線グラフ

答え 2ページ

折《お》れ線《せん》グラフ

・気温などのように、変《か》わっていくもののようすを表すには、折れ線グラフを使います。

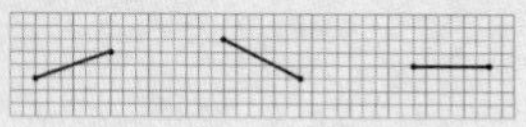

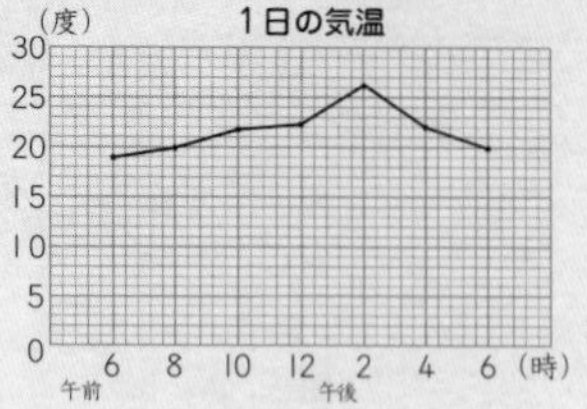

1 右のグラフは、ある日の池の水温を調べて折れ線グラフに表したものです。

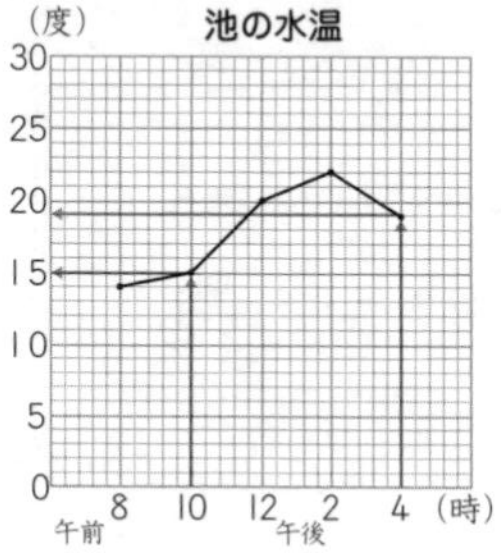

● 午前10時と午後4時の水温は、それぞれ何度ですか。

考え方 このグラフは、横のじくが時こくを表し、たてのじくが水温を表しています。たてのじくの1目もりは1度を表しています。

答え 午前10時…① 15 度
午後4時…② 19 度

● 水温が下がっているのは、何時から何時までの間ですか。

考え方 折れ線グラフの線のかたむきを見て考えましょう。

答え ③ 午後2時から午後4時までの間

● 水温の上がり方がいちばん小さいのは、何時から何時までの間ですか。

考え方 折れ線グラフの線のかたむきで、変わり方がわかります。

答え ④ 午前8時から午前10時までの間

ヒント 線のかたむきぐあいで、変わり方がわかるよ。

ぴったり2 練習

学習 3ページ

★できた問題には、「た」をかこう！★

答え 2ページ

1 右のグラフは、ある日の1日の気温を調べて折《お》れ線《せん》グラフに表したものです。

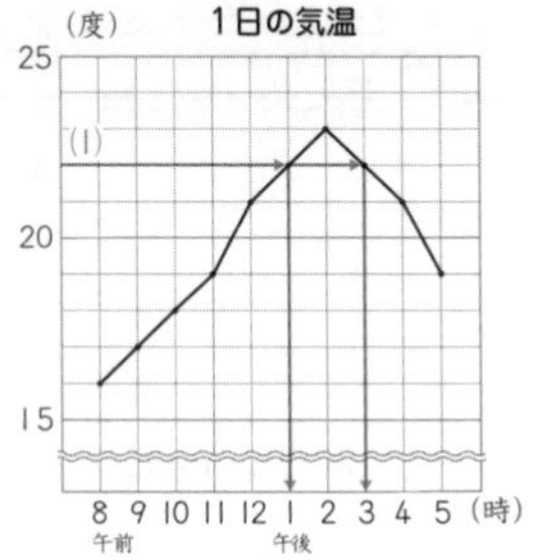

(1)気温が22度だった時こくを全部答えましょう。

答え(午後1時、午後3時)

(2)気温が上がっているのは、午前8時から何時までの間ですか。

答え(午後2時までの間)

(3)気温の下がり方がいちばん大きいのは何時から何時までの間ですか。

答え(午後4時から午後5時までの間)

2 右のグラフは、ある年の月別《つきべつ》の気温を調べて折れ線グラフに表したものです。

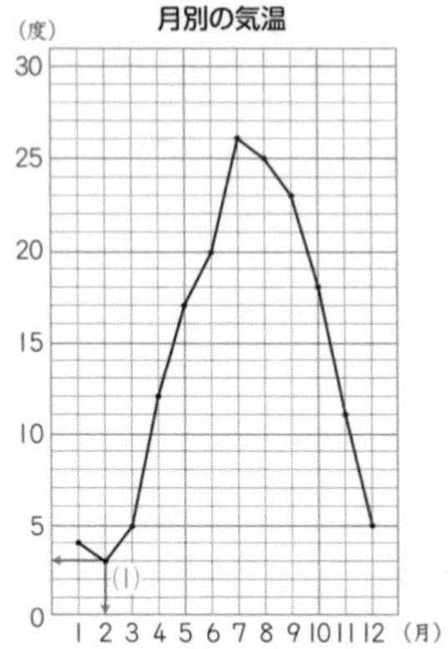

(1)気温がいちばん低《ひく》かったのは、何月で何度ですか。

答え(2月で3度)

(2)気温の上がり方がいちばん大きいのは、何月から何月の間ですか。

答え(3月から4月の間)

(3)気温が2度下がったのは、何月から何月までの間ですか。また、気温が6度や7度下がったときとくらべると、グラフのどこがちがうといえますか。

答え(8月から9月までの間、6度や7度下がるときとくらべると、かたむきが急ではない。)

ヒント ❷ (3)線が右下に下がっているのは同じだけど、ちがいがあるね。

2ページ

1 水温が下がっているのは、線が右下がりになっているところです。
また、水温の変《か》わり方は、線のかたむきでわかります。

3ページ

1 (2)気温が上がっているのは、線が右上がりになっているところです。
(3)気温の下がり方がいちばん大きいのは、線がいちばん急に右下がりになっているところです。

2 (1)点がいちばん下の方にあるときの数をよみとります。
(2)気温の上がり方がいちばん大きいのは、線がいちばん急に右上がりになっているところです。
(3)2目もり分下がっているところをさがしましょう。

おうちのかたへ
折れ線グラフの1つの目もりの値に注意させましょう。どれだけ増えているか、または減っているかは目もりをしっかり数えさせましょう。

ぴったり1 じゅんび

2 わり算の筆算①

学習 4ページ

答え 3ページ

わり算の筆算のしかた

・同じ数ずつ分けるときは、数が大きくなってもわり算を使って考えます。
わり算の筆算は、大きい位《くらい》から、計算します。
わり算の答えを商《しょう》といいます。

```
   28
3) 84
   6  …3×2
   24
   24 …3×8
    0
```

1 キャンディーが 52 こあります。4人で同じ数ずつ分けると、1人分は何こになりますか。

1人分が何こになるか、求《もと》める式をかきましょう。

考え方 ことばの式にあてはめてみましょう。
全部のこ数 ÷ 分ける人数
＝ 1人分のこ数

同じ数ずつ分けるのだから、わり算で求めるよ。

次のどちらかの考え方で式をかこう。

考え方 図をかいてみましょう。

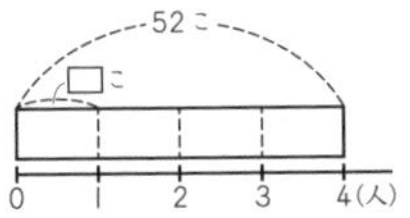

式 52÷① 4

筆算で計算して、答えを求めましょう。

```
    ②1 3
4 ) 5  2
    4
    1 ③2
    1  2
      ④0
```

筆算は たてる→かける→ひく→おろす の順《じゅん》だよ。

式 52÷⑤ 4 ＝⑥ 13

答え ⑦ 13 こ

ヒント わり算の筆算は、たし算やかけ算とちがって、大きい位から順に計算しよう。

ぴったり2 練習

学習 5ページ

★できた問題には、「た」をかこう！★ でき 1 でき 2 でき 3 でき 4

答え 3ページ

1 折《お》り紙が 78 まいあります。6人で同じ数ずつ分けると、1人分は何まいになりますか。

全部のまい数 ÷ 分ける人数
＝ 1人分のまい数

```
   13
6) 78
   6
   18
   18
    0
```

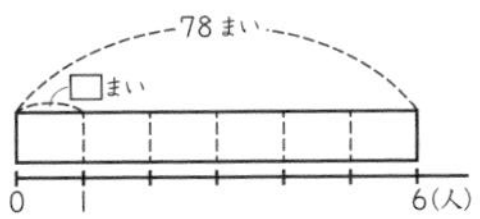

式 78÷6＝13

答え（ 13まい ）

2 96 円のスケッチブックを、4人で同じようにお金を出しあって買います。1人何円出せばよいですか。

商品の代金 ÷ 分ける人数
＝ 1人分の金がく

```
   24
4) 96
   8
   16
   16
    0
```

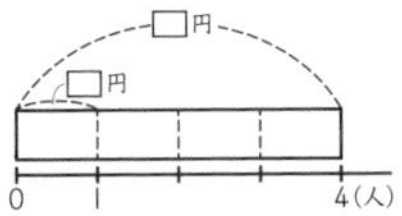

式 96÷4＝24

答え（ 24円 ）

3 あさがおの種《たね》が 160 こあります。8人で同じ数ずつ分けて、かだんに植えるとき、1人何この種を植えますか。

あさがおの種の数 ÷ 分ける人数
＝ 1人分のあさがおの種の数

```
    20
8) 160
   16
    0
```

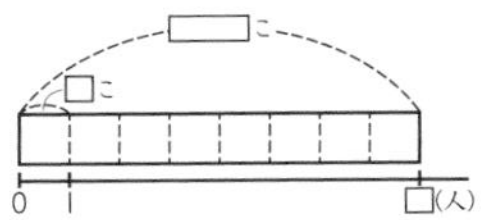

式 160÷8＝20

答え（ 20こ ）

4 312 m の道のりを、3人で同じ道のりに分けて走ります。1人何 m 走りますか。

道のり ÷ 走る人数
＝ 1人が走る道のり

```
   104
3) 312
   3
    12
    12
     0
```

式 312÷3＝104

答え（ 104 m ）

ヒント 3 百の位《くらい》に答えがたたないときは、百の位と十の位の2けたの数で計算するよ。

4ページ

1 1人分のこ数を求《もと》めるときは、わり算になります。答えが正しいかどうかは、全部のこ数＝1人分のこ数×分ける人数でたしかめることができます。

5ページ

1 答えが正しいかどうかは、全部のまい数＝1人分のまい数×分ける人数でたしかめることができます。

2 答えが正しいかどうかは、商品の代金＝1人分の金がく×分ける人数でたしかめることができます。

3 百の位《くらい》に答えがたたないときには、百の位と十の位の2けたの数で計算しましょう。

4 十の位に答えがたたないときは、十の位と一の位の2けたの数で計算しましょう。

おうちのかたへ
式がたてられないときは、図をかいて、図から式をたてられるようにさせましょう。

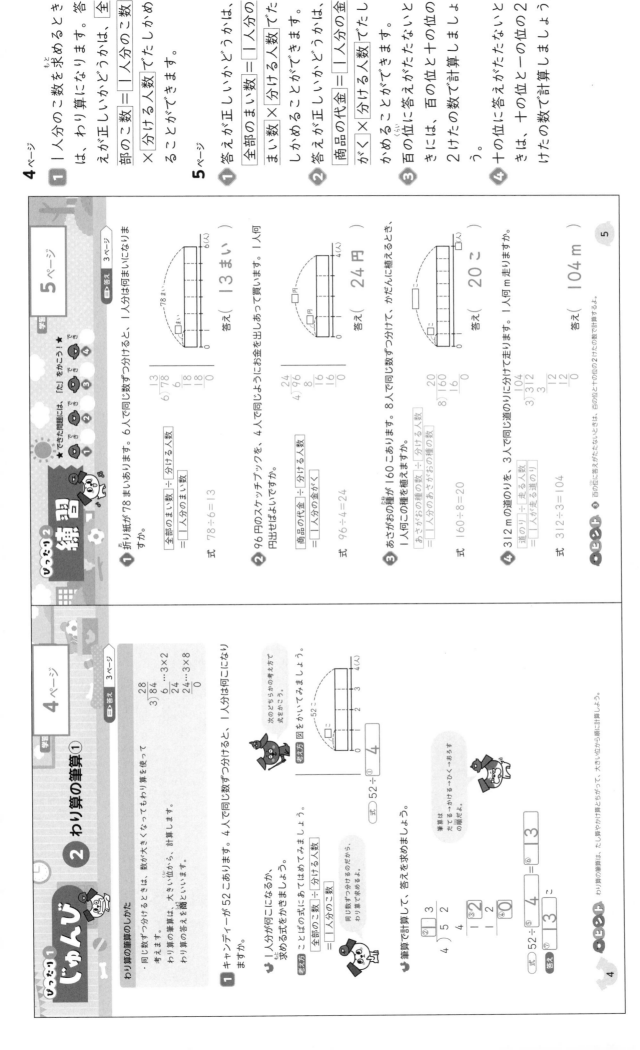

ぴったり1 じゅんび

3 わり算の筆算②

学習日 6ページ

答え 4ページ

同じ数の集まりがいくつあるか求《もと》める

・全体を同じ数の集まりで分けるとき、同じ数の集まりがいくつあるかを求めるには、わり算を使って考えます。

1 ノートが 69 さつあります。1人に3さつずつ分けると、何人に分けられますか。

何人に分けられるか、求める式をかきましょう。

次のどちらかの考え方で式をかこう。

考え方 ことばの式にあてはめてみましょう。

全部のさっ数 ÷ 1人分のさっ数 = 人数

同じ数の集まりがいくつあるかだから、わり算で求めるよ。

考え方 図をかいてみましょう。

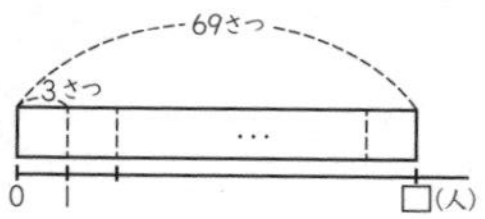

式 69÷① 3

筆算で計算して、答えを求めましょう。

式 69÷② 3 =③ 23

答え ④ 23 人

```
   23
3)69
  6
   9
   9
   0
```

2 ケーキが 174 こあります。1箱に6こずつ入れると、何箱できますか。

何箱できるか、求める式をかきましょう。

考え方 ことばの式にあてはめてみましょう。

全部のこ数 ÷ 1箱分のこ数 = 箱の数

考え方 図をかいてみましょう。

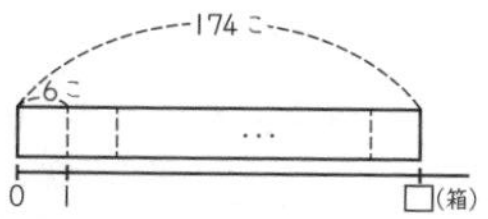

式 174÷① 6

筆算で計算して、答えを求めましょう。

式 174÷② 6 =③ 29

答え ④ 29 箱

```
   29
6)174
  12
   54
   54
    0
```

ヒント **1** 十の位《くらい》の計算がわりきれることもあるよ。

ぴったり2 練習

学習日 7ページ

★できた問題には、「た」をかこう！★ 1 2 3 4

答え 4ページ

1 えん筆が 39 本あります。1人に3本ずつ分けると、何人に分けられますか。

全部の本数 ÷ 1人分の本数 = 人数

式 39÷3=13

```
   13
3)39
  3
   9
   9
   0
```

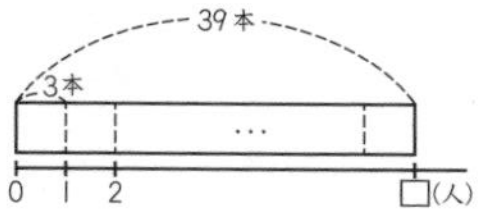

答え（ 13人 ）

2 チョコレートが 72 こあります。箱に6こずつつめると、箱は何箱できますか。

全部のこ数 ÷ 1箱分のこ数 = 箱の数

式 72÷6=12

```
   12
6)72
  6
  12
  12
   0
```

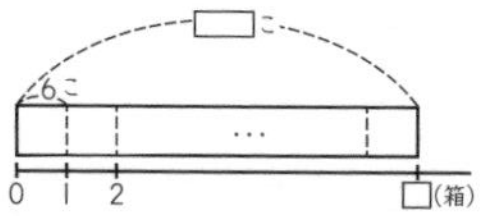

答え（ 12箱 ）

3 154 このつくえを、ふいてきれいにします。1人7こずつつくえをふくとき、全部のつくえをふくには何人必要《ひつよう》ですか。

つくえの数 ÷ 1人分のこ数 = 人数

式 154÷7=22

```
   22
7)154
  14
   14
   14
    0
```

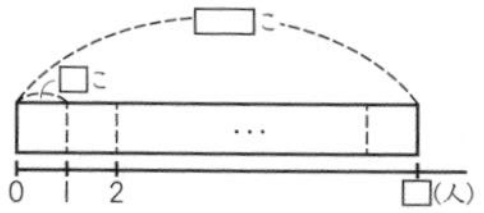

答え（ 22人 ）

4 ある小学校の全児童《じどう》 525 人を、1つのグループに5人ずつで分けます。グループは何グループできますか。

全児童 ÷ 1グループの人数 = グループの数

式 525÷5=105

```
  105
5)525
  5
   25
   25
    0
```

答え（ 105グループ ）

ヒント **4** 商に0がたつことがあっても、筆算のしかたは同じだよ。

6ページ

1 何人に分けられるかを求《もと》めるときは、わり算を使います。答えが正しいかどうかは、全部のさっ数 = 1人分のさっ数 × 人数 でたしかめることができます。

2 答えが正しいかどうかは、全部のこ数 = 1箱分のこ数 × 箱の数 でたしかめることができます。

7ページ

1 同じ数の集まりがいくつあるかなので、わり算になります。

2 72こを6こずつ分けると考えましょう。

3 154 このつくえを7こずつ分けると考えましょう。

4 十の位《くらい》に答えがたたないときは、十の位と一の位の2けたの数で計算しましょう。

おうちのかたへ

商に0がたつことがありますが、筆算のしかたは同じですので、0がたっても落ち着いて考えさせましょう。

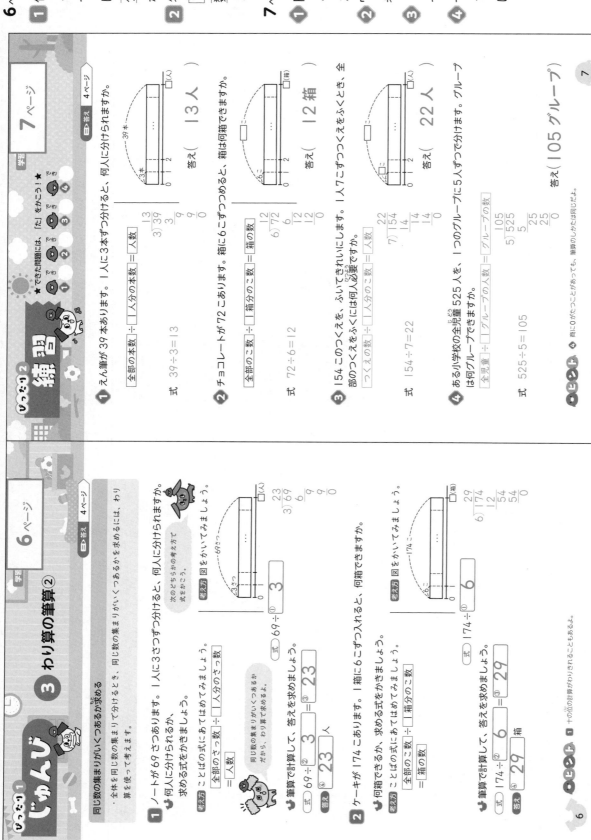

ぴったり1 じゅんび

4 わり算の筆算③

学習 8ページ

答え 5ページ

何倍かを求《もと》める

・ある数がもとにする数の何倍かを求めるときは、わり算の式で表します。
何倍かということは、もとにする大きさを1とみていくつになるかということです。

もとにする大きさを求める

・何倍にあたる数から、もとにする大きさ1つ分を求める計算もわり算で表せます。

1 けんやさんの今の体重は48kgです。生まれたときの体重は3kgでした。今の体重は、生まれたときの体重の何倍ですか。

何倍になるか、求める式をかきましょう。

考え方 3kgの□倍が48kgなので、
3×□=48の□にあてはまる数を求めます。

生まれたときの体重 →□倍→ 今の体重
3kg　　48kg

考え方 図をかいてみましょう。

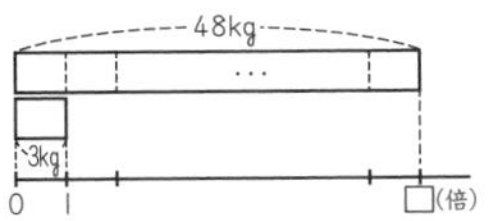

式 48÷① 3

筆算で計算して、答えを求めましょう。

何倍かを求めるときは、わり算で求めるよ。

式 48÷② 3 =③ 16

答え ④ 16 倍

2 バスケットボールの試合《しあい》を行いました。勝ったチームの点数は84点で、負けたチームの点数の3倍でした。負けたチームの点数は何点ですか。

負けたチームの点数を、求める式をかきましょう。

考え方 □点の3倍が84点なので、
□×3=84の□にあてはまる数を求めます。

負けたチームの点数 →3倍→ 勝ったチームの点数
□点　　84点

考え方 図をかいてみましょう。

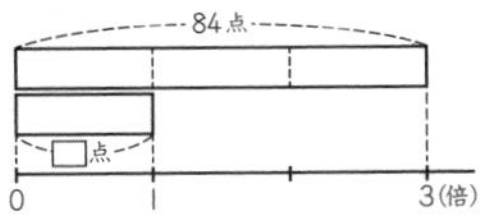

式 84÷① 3

筆算で計算して、答えを求めましょう。

式 84÷② 3 =③ 28

答え ④ 28 点

ヒント 何倍かを求めるときは、図をかいてみると、わかりやすくなるよ。

ぴったり2 練習

学習 9ページ

★できた問題には、「た」をかこう！★ でき 1 でき 2 でき 3 でき 4

答え 5ページ

1 あさがおの今のつるの長さは90cmです。なえを植えたときのつるの長さは6cmでした。今のつるの長さは、植えたときのつるの長さの何倍ですか。

植えたときの長さ →□倍→ 今の長さ
6cm　　90cm

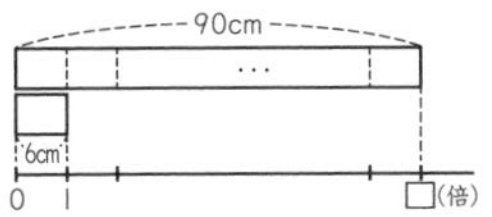

式 90÷6=15

答え（ 15倍 ）

2 さとしさんの年れいは5才で、おじいさんの年れいは85才です。おじいさんの年れいは、さとしさんの年れいの何倍ですか。

さとしさんの年れい →□倍→ おじいさんの年れい
5才　　85才

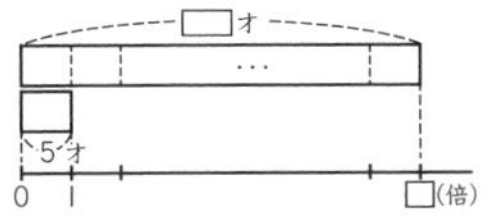

式 85÷5=17

答え（ 17倍 ）

3 ある農家の畑でとれたきゅうりは92本で、とうもろこしの本数の4倍でした。とれたとうもろこしは何本ですか。

とうもろこしの本数 →4倍→ きゅうりの本数
□本　　92本

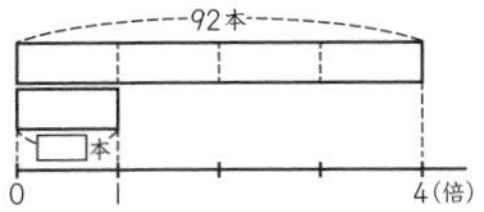

式 92÷4=23

答え（ 23本 ）

4 ある町の9月のこう水量《りょう》は215mmで、1月のこう水量の5倍でした。1月のこう水量は何mmですか。

1月のこう水量 →5倍→ 9月のこう水量
□mm　　215mm

式 215÷5=43

答え（ 43mm ）

ヒント 4 ややこしい問題は、ことばの式や図をかいてみよう。

おうちのかたへ

問題ごとに何をもとにするのかをしっかり考えてから計算させましょう。式をつくることが難しいときは、いったんかけ算の式をつくってから、考えさせるとよいです。

8ページ

1 何倍かを求《もと》めるときは、わり算の式を使います。答えが正しいかどうかは、今の体重＝生まれたときの体重×倍でたしかめることができます。

2 もとにする大きさを求めるときは、わり算の式を使います。答えが正しいかどうかは、勝ったチームの点数＝負けたチームの点数×倍でたしかめることができます。

9ページ

1 植えたときの長さが、もとにする大きさです。もとにする数の何倍かを求めるときはわり算を使います。

2 さとしさんの年れいが、もとにする大きさです。

3 とれたとうもろこしの本数がもとにする大きさです。もとにする大きさ1つ分を求めるときはわり算を使います。

4 1月のこう水量《りょう》がもとにする大きさです。

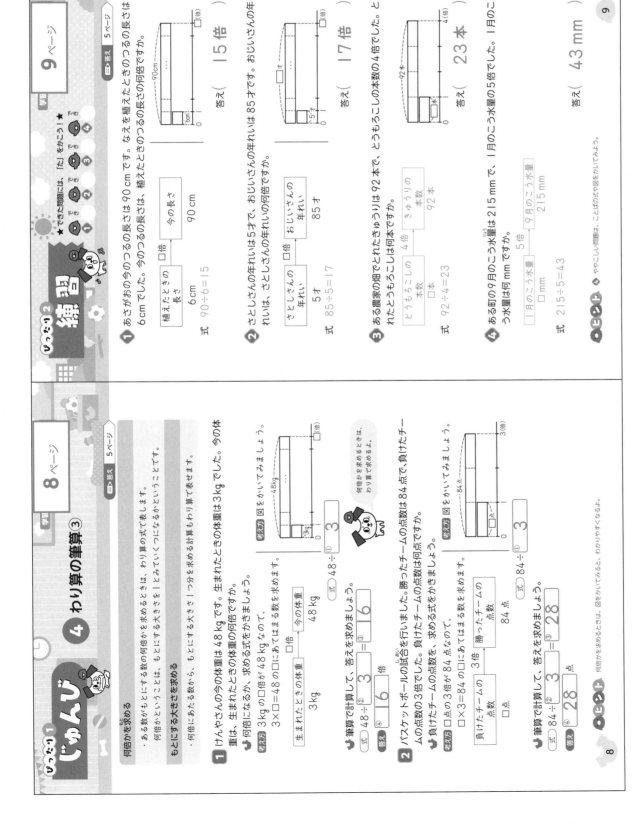

ぴったり1 じゅんび

学習 10ページ

5 わり算の筆算④

答え 6ページ

あまりのあるわり算の筆算のしかた

・同じ数ずつ分けるときは、数が大きくなってもわり算を使って考えます。
筆算が終わって、最後《さいご》にひいて残《のこ》った数が0でないとき、その数があまりとなります。あまりは、わる数より小さくなります。

```
   13
7)93
  7  …7×1
  23
  21 …7×3
   2 …あまり
```

1 93つぶのピーナッツを6人で同じ数ずつ食べると、1人分は何つぶになり、何つぶあまりますか。

1人分が何つぶになり、あまりが何つぶになるか、求《もと》める式をかきましょう。

次のどちらかの考え方で式をかこう。

考え方 ことばの式にあてはめてみましょう。

全部の数÷分ける人数
=1人分の数 あまり あまりの数

同じ数ずつ分けるのだから、わり算で求めるよ。

考え方 図をかいてみましょう。

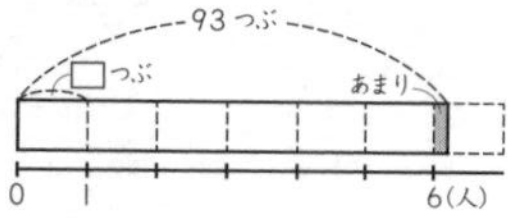

式 93÷[①6]

筆算で計算して、答えを求めましょう。

```
    [②1] 5
6 ) 9  3
    6
    3 [③3]
    3  0
      [④3]
```

筆算は たてる→かける→ひく→おろす の順《じゅん》だよ。

式 93÷[⑤6]=[⑥15] あまり [⑦3]

答え 1人分は[⑧15]つぶになり、[⑨3]つぶあまる。

ヒント あまりの数が、わる数より大きくなるのは、まちがいだよ。

ぴったり2 練習

学習 11ページ

★できた問題には、「た」をかこう！★ でき 1 でき 2 でき 3 でき 4

答え 6ページ

1 ボールペンが73本あります。4人で同じ数ずつ分けると、1人分は何本になり、何本あまりますか。

全部の本数÷分ける人数
=1人分の本数
あまり あまりの本数

```
   18
4)73
  4
  33
  32
   1
```

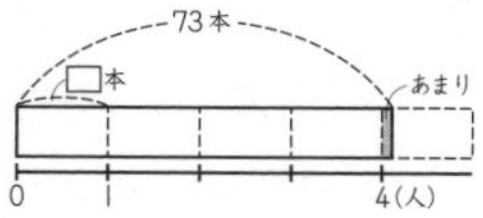

式 73÷4=18 あまり 1

答え(1人分は 18本 になり、 1本 あまる。)

2 89人を同じ人数ずつ6グループに分けると、1グループは何人で、何人あまりますか。

全員の人数÷分けるグループ数
=1グループの人数
あまり あまりの人数

```
   14
6)89
  6
  29
  24
   5
```

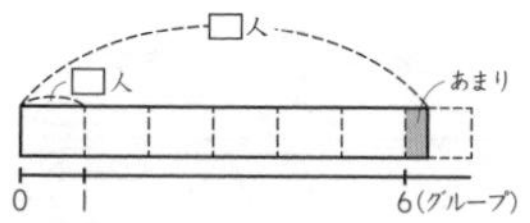

式 89÷6=14 あまり 5

答え(1グループは 14人 で、 5人 あまる。)

3 356cmのリボンがあります。7人で同じ長さずつ切って分けると、1人分のリボンの長さは何cmになり、何cmあまりますか。

全部の長さ÷分ける人数
=1人分の長さ
あまり あまりの長さ

```
    50
7)356
  35
     6
```

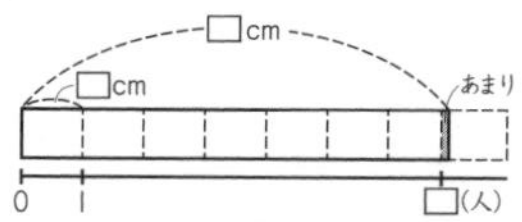

式 356÷7=50 あまり 6

答え(1人分は 50cm になり、 6cm あまる。)

4 ジュースが620mLあります。3人で同じ量《りょう》ずつに分けると、1人分は何mLになり、何mLあまりますか。

全部の量÷分ける人数=1人分の量 あまり あまりの量

```
   206
3)620
  6
   20
   18
    2
```

式 620÷3=206 あまり 2

答え(1人分は 206mL になり、 2mL あまる。)

ヒント 4 百の位《くらい》の計算がわりきれるけど、筆算のしかたは同じだよ。

10ページ

1 答えが正しいかどうかは、分ける人数×1人分の数+あまりの数=全部の数でたしかめることができます。

11ページ

1 答えが正しいかどうかは、分ける人数×1人分の本数+あまりの本数=全部の本数でたしかめることができます。

2 同じ数ずつ6つに分けると考えます。

3 答えが正しいかどうかは、分ける人数×1人分の長さ+あまりの長さ=全部の長さでたしかめることができます。

4 この問題では、筆算のときに百の位《くらい》がわりきれます。答えが正しいかどうかは、分ける人数×1人分のジュースの量+あまりの量=ジュースの量でたしかめることができます。

おうちのかたへ

あまりは、わる数より小さくなります。そうなっていない場合はどこかで計算がまちがっている可能性があるので、いつも確認させるようにしましょう。

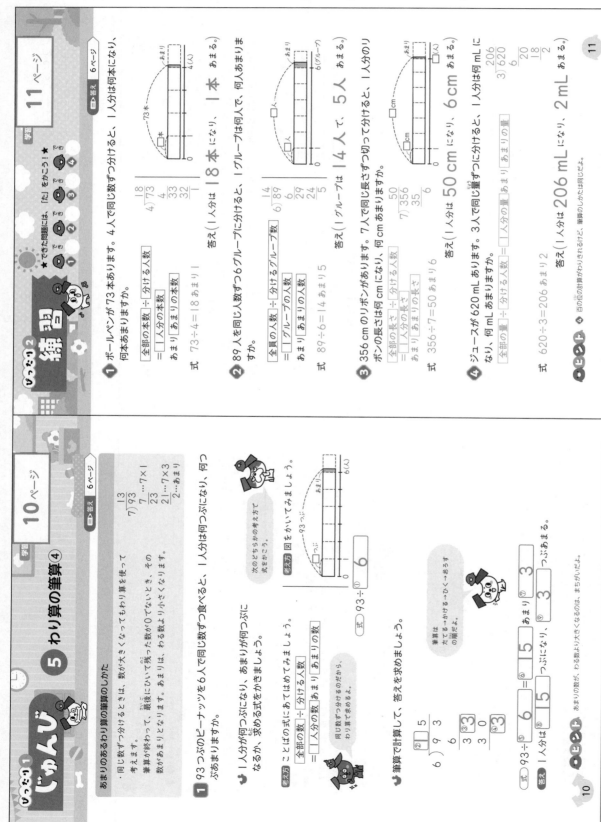

12ページ

ぴったり1 じゅんび

6 わり算の筆算⑤

答え 7ページ

同じ数の集まりがいくつあるか求《もと》める

・全体を同じ数の集まりで分けるとき、同じ数の集まりがいくつあるかを求めるには、わり算を使って考えます。
また、筆算でわり算をしたら、次のように答えのたしかめをしましょう。

83÷3　＝27　あまり　2
　3　×27　＋　2　＝　83
［わる数］×［商］　＋　［あまり］＝［わられる数］

1 色紙が110まいあります。1人に8まいずつ分けると、何人に分けられて、何まいあまりますか。

何人に分けられて、あまりが何まいになるか、求める式をかきましょう。

次のどちらかの考え方で式をかこう。

考え方 ことばの式にあてはめてみましょう。
［全部のまい数］÷［1人分のまい数］
＝［人数］あまり［あまりのまい数］

同じ数ずつ分けるのだから、わり算で求めるよ。

考え方 図をかいてみましょう。

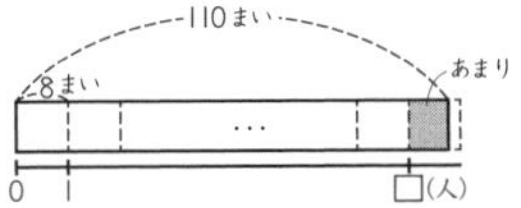

式 110÷［① 8］

筆算で計算して、答えを求めましょう。また、答えのたしかめをしましょう。

```
     ②1 3
8 ) 1 1 0
    8
    ③3 0
    2 4
      ④6
```

たしかめ
8×［⑤ 13］＋［⑥ 6］＝110

式 110÷［⑦ 8］＝［⑧ 13］あまり［⑨ 6］

答え［⑩ 13］人に分けられて、［⑪ 6］まいあまる。

ヒント たしかめの答えはわられる数だよ。

12

13ページ

ぴったり2 練習

★できた問題には、「た」をかこう！★　でき 1　でき 2　でき 3　でき 4

答え 7ページ

1 りんごが47こあります。1人に3こずつ分けると、何人に分けられて、何こあまりますか。

［全部のこ数］÷［1人分のこ数］
＝［人数］あまり［あまりのこ数］

```
    15
3 ) 47
    3
    17
    15
     2
```

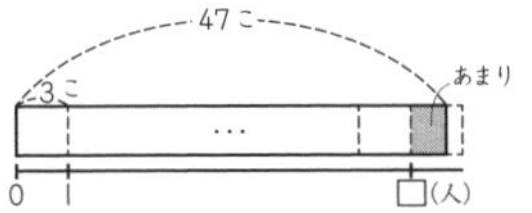

式 47÷3＝15 あまり 2

答え（15人 に分けられて、 2こ あまる。）

2 にんじんが85本あります。ふくろに6本ずつ入れると、何ふくろできて、何本あまりますか。

［全部の本数］÷［1ふくろ分の本数］
＝［ふくろの数］あまり［あまりの本数］

```
    14
6 ) 85
    6
    25
    24
     1
```

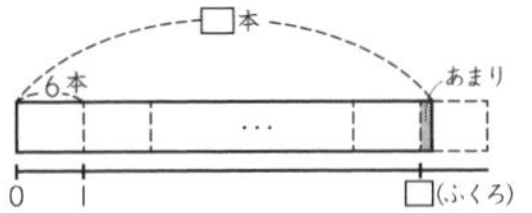

式 85÷6＝14 あまり 1

答え（14ふくろ できて、 1本 あまる。）

3 2m54cmのリボンを9cmずつに切ります。9cmのリボンは何本できて、何cmあまりますか。

［全部の長さ］÷［1本分の長さ］
＝［リボンの数］
あまり［あまりの長さ］

```
     28
9 ) 254
    18
     74
     72
      2
```

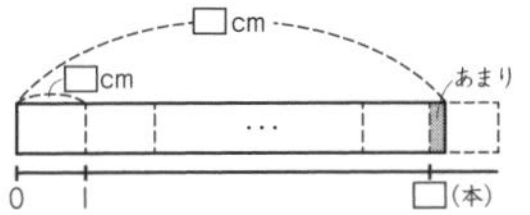

式 254÷9＝28 あまり 2

答え（28本 できて、 2cm あまる。）

4 636このビーズを、1人に8こずつ分けると、何人に分けられて、何こあまりますか。

［全部のこ数］÷［1人分のこ数］
＝［人数］あまり［あまりのこ数］

```
     79
8 ) 636
    56
     76
     72
      4
```

式 636÷8＝79 あまり 4

答え（79人 に分けられて、 4こ あまる。）

ヒント 3 2m54cmをcmになおしてから、筆算をしよう。

13

12ページ

1 答えが正しいかどうかは、［1人分のまい数］×［人数］＋［あまりのまい数］＝［全部のまい数］でたしかめることができます。

13ページ

1 答えが正しいかどうかは、［1人分のこ数］×［人数］＋［あまりのこ数］＝［全部のこ数］でたしかめることができます。

2 6つずつのまとまりがいくつできるかを考えるときは、わり算を使います。

3 1m＝100cmなので、2m54cm＝254cmとしてから筆算をします。長さや重さの単位《たんい》がちがうときは、そろえてから計算します。

4 答えが正しいかどうかは、［1人分のこ数］×［人数］＋［あまりのこ数］＝［全部のこ数］でたしかめることができます。

おうちのかたへ
長さや重さの単位がちがうときは、そろえてから計算させましょう。単位の変換は忘れやすいです。1m＝100cmということをしっかり確認させましょう。

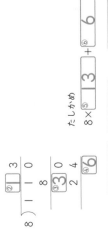

ぴったり1 じゅんび

学習 **14ページ**

7 小数のたし算①

答え 8ページ

小数のたし算の筆算のしかた

・あわせるといくつになるか求《もと》めるときは、たし算をします。
小数のたし算を筆算でするときは、小数点がたてにならぶようにかいて、整数のときと同じように計算します。

```
  3.63
+ 1.89
  5.52
```

1. 位《くらい》をそろえてかく。
2. 整数のたし算と同じように計算する。
3. 上の小数点にそろえて、答えの小数点をうつ。

1 牛にゅうがびんに 2.65 L、紙パックに 1.58 L はいっています。牛にゅうは、あわせて何 L ありますか。

あわせて何 L になるか、求める式をかきましょう。

次のどちらかの考え方で式をかこう。

考え方 ことばの式にあてはめてみましょう。

びんにはいっている量《りょう》
＋紙パックにはいっている量
＝あわせた量

あわせるから、たし算で求めるよ。

考え方 図をかいてみましょう。

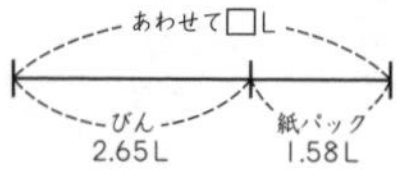

式 2.65＋① 1.58

筆算で計算して、答えを求めましょう。

```
   2 . 6 5
+  1 . 5 8
  ③4.②2 3
```

式 2.65＋④ 1.58 ＝⑤ 4.23

答え ⑥ 4.23 L

ヒント 整数のたし算と同じように、くり上がりに注意して計算しよう。

ぴったり2 練習

★できた問題には、「た」をかこう！★ 1 2 3 4

学習 **15ページ**

答え 8ページ

1 水がペットボトルに 1.82 L、やかんに 1.29 L はいっています。水は、あわせて何 L ありますか。

ペットボトルにはいっている量《りょう》
＋やかんにはいっている量＝あわせた量

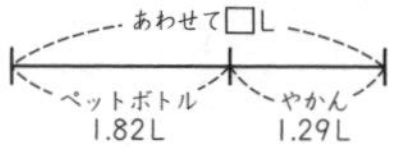

式 1.82＋1.29＝3.11

答え（ 3.11 L ）

2 兄の体重は 45.6 kg、弟の体重は 27.2 kg です。2人の体重をあわせると、何 kg になりますか。

兄の体重＋弟の体重＝あわせた体重

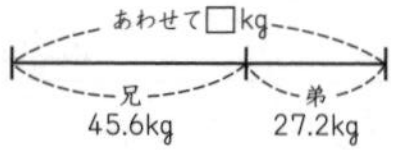

式 45.6＋27.2＝72.8

答え（ 72.8 kg ）

3 家から駅まで 3.23 km、駅から公園まで 1.9 km です。あわせて何 km ですか。

家から駅までの道のり＋駅から公園までの道のり
＝あわせた道のり

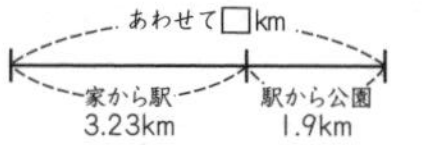

式 3.23＋1.9＝5.13

答え（ 5.13 km ）

4 いくつかのりんごの重さをはかると 4.5 kg でした。0.25 kg の箱にこれらのりんごを全部入れます。りんごと箱の重さをあわせると、何 kg ですか。

りんご全部の重さ＋箱の重さ
＝あわせた重さ

式 4.5＋0.25＝4.75

答え（ 4.75 kg ）

ヒント 3 筆算をするときは、位《くらい》をそろえて小数点がたてにならぶようにかこう。

14ページ

1 あわせて何 L ありますか、となっているので、たし算を使います。筆算をするときは小数点がたてにならぶようにかきましょう。また、くり上がりにも注意しましょう。

15ページ

1 あわせて何 L ありますか、となっているので、たし算を使います。

2 あわせて何 kg になりますか、となっているので、たし算を使います。筆算では、整数のときと同じように計算します。

3 あわせて何 km ですか、となっているので、たし算を使います。筆算では、位《くらい》をそろえて小数点がたてにならぶようにかきましょう。

4 4.5 は 4.50 として筆算をします。

おうちのかたへ
答えの小数点のうち忘れに注意させましょう。また、整数のまじった計算は、2 を 2.00 のように、0 をつけて筆算させましょう。

ぴったり1 じゅんび

8 小数のたし算②

学習 16ページ

答え 9ページ

小数のたし算

・もとの数から、ある数分だけふえるときは、たし算をして、ふえたあとの数を求《もと》めます。

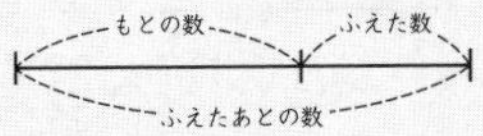

1 4月に体重をはかると 48 kg でした。9月に体重をはかると 2.6 kg ふえていました。9月の体重は何 kg ですか。

9月の体重を、求める式をかきましょう。

次のどちらかの考え方で式をかこう。

考え方 ことばの式にあてはめてみましょう。

もとの体重 ＋ ふえた体重 ＝ ふえたあとの体重

もとの体重からふえるから、たし算で求めるよ。

考え方 図をかいてみましょう。

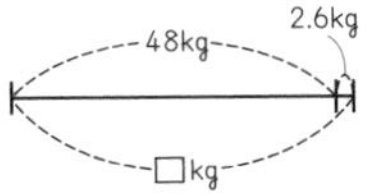

式 48＋① 2.6

筆算で計算して、答えを求めましょう。

```
   4 8.0
＋   2.6
 ③5 ②0.6
```

式 48＋④ 2.6 ＝⑤ 50.6

答え ⑥ 50.6 kg

ヒント 48 は、48.0 と 0 をかいて筆算をしよう。

ぴったり2 練習

★できた問題には、「た」をかこう！★ でき 1 でき 2 でき 3 でき 4

学習 17ページ

答え 9ページ

1 去年の身長は 132.8 cm でした。今年、身長をはかると 6.4 cm ふえていました。今年の身長は何 cm ですか。

去年の身長 ＋ ふえた分 ＝ 今年の身長

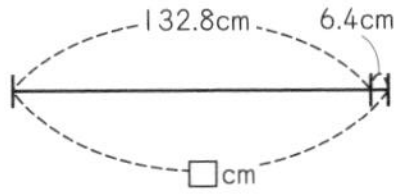

式 132.8＋6.4＝139.2

答え（ 139.2 cm ）

2 1回目のソフトボール投げの記録《きろく》は、24.5 m でした。2回目の記録は、1回目の記録よりも 1.7 m ふえました。2回目の記録は何 m ですか。

1回目の記録 ＋ ふえた分 ＝ 2回目の記録

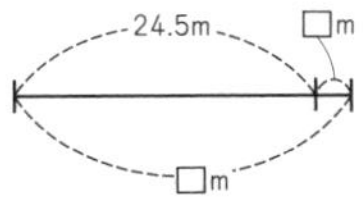

式 24.5＋1.7＝26.2

答え（ 26.2 m ）

3 先週のひまわりの高さは 142.5 cm でした。今週はかると 6.5 cm ふえていました。今週のひまわりの高さは何 cm ですか。

先週の高さ ＋ ふえた高さ ＝ 今週の高さ

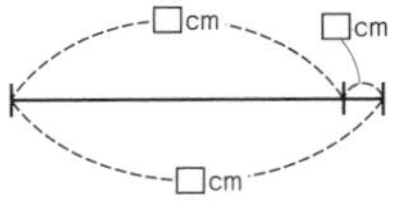

式 142.5＋6.5＝149

答え（ 149 cm ）

4 おふろにお湯をためています。最初《さいしょ》にはかったときは 54.7 L でした。2回目にはかると 36.5 L ふえていました。おふろにはいっているお湯の量《りょう》は何 L ですか。

最初のお湯の量 ＋ ふえた量 ＝ 2回目のお湯の量

式 54.7＋36.5＝91.2

答え（ 91.2 L ）

ヒント 3 答えが整数になることもあるよ。

16ページ

1 もとの大きさより大きくなるときは、たし算を使います。整数のまじった計算は、48 を 48.0 のように 0 をつけて筆算をします。

17ページ

1 もとの数からふえるので、たし算を使います。筆算ではくり上がりに注意しましょう。

2 もとの数は 24.5、ふえた分は 1.7 です。もとの大きさより大きくなるので、たし算を使います。筆算ではくり上がりに注意しましょう。

3 もとの大きさより大きくなっているので、たし算を使います。答えが整数になるときは、小数点以下の 0 は答えにかかないようにしましょう。

4 もとの数は 54.7、ふえた分は 36.5 です。筆算ではくり上がりに注意しましょう。

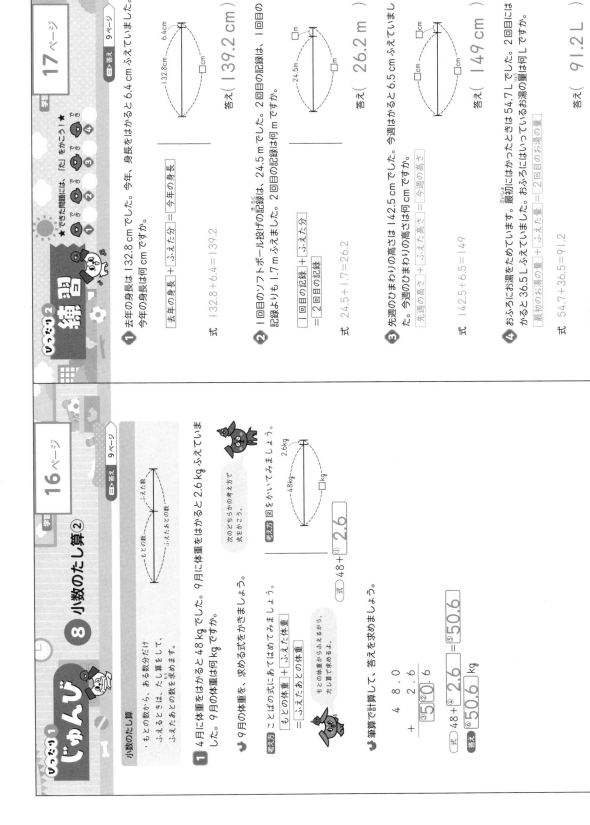

ぴったり1 **じゅんび**

9 小数のひき算①

答え 10ページ

残《のこ》りを求《もと》める

・残りを求めるときは、ひき算の式で表します。
小数のひき算の筆算も、小数点をたてにそろえて、整数のときと同じように計算します。
答えの一の位《くらい》が0のときは、0と小数点をわすれないように注意します。

3.42	1．位をそろえてかく。
−2.98	2．整数のひき算と同じように計算する。
0.44	3．上の小数点にそろえて、答えの小数点をうつ。

1 3.54 L のジュースのうち、2.35 L を飲みました。
ジュースは何 L 残っていますか。

ジュースが何 L 残るか、求める式をかきましょう。

考え方 ことばの式にあてはめてみましょう。
もとの量《りょう》 − 飲んだ量
= 残っている量

残りを求めるときは、ひき算で求めるよ。

考え方 図をかいてみましょう。

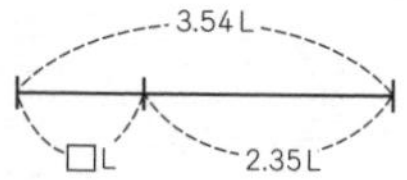

式 3.54 − ①2.35

筆算で計算して、答えを求めましょう。

```
   3 . 5 4
 − 2 . 3 5
   1 . ③1 ②9
```

式 3.54 − ④2.35 = ⑤1.19

答え ⑥1.19 L

ヒント ひけないときは、整数のときと同じように、くり下げて計算しよう。

ぴったり2 **練習**

★できた問題には、「た」をかこう！★ ① ② ③ ④

答え 10ページ

1 4.37 L の水があります。そのうち 3.09 L の水を使いました。水は何 L 残《のこ》っていますか。

もとの量《りょう》 − 使った量 = 残りの量

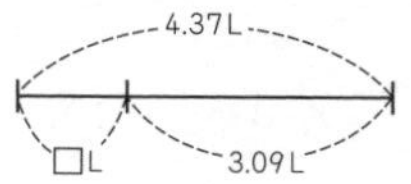

式 4.37−3.09=1.28

答え（ 1.28 L ）

2 3 m のひもから 187 cm を切って使いました。あと何 m 残っていますか。

もとの長さ − 使った長さ = 残りの長さ

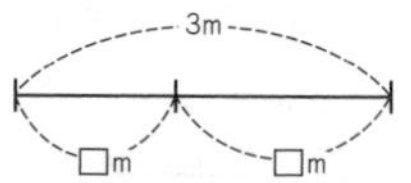

式 3−1.87=1.13

答え（ 1.13 m ）

3 1 玉 5.68 kg のすいかがあります。そのすいかのうち 1.9 kg を食べました。すいかは何 kg 残っていますか。

もとの重さ − 食べた重さ = 残りの重さ

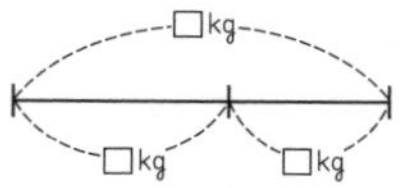

式 5.68−1.9=3.78

答え（ 3.78 kg ）

4 家から駅までの道のりは 2.8 km あります。家から駅に向かって 1.55 km 歩きました。残りの道のりは何 km ですか。

家から駅までの道のり − 歩いた道のり = 残りの道のり

式 2.8−1.55=1.25

答え（ 1.25 km ）

ヒント ② 187 cm を m で表しましょう。

18ページ

1 残《のこ》りの量《りょう》を求《もと》めるときは、ひき算を使います。筆算で計算するときにひけないときは、くり下げて計算します。

19ページ

1 残りの量を求めるときは、ひき算を使います。筆算で計算するときにひけないときは、くり下げて計算します。

2 187 cm＝1.87 m としてから筆算をします。筆算で計算するときにひけないときは、くり下げて計算します。

3 残りの量を求めるときは、ひき算を使います。筆算で計算するときにひけないときは、くり下げて計算します。

4 筆算をするときは、2.8 を 2.80 とかきます。筆算で計算するときにひけないときは、くり下げて計算します。

おうちのかたへ
答えの単位はどの単位か、注意が必要です。長さや重さなどの単位がそろっているか確認させましょう。1 m＝100 cm です。忘れやすいですので、くり返し確認させましょう。

ぴったり1 じゅんび

10 小数のひき算②

学習 20ページ

答え 11ページ

2つの数のちがいを求《もと》める

・2つの数のちがいを求めるには、大きい方の数から小さい方の数をひいて求めます。

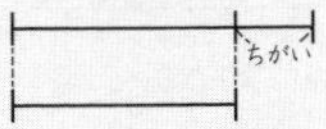

1 教科書のたての長さは 25.6 cm で、横の長さは 18.2 cm です。たてと横の長さのちがいは何 cm ですか。

長さのちがいが何 cm になるか、求める式をかきましょう。

考え方 ことばの式にあてはめてみましょう。

たての長さ － 横の長さ
＝ 長さのちがい

考え方 図をかいてみましょう。

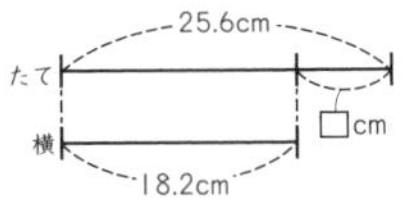

ちがいを求めるので、ひき算をするよ。

式 25.6－① 18.2

計算して、答えを求めましょう。

式 25.6－② 18.2 ＝③ 7.4

答え ④ 7.4 cm

2 3.25 kg のお米と 2.6 kg の小麦こがあります。お米と小麦この重さのちがいは何 kg ですか。

重さのちがいが何 kg になるか、求める式をかきましょう。

考え方 ことばの式にあてはめてみましょう。

お米の重さ － 小麦この重さ
＝ 重さのちがい

考え方 図をかいてみましょう。

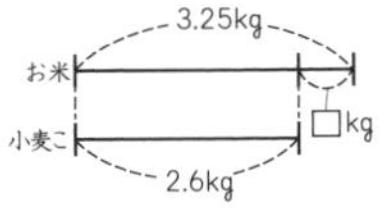

式 3.25－① 2.6

筆算で計算して、答えを求めましょう。

式 3.25－② 2.6 ＝③ 0.65

答え ④ 0.65 kg

ヒント 2 筆算するときは、2.6 kg を 2.60 kg として計算するよ。

ぴったり2 練習

学習 21ページ

★できた問題には、「た」をかこう！★ でき 1 でき 2 でき 3 でき 4

答え 11ページ

1 兄の身長は 154.3 cm で、弟の身長は 132.5 cm です。兄と弟の身長のちがいは何 cm ですか。

兄の身長 － 弟の身長 ＝ 身長のちがい

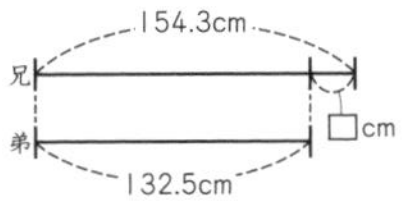

式 154.3－132.5＝21.8

答え（ 21.8 cm ）

2 すいかの重さは 5.65 kg、メロンの重さは 940 g です。すいかとメロンの重さのちがいは何 kg ですか。

すいかの重さ － メロンの重さ
＝ 重さのちがい

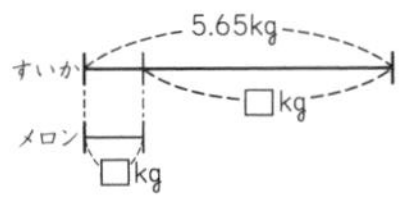

式 5.65－0.94＝4.71

答え（ 4.71 kg ）

3 かずやさんのはばとびの記録《きろく》は 2.89 m で、たくみさんの記録は 3.16 m です。2人の記録のちがいは何 m ですか。

たくみさんの記録 － かずやさんの記録
＝ 記録のちがい

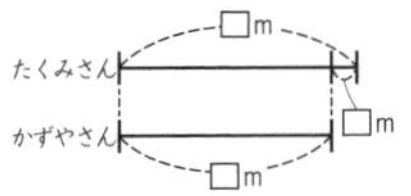

式 3.16－2.89＝0.27

答え（ 0.27 m ）

4 ハイキングコースA《エー》の道のりは 4 km、ハイキングコースB《ビー》の道のりは 1.85 km です。2つのハイキングコースの道のりのちがいは何 km ですか。

コースAの道のり － コースBの道のり ＝ 道のりのちがい

式 4－1.85＝2.15

答え（ 2.15 km ）

ヒント 3 大きい数から、小さい数をひくよ。

20ページ

1 ちがいを求《もと》めるときは、ひき算を使います。筆算で計算するときにひけないときは、くり下げて計算します。

2 筆算で計算するとき、2.6 は 2.60 とかきます。

21ページ

1 ちがいを求めるときは、ひき算を使います。筆算ではくり下がりに注意しましょう。

2 940 g＝0.94 kg としてから筆算をします。kg で答えることに気をつけましょう。

3 大きい数から小さい数をひきます。たくみさんの記録《きろく》の方が大きいです。筆算ではくり下がりに注意しましょう。

4 ハイキングコースA《エー》の道のりの方が長いです。筆算をするときに、4 を 4.00 とかきます。

おうちのかたへ

答えの単位はどの単位か、注意が必要です。長さや重さなどの単位がそろっているか確認させましょう。1 kg＝1000 g です。g から kg はまちがいやすいですので、くり返し確認させましょう。

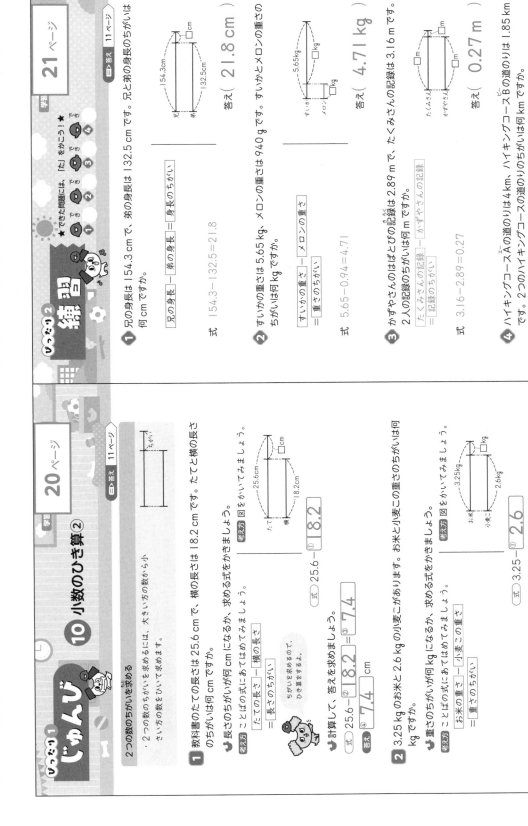

ぴったり1 じゅんび

11 わり算の筆算⑥

学習 22ページ

答え 12ページ

2けたの数でわる筆算のしかた

① 商の見当をつけましょう。

84÷14=□

84 を 80、14 を 10 とみて、商を 8 と見当をつけます。

②わる数と見当をつけた商をかけてたしかめてみましょう。

14×8=112

③②の積《せき》が、わられる数より大きすぎたときは、見当をつけた商を 1 ずつ小さくし、小さすぎたときは、見当をつけた商を 1 ずつ大きくして正しい商を求《もと》めます。

```
     6
14)84
   84…14×6
    0
```

1 えん筆が 65 本あります。13 人で同じ数ずつ分けると、1 人分は何本になりますか。

次のどちらかの考え方で式をかこう。

1 人分が何本になるか、求める式をかきましょう。

考え方 ことばの式にあてはめてみましょう。

全部の本数 ÷ 分ける人数 = 1 人分の本数

同じ数ずつ分けるのだから、わり算で求めるよ。

考え方 図をかいてみましょう。

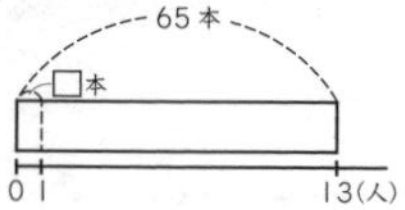

式 65÷① 13

筆算で計算して、答えを求めましょう。

65 を 60、13 を 10 とみて、見当をつけた商は ② 6

わる数にかけてたしかめてみると、

13×③ 6 = ④ 78

わられる数より大きくなるので、

1 だけ小さくした数でためしてみよう。

式 65÷⑥ 13 = ⑦ 5

答え ⑧ 5 本

```
      ⑤5
13)65
   65
    0
```

ヒント 見当をつけた商が、いつも正しい商とはかぎらないよ。

ぴったり2 練習

学習 23ページ

★できた問題には、「た」をかこう！★ できた 1 2 3 4

答え 12ページ

1 とうもろこしが 72 本あります。24 人で同じ数ずつ分けると、1 人分は何本になりますか。

全部の本数 ÷ 分ける人数 = 1 人分の本数

式 72÷24=3

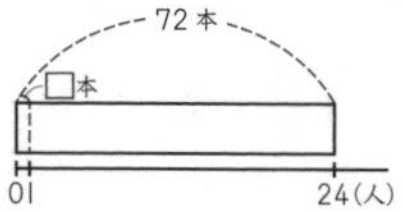

答え（ 3本 ）

2 重さ 96 kg のお米を、ふくろに同じ重さずつ入れると、ちょうど 12 ふくろになりました。1 ふくろに何 kg のお米がはいっていますか。

全部の重さ ÷ 分けるふくろの数 = 1 ふくろ分の重さ

式 96÷12=8

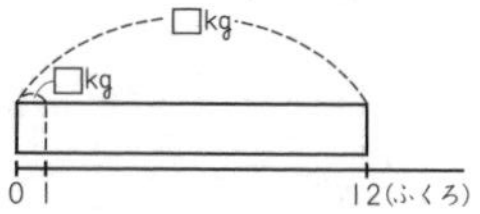

答え（ 8kg ）

3 270 ページの本があります。1 日に同じページ数ずつ読んで、15 日でちょうど読み終えました。1 日に何ページずつ読みましたか。

全部のページ数 ÷ 日数 = 1 日分のページ数

```
     18
15)270
   15
   120
   120
     0
```

式 270÷15=18

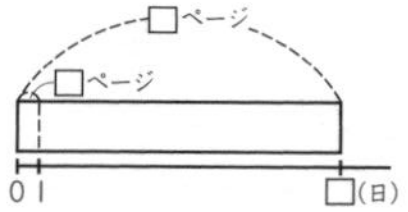

答え（ 18 ページ ）

4 18 m で 972 円のリボンがあります。このリボン 1 m は何円ですか。

18 m のねだん ÷ 長さ = 1 m 分のねだん

```
     54
18)972
   90
    72
    72
     0
```

式 972÷18=54

答え（ 54 円 ）

ヒント 4 18 を 20 とみて、商の見当をつけよう。

22ページ

1 1 人分が何本になるかを求《もと》めるときは、わり算になります。一の位《くらい》を0にすると、商の見当をつけやすくなります。

23ページ

1 同じ数ずつ分けるので、わり算になります。まずは、72 を 70、24 を 20 とみて商の見当をつけます。

2 96 kg を 12 ふくろに分けるので、わり算になります。まずは、96 を 90、12 を 10 とみて商の見当をつけます。

3 1 日分のページ数を求めるので、わり算になります。商は十の位からたちます。

4 1 m 分の代金を求めるので、わり算になります。わる数 18 を 20 とみて商の見当をつけます。

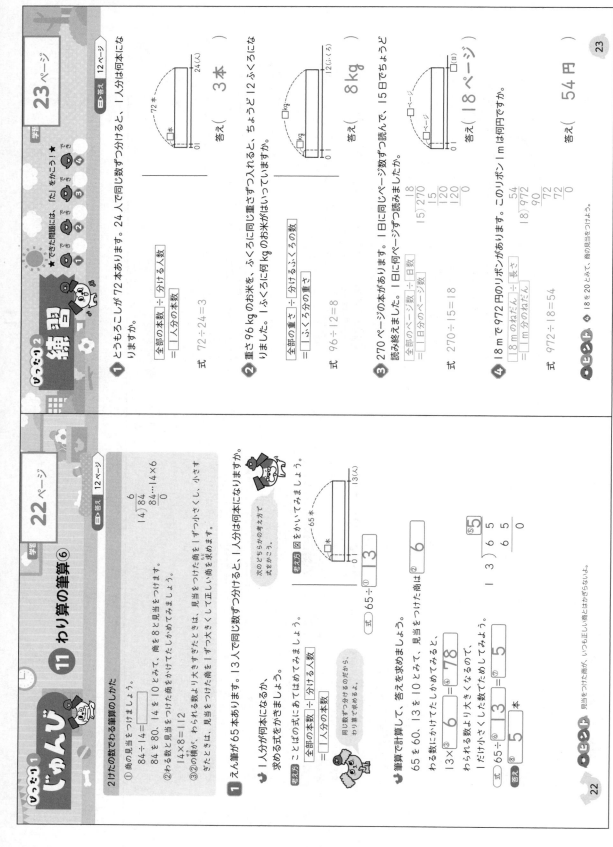

ぴったり1 じゅんび

12 わり算の筆算⑦

学習 24ページ

答え 13ページ

同じ数の集まりがいくつあるか求《もと》める

・全体を同じ数の集まりで分けるとき、同じ数の集まりがいくつあるかを求めるには、わり算を使って考えます。

1 折《お》り紙が416まいあります。１人に16まいずつ分けると、何人に分けられますか。

何人に分けられるか、求める式をかきましょう。

次のどちらかの考え方で式をかこう。

考え方 ことばの式にあてはめてみましょう。

全部のまい数 ÷ １人分のまい数 ＝ 人数

同じ数の集まりがいくつあるかを求めるのだから、わり算で求めるよ。

考え方 図をかいてみましょう。

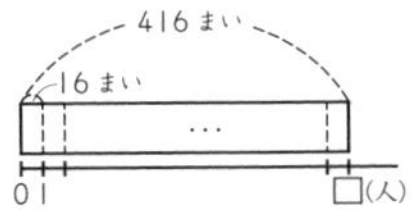

式 416÷① 16

筆算で計算して、答えを求めましょう。

```
        ②2  6
１ 6 ) 4  1  6
       3  2
       ③9  6
          9  6
             0
```

筆算は たてる→かける→ひく→おろす の順だよ。

式 416÷④ 16 ＝⑤ 26

答え ⑥ 26 人

ヒント 16を20、41を40とみて、商の見当をつけながら計算しよう。

ぴったり2 練習

学習 25ページ

★できた問題には、「た」をかこう！★ ① ② ③ ④

答え 13ページ

1 花のなえが91本あります。１人に13本ずつ配ると、何人に分けられますか。

全部の本数 ÷ １人に配る本数 ＝ 人数

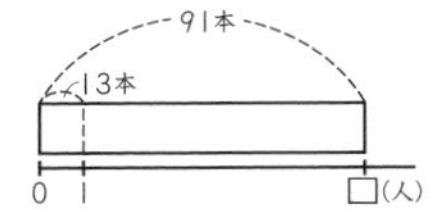

式 91÷13＝7

答え（ 7人 ）

2 サッカークラブの子ども76人が、19人ずつに分かれてチームをつくります。何チームできますか。

全部の人数 ÷ １チームの人数 ＝ チームの数

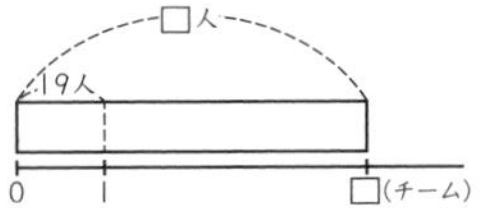

式 76÷19＝4

答え（ 4チーム ）

3 シールが345まいあります。１まいの台紙に23まいずつはると、台紙は何まいになりますか。

全部のまい数 ÷ １まいの台紙にはるまい数 ＝ 台紙のまい数

```
       15
23 ) 345
     23
     115
     115
       0
```

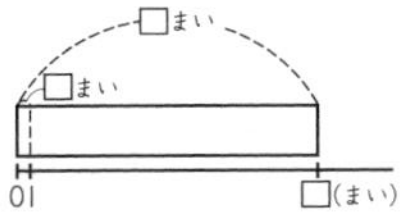

式 345÷23＝15

答え（ 15まい ）

4 945本のねじを、45本ずつふくろに入れます。ふくろは何ふくろ必要《ひつよう》ですか。

全部の本数 ÷ １ふくろの本数 ＝ ふくろの数

```
       21
45 ) 945
     90
      45
      45
       0
```

式 945÷45＝21

答え（ 21ふくろ ）

ヒント ③ 23まいの集まりがいくつできるかを考えよう。

24ページ

1 何人に分けられるかを求《もと》めるときは、わり算を使います。一の位《くらい》を0にすると商の見当をつけやすくなります。

25ページ

1 同じ数の集まりがいくつあるか求めるときは、わり算を使います。まずは、91を90、13を10とみて商の見当をつけます。

2 76人を19人ずつに分けるので、わり算になります。まずは、76を80、19を20とみて、商の見当をつけます。

3 全部のシールのまい数を23まいずつに分ければよいので、わり算になります。商は十の位からたちます。

4 わる数45を50とみて商の見当をつけます。

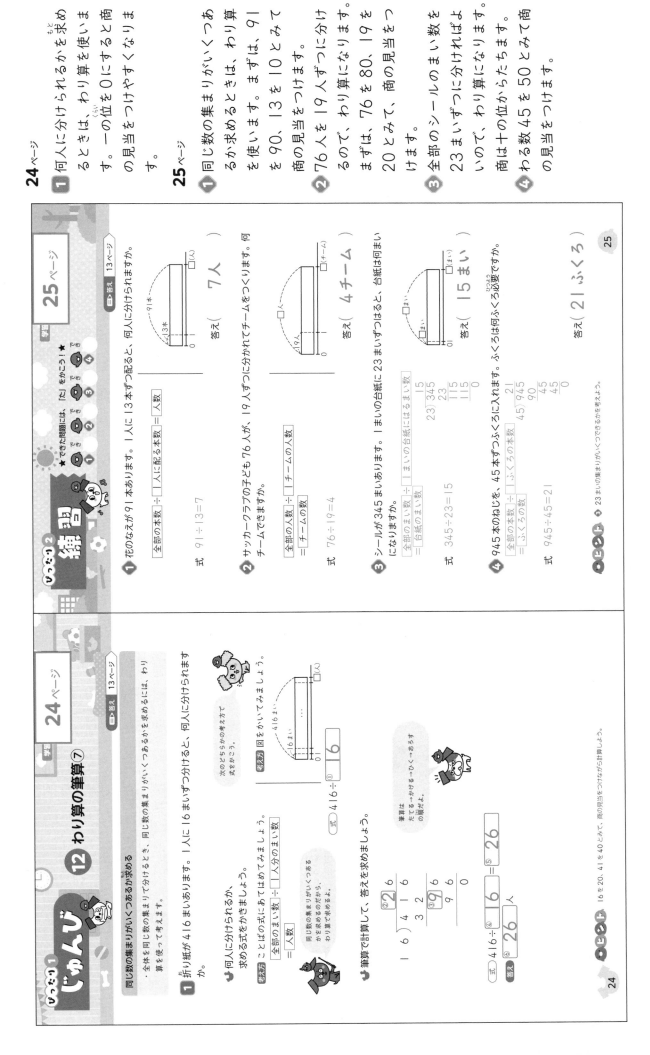

ぴったり1 じゅんび

⑬ わり算の筆算⑧

学習 26ページ

答え 14ページ

何倍かを求《もと》める

・ある数がもとにする数の何倍かを求めるときは、わり算の式で表します。
　何倍かということは、もとにする大きさを１とみていくつになるかということです。

もとにする大きさを求める

・何倍にあたる数から、もとにする大きさ１つ分を求める計算もわり算で表せます。

1 みかんのこ数は１４８こで、パイナップルのこ数は３７こです。みかんのこ数は、パイナップルのこ数の何倍ですか。

何倍になるか、求める式をかきましょう。

考え方 ３７この□倍が１４８こなので、３７×□＝１４８の□にあてはまる数を求めます。

パイナップルのこ数 ３７こ →□倍→ みかんのこ数 １４８こ

考え方 図をかいてみましょう。

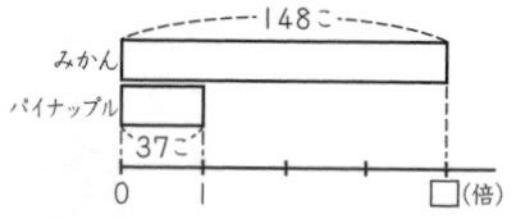

式 １４８÷① ３７

筆算で計算して、答えを求めましょう。

式 １４８÷② ３７ ＝③ ４

答え ④ ４ 倍

何倍かを求めるときは、わり算で求めるよ。

2 イルカの体重は２５５kgで、たかしさんの体重の５倍です。たかしさんの体重は何kgですか。

たかしさんの体重を、求める式をかきましょう。

考え方 □kgの５倍が２５５kgなので、□×５＝２５５の□にあてはまる数を求めます。

たかしさんの体重 □kg →５倍→ イルカの体重 ２５５kg

考え方 図をかいてみましょう。

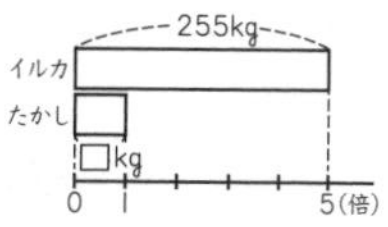

式 ２５５÷① ５

筆算で計算して、答えを求めましょう。

式 ２５５÷② ５ ＝③ ５１

答え ④ ５１ kg

ヒント ２ もとにする数が、いくつになるかを考えよう。

ぴったり2 練習

学習 27ページ

★できた問題には、「た」をかこう！★ ① ② ③ ④

答え 14ページ

❶ ゆみさんが持っているカードのまい数は７８まいで、あけみさんが持っているカードのまい数は２６まいです。ゆみさんが持っているカードのまい数は、あけみさんが持っているカードのまい数の何倍ですか。

あけみさんのまい数 ２６まい →□倍→ ゆみさんのまい数 ７８まい

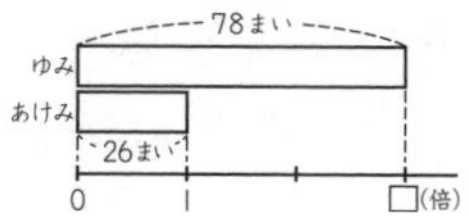

式 ７８÷２６＝３

答え（　３倍　）

❷ けんじさんの身長は１ｍ３８cmで、くつのサイズは２３cmです。けんじさんの身長は、くつのサイズの何倍ですか。

くつのサイズ ２３cm →□倍→ けんじさんの身長 １ｍ３８cm

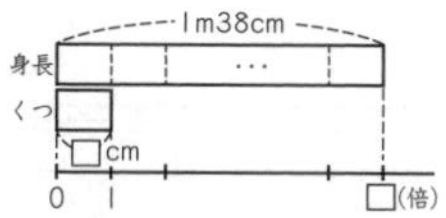

式 １３８÷２３＝６

答え（　６倍　）

❸ 今日、図書館を利用《りよう》した人は７０人で、昨日《きのう》、利用した人の１４倍でした。昨日、図書館を利用した人は何人ですか。

昨日、利用した人数 □人 →１４倍→ 今日、利用した人数 ７０人

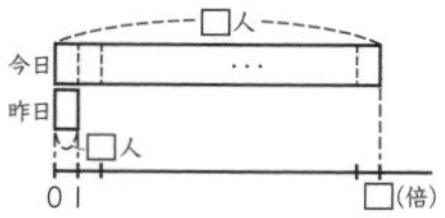

式 ７０÷１４＝５

答え（　５人　）

❹ A《エー》市からB《ビー》市までの道のりは４６２kmで、A市からC《シー》市までの道のりの２２倍です。A市からC市までの道のりは何kmですか。

A市からC市までの道のり □km →２２倍→ A市からB市までの道のり ４６２km

```
     21
22)462
   44
    22
    22
     0
```

式 ４６２÷２２＝２１

答え（　２１km　）

ヒント ❷ １ｍ３８cmをcmになおしてから、筆算をしよう。

26ページ

1 もとにする数の何倍かを求《もと》めるときは、わり算を使います。わる数３７を４０とみて商の見当をつけます。

2 もとにする大きさ１つ分を求めるときは、わり算を使います。

27ページ

❶ あけみさんのまい数が、もとにする大きさです。もとにする数の何倍かを求めるときは、わり算を使います。

❷ １ｍ３８cmを１３８cmとしてから計算をします。くつのサイズが、もとにする大きさです。

❸ もとにする数は、昨日《きのう》、図書館を利用《りよう》した人数です。

❹ もとにする数は、A《エー》市からC《シー》市までの道のりです。もとにする大きさ１つ分を求めるときは、わり算を使います。わる数２２を２０とみて商の見当をつけます。

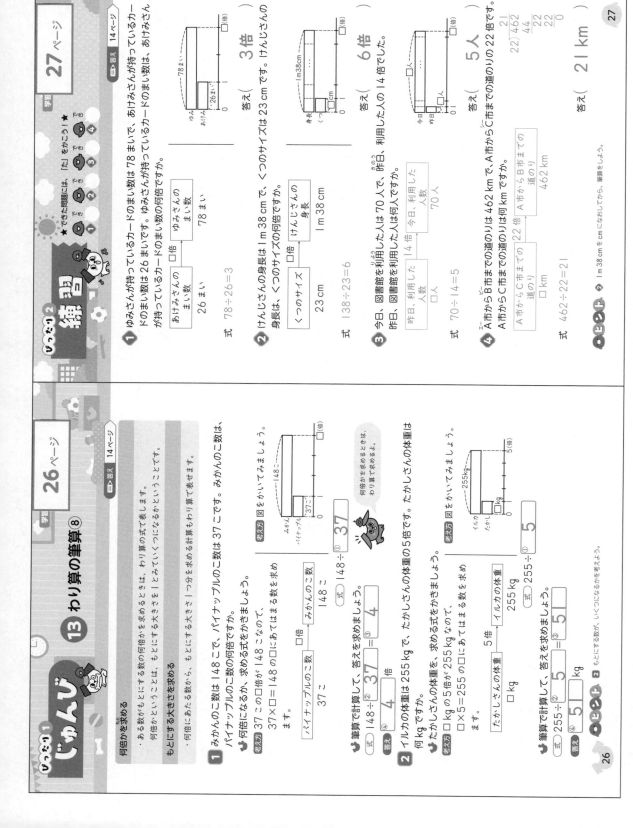

ぴったり1 じゅんび

14 わり算の筆算⑨

学習 28ページ

答え 15ページ

あまりのあるわり算の筆算のしかた

・筆算のと中で、わられる数がわる数より小さくなったら、その数があまりとなります。

1 カードが 459 まいあります。このカードを 19 人で同じ数ずつ分けると、1 人分は何まいになって、何まいあまりますか。

1 人分が何まいになり、あまりが何まいになるか、求《もと》める式をかきましょう。

次のどちらかの考え方で式をかこう。

考え方 ことばの式にあてはめてみましょう。

全部のまい数 ÷ 分ける人数
＝ 1 人分のまい数
あまり あまりのまい数

同じ数ずつ分けるのだから、わり算で求めるよ。

考え方 図をかいてみましょう。

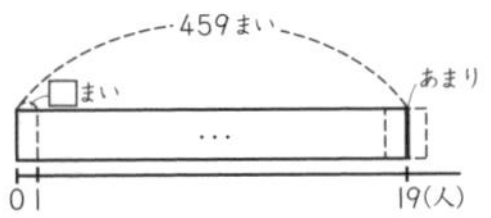

式 459÷① 19

筆算で計算して、答えを求めましょう。

```
     ②2 4
19 ) 4 5 9
     3 8
       7 9
       7 ③6
         ④3
```

商の見当をつけよう。

式 459÷⑤ 19 ＝⑥ 24 あまり⑦ 3

答え 1 人分は⑧ 24 まいになって、⑨ 3 まいあまる。

ヒント 19 を 20 とみて、商の見当をつけてみよう。

ぴったり2 練習

学習 29ページ

★できた問題には、「た」をかこう！★ ① ② ③ ④

答え 15ページ

1 ボールペンが 93 本あります。13 人で同じ数ずつ分けると、1 人分は何本になり、何本あまりますか。

全部の本数 ÷ 分ける人数
＝ 1 人分の本数 あまり あまりの本数

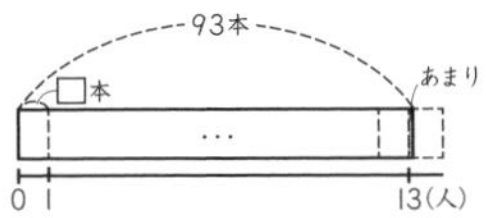

式 93÷13=7 あまり 2

答え（1 人分は 7本 になり、2本 あまる。）

2 75 このビー玉を、同じ数ずつふくろに入れると、18 ふくろできました。ビー玉は 1 ふくろに何こはいっていて、何こあまりますか。

全部のこ数 ÷ ふくろの数
＝ 1 ふくろのこ数 あまり あまりのこ数

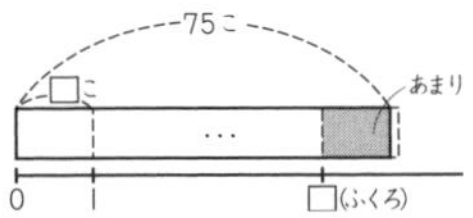

式 75÷18=4 あまり 3

答え（1 ふくろに 4 こ はいっていて、3 こ あまる。）

3 520 本のえん筆があります。同じ数ずつ束《たば》にすると、27 束できました。えん筆は 1 束何本で、何本あまりますか。

全部の本数 ÷ 束の数
＝ 1 束分の本数
あまり あまりの本数

```
      19
27) 520
    27
    250
    243
      7
```

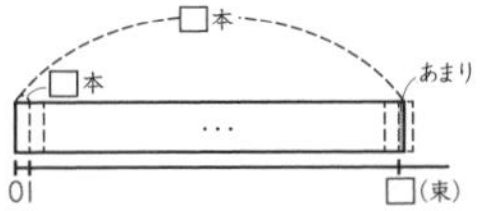

式 520÷27=19 あまり 7

答え（1 束 19本 で、7本 あまる。）

4 754 kg のお米を 32 人で同じ重さずつに分けると、1 人分は何 kg になり、何 kg あまりますか。

全部の重さ ÷ 人数
＝ 1 人分の重さ あまり あまりの重さ

```
      23
32) 754
    64
    114
     96
     18
```

式 754÷32=23 あまり 18

答え（1 人分は 23 kg になり、18 kg あまる。）

ヒント ④ 32 を 30 とみて、商の見当をつけよう。

おうちのかたへ

答えに単位をつけることを忘れないようにさせましょう。計算ができればよいというだけではなく、何を答えるのかもしっかり考えさせましょう。

28 ページ

1 同じ数ずつ分けるので、わり算を使います。答えが正しいかどうかは、分ける人数 × 1 人分のまい数 ＋ あまりのまい数 ＝ 全部のまい数 でたしかめることができます。

29 ページ

1 同じ数ずつ分けるので、わり算を使います。答えが正しいかどうかは、分ける人数 × 1 人分の本数 ＋ あまりの本数 ＝ 全部の本数 でたしかめることができます。

2 同じ数ずつ分けるので、わり算を使います。わる数 18 を 20 とみて、商の見当をつけます。

3 同じ数ずつ分けるので、わり算を使います。わる数 27 を 30 とみて、商の見当をつけます。

4 1 人分のお米の重さを求《もと》めるときは、わり算を使います。

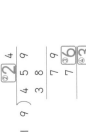

ぴったり1 じゅんび

15 わり算の筆算⑩

学習 30ページ

答え 16ページ

同じ数の集まりがいくつあるか求《もと》める

・全体を同じ数の集まりで分けるとき、同じ数の集まりがいくつあるかを求めるには、わり算を使って考えます。わりきれないときは、あまりがでます。

1 420 このみかんを、32 こずつ箱につめていきます。何箱できて、何こあまりますか。

次のどちらかの考え方で式をかこう。

何箱に分けられるか、求める式をかきましょう。

考え方 ことばの式にあてはめてみましょう。

全部のこ数 ÷ 1箱につめるこ数
= 箱の数 あまり あまりのこ数

同じ数ずつ分けるのだから、わり算で求めるよ。

考え方 図をかいてみましょう。

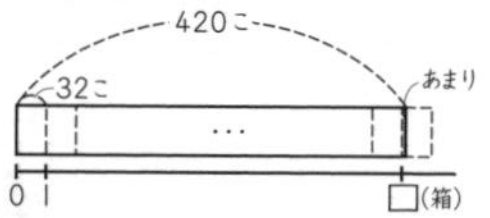

式 420÷① 32

筆算で計算して、答えを求めましょう。

```
      ②1 3
3 2 ) 4 2 0
      3 2
      1 0 ③0
        9 6
         ④4
```

筆算は たてる→かける→ひく→おろす の順《じゅん》だよ。

式 420÷⑤ 32 =⑥ 13 あまり⑦ 4

答え ⑧ 13 箱できて、⑨ 4 こあまる。

ヒント 「わる数×商＋あまり」を計算して、わられる数になるか、答えのたしかめをしよう。

ぴったり2 練習

学習 31ページ

★できた問題には、「た」をかこう！★ できた 1 2 3 4

答え 16ページ

1 折《お》り紙《がみ》が 94 まいあります。1人に 18 まいずつ配ると、何人に分けられて、何まいあまりますか。

全部のまい数 ÷ 1人分のまい数
= 人数 あまり あまりのまい数

```
     5
18 ) 94
     90
      4
```

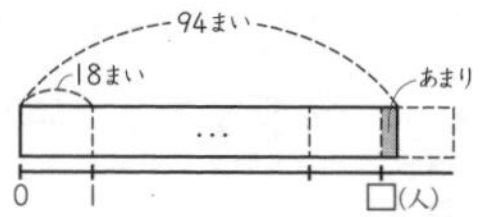

式 94÷18=5 あまり 4

答え（ 5人 に分けられて、 4まい あまる。）

2 ひまわりの花が 73 本あります。14 本ずつ束《たば》にすると、何束できて、何本あまりますか。

全部の本数 ÷ 1束分の本数
= 束の数 あまり あまりの本数

```
     5
14 ) 73
     70
      3
```

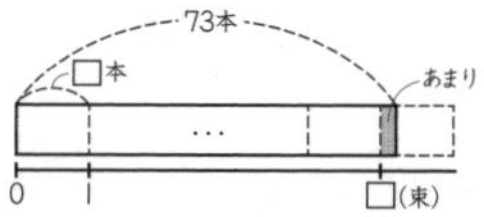

式 73÷14=5 あまり 3

答え（ 5束 できて、 3本 あまる。）

3 450 円でチョコレートを買います。1こ 60 円のチョコレートを買うと、何こ買えて、何円あまりますか。

全部のお金 ÷ 1こ分のねだん
= チョコレートのこ数
あまり あまりのお金

```
     7
60 ) 450
     420
      30
```

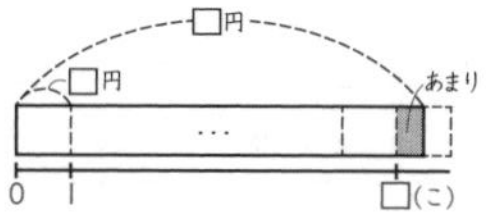

式 450÷60=7 あまり 30

答え（ 7こ 買えて、 30円 あまる。）

4 843 本のペットボトルを、1箱に 24 本ずつつめると、何箱できて、何本あまりますか。

全部の本数 ÷ 1箱分の本数
= 箱の数 あまり あまりの本数

```
     35
24 ) 843
     72
     123
     120
       3
```

式 843÷24=35 あまり 3

答え（ 35箱 できて、 3本 あまる。）

ヒント 4 24 を 20 とみて、商の見当をつけよう。

4 24 本ずつのまとまりがどれだけできるかを求めるときは、わり算を使います。わる数 24 を 20 とみて、商の見当をつけます。

30ページ

1 同じ数ずつ分けるときは、わり算を使います。答えが正しいかどうかは、1箱につめるこ数 × 箱の数 ＋ あまりのこ数 ＝ 全部のこ数 でたしかめることができます。

31ページ

1 同じ数の集まりがいくつあるか求《もと》めるときは、わり算を使います。わる数 18 を 20 とみて、商の見当をつけます。

2 14 本ずつのまとまりがどれだけできるかを求めるときはわり算を使います。答えが正しいかどうかは、1束《たば》分の本数 × 束の数 ＋ あまりの本数 ＝ 全部の本数 でたしかめることができます。

3 60 円ずつのまとまりがどれだけできるかを求めるときはわり算を使います。45÷6 と計算して、商を 7、あまり 3 では、あまりがまちがいとなりますので、注意しましょう。

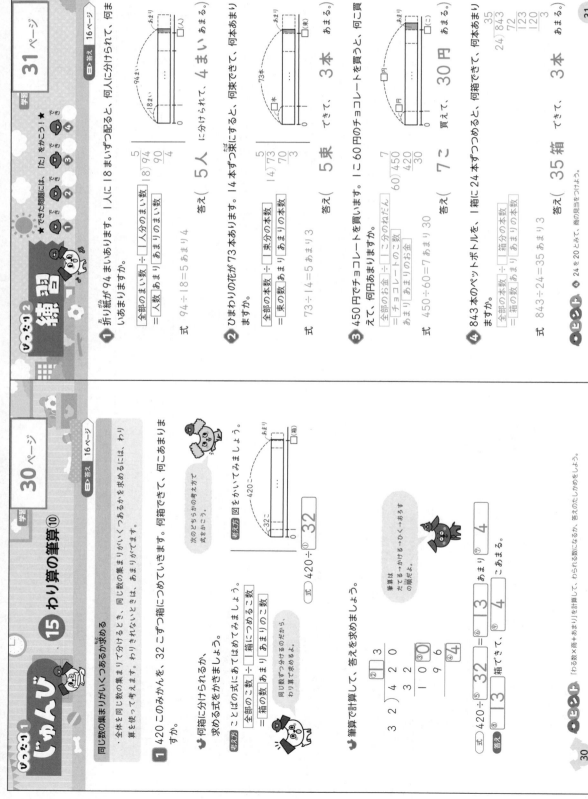

ぴったり1 じゅんび　16 割合

32ページ

答え 17ページ

割合《わりあい》

・もとにする大きさを１とするとき、くらべられる大きさが何倍にあたるかを表した数を、**割合**といいます。

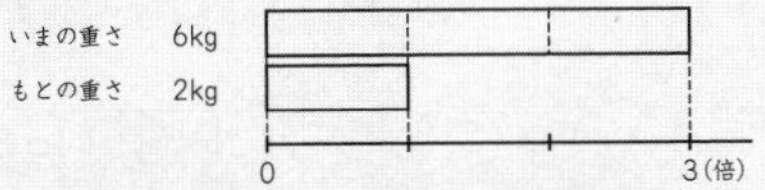

もとの重さ × 割合(何倍か) ＝ いまの重さ

２つの数量《すうりょう》の関係《かんけい》をくらべるときに、ある量をもとにして、その何倍になっているかでくらべることがあります。

1 バネA《エー》はもとの長さが 30 cm で、120 cm までのびます。バネB《ビー》はもとの長さが 45 cm で、135 cm までのびます。

バネAがのびた後の長さは、のびる前の長さの何倍ですか。また、バネBがのびた後の長さは、のびる前の長さの何倍ですか。それぞれ求《もと》めましょう。

次のどちらかの考え方で式をかこう。

考え方 ことばの式にあてはめてみましょう。

のびた後の長さ ÷ のびる前の長さ ＝ 何倍

何倍か求めるには、わり算だよ。

考え方 図をかいてみましょう。

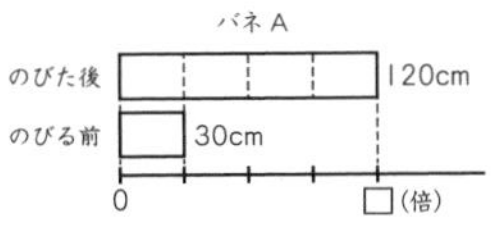

式 バネA…120÷①30＝②4　バネB…135÷③45＝④3

答え バネA…⑤4 倍　バネB…⑥3 倍

バネAとバネBでは、どちらがよくのびるといえますか。

考え方 のびた後とのびる前の長さの差《さ》はどちらも 90 cm で同じなので、くらべることができません。そこで、割合を使ってみましょう。

答え バネ⑦A のほうがよくのびる。

割合が大きいのはどっちかな。

ヒント もとの大きさがちがうときは、割合を使ってくらべます。

ぴったり2 練習

★できた問題には、「た」をかこう！★　できた 1　できた 2

33ページ

答え 17ページ

1 ゴムA《エー》はもとの長さが 50 cm で、150 cm までのびます。ゴムB《ビー》はもとの長さが 25 cm で、125 cm までのびます。

(1)ゴムAがのびた後の長さは、のびる前の長さの何倍ですか。

のびた後の長さ ÷ のびる前の長さ ＝ 何倍

式 150÷50＝3

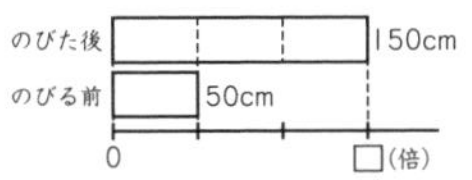

答え（ 3倍 ）

(2)ゴムBがのびた後の長さは、のびる前の長さの何倍ですか。

のびた後の長さ ÷ のびる前の長さ ＝ 何倍

式 125÷25＝5

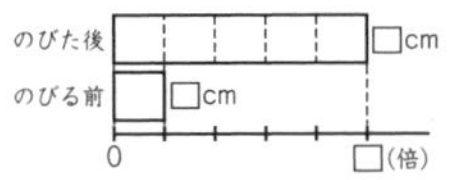

答え（ 5倍 ）

(3)どちらのゴムがよくのびるといえますか。

割合が大きいほうがよくのびます。

答え（ ゴムB ）

2 あるお店で、肉のねだんを上げました。右の表は、100 g あたりの肉のねだんをまとめたものです。

	ね上げ前	ね上げ後
肉A	240 円	720 円
肉B	480 円	960 円

(1)肉Aの、ね上げ後のねだんは、ね上げ前のねだんの何倍ですか。

ね上げ後のねだん ÷ ね上げ前のねだん ＝ 何倍

式 720÷240＝3

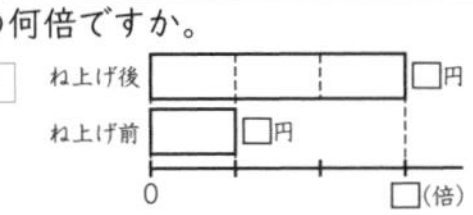

答え（ 3倍 ）

(2)肉Bの、ね上げ後のねだんは、ね上げ前のねだんの何倍ですか。

ね上げ後のねだん ÷ ね上げ前のねだん ＝ 何倍

式 960÷480＝2

答え（ 2倍 ）

(3)肉Aと肉Bでは、どちらのほうが、ね上げしているといえますか。

割合が大きいほうがね上げしています。

答え（ 肉A ）

ヒント 何倍かを求《もと》めるには、わり算を使います。

32ページ

1 何倍か求《もと》めるときは、わり算を使います。割合を使うと、２つの数量《すうりょう》の関係《かんけい》をくらべることができます。

33ページ

1 (1)、(2)何倍かを求めるには、わり算を使います。

(3)もとの大きさがちがうときは、割合でくらべます。

(1)と(2)の答えをくらべると、どちらのゴムがよくのびるかがわかります。

2 (1)、(2)何倍かを求めるには、わり算を使います。

(3)もとの大きさがちがうときは、割合でくらべます。

(1)と(2)の答えをくらべると、どちらの肉の方がね上げしているかがわかります。

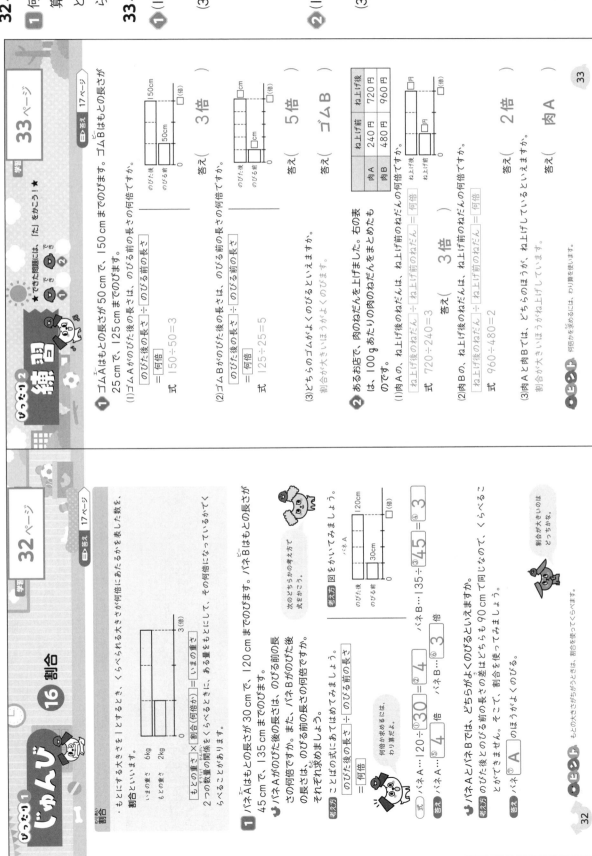

ぴったり1 じゅんび

17 式と計算の順じょ①

学習 34ページ

答え 18ページ

式と計算の順《じゅん》じょ

- ・ふつう、左から順に計算します。
- ・式の中に(　)があるときは、(　)の中をさきに計算します。
- ・式の中のかけ算やわり算は、たし算やひき算よりさきに計算します。

1 180円のノート1さつと、35円のえん筆3本買ったときの代金はいくらですか。

代金はいくらになるか、1つの式に表してみましょう。

次のどちらかの考え方で式をかこう。

考え方 ことばの式にあてはめてみましょう。

ノートの代金 ＋ えん筆の代金
＝ 全部の代金

えん筆3本の代金を表すには…

考え方 図をかいてみましょう。

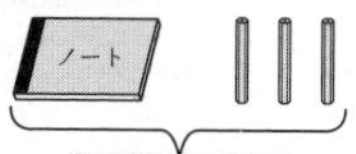

式 180＋①35×②3

計算して、答えを求《もと》めましょう。

式 180＋③35×④3＝⑤285

答え ⑥285円

2 98円のペンを4本買って、500円出しました。おつりはいくらですか。

おつりはいくらになるか、1つの式に表してみましょう。

考え方 ことばの式にあてはめてみましょう。

出したお金 － ペンの代金
＝ おつり

考え方 図をかいてみましょう。

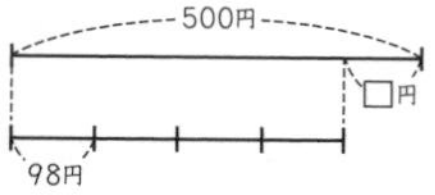

式 500－①98×②4

計算して、答えを求めましょう。

式 500－③98×④4＝⑤108

答え ⑥108円

ヒント 2 ペン4本分の代金は、どのような式で表せるか考えよう。

ぴったり2 練習

学習 35ページ

★できた問題には、「た」をかこう！★　① ② ③ ④

答え 18ページ

1 1本25円のえん筆を8本と1こ120円の消しゴムを1こ買ったときの代金を、1つの式にかいて求《もと》めましょう。

えん筆の代金 ＋ 消しゴムの代金
＝ 合計の代金

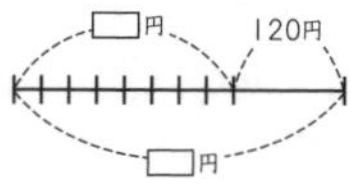

式 25×8＋120＝320

答え（ 320円 ）

2 1箱に、ジュースをたてに3本、横に5本ならべて入れます。ジュース60本を箱に入れるのに、箱は何箱いりますか。1つの式にかいて求めましょう。

ジュースの本数 ÷ 1箱に入れるジュースの本数
＝ 箱の数

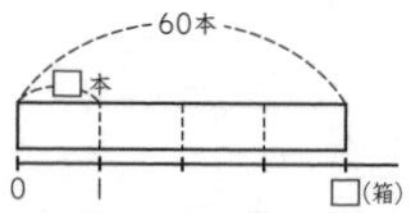

式 60÷(3×5)＝4

答え（ 4箱 ）

3 3mのリボンを12cmずつ16本切り取って使いました。残《のこ》りは何cmですか。1つの式にかいて求めましょう。

全体の長さ － 1本の長さ × 本数 ＝ 残りの長さ

式 300－12×16＝108

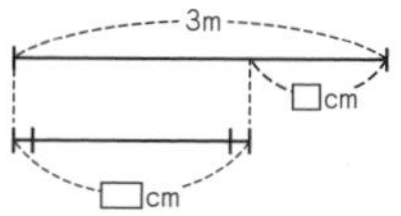

答え（ 108cm ）

4 185ページある本を、今日までに101ページ読みました。残りのページをあと4日間でちょうど読み終えるには、1日に何ページずつ読めばよいですか。1つの式にかいて求めましょう。

（全部のページ数 － 今日までに読んだページ数）÷ 日数 ＝ 1日のページ数

式 (185－101)÷4＝21

答え（ 21ページ ）

ヒント 2 1箱に入れるジュースの本数を考えよう。

おうちのかたへ

式をかくときに、必要なかっこは忘れないでつけさせましょう。かっこがないと計算の結果が変わってしまうこともあります。

34ページ

1 式の中のかけ算やわり算は、たし算やひき算よりさきに計算するので、35×3をさきに計算します。

2 式の中のかけ算やわり算は、たし算やひき算よりさきに計算するので、98×4をさきに計算します。

35ページ

1 式の中のかけ算やわり算は、たし算やひき算よりさきに計算します。えん筆の代金は、25×8＝200(円)です。

2 式の中に(　)があるときは、(　)の中をさきに計算します。1箱に入れるジュースの本数は、3×5＝15(本)です。

3 式の中のかけ算やわり算は、たし算やひき算よりさきに計算します。cmで答えるので、3m＝300cmとして計算します。

4 式の中に(　)があるときは、(　)の中をさきに計算します。

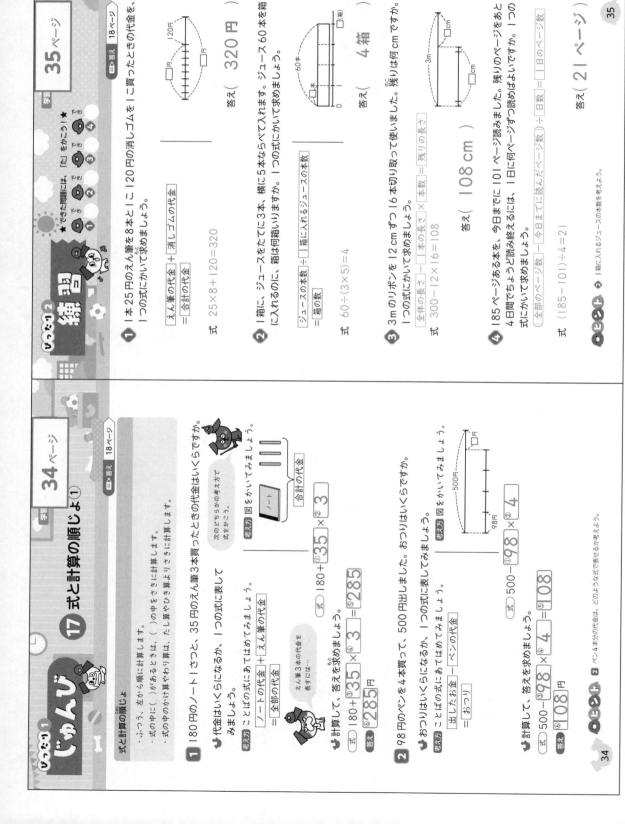

ぴったり1 じゅんび

18 式と計算の順じょ②

36ページ

答え 19ページ

計算の間の関係《かんけい》(たし算、ひき算)

・□を使った式に表すと、計算の間の関係と、□の答えを出す計算がわかります。

□+5=12　5をたす　5をひく　□=12−5

□−8=22　8をひく　8をたす　□=22+8

1 公園で子どもが□人遊んでいます。そこへ5人来たので16人になりました。□にあてはまる数を求《もと》めましょう。

□を使って、1つの式に表してみましょう。

次のどちらかの考え方で式をかこう。

考え方 ことばの式にあてはめてみましょう。

最初《さいしょ》に遊んでいた人数 + 来た人数 = 合計の人数

考え方 図をかいてみましょう。

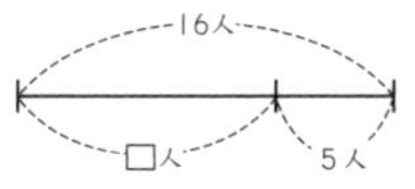

式 □+①5=16

計算して、答えを求めましょう。

式 □=16−②5=③11

答え ④11

2 公園で子どもが□人遊んでいます。そこから6人帰ったので12人になりました。□にあてはまる数を求めましょう。

□を使って、1つの式に表してみましょう。

考え方 ことばの式にあてはめてみましょう。

最初に遊んでいた人数 − 帰った人数 = 残《のこ》っている人数

考え方 図をかいてみましょう。

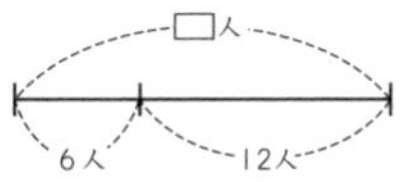

式 □−①6=12

計算して、答えを求めましょう。

式 □=12+②6=③18

答え ④18

ヒント 式をかくときにまようときは、数の出入りを図にしてみよう。

ぴったり2 練習

37ページ

★できた問題には、「た」をかこう！★　1 2 3 4

答え 19ページ

1 去年の動物園の入場料《にゅうじょうりょう》は□円でした。今年の入場料は40円ね上がりして、420円です。□にあてはまる数を求《もと》めましょう。

去年の入場料 + ね上げ分の金がく = 今年の入場料

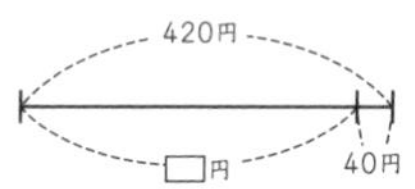

式 □=420−40=380

答え(380)

2 昨日《きのう》、畑でとれたきゅうりは□本です。今日、25本のきゅうりがとれて、昨日とあわせて57本になりました。□にあてはまる数を求めましょう。

昨日の本数 + 今日の本数 = あわせた本数

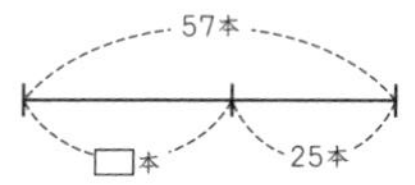

式 □=57−25=32

答え(32)

3 おみやげにクッキーを□まいもらいました。みんなで14まい食べたら、22まい残《のこ》りました。□にあてはまる数を求めましょう。

もらったクッキーの数 − 食べた数 = 残った数

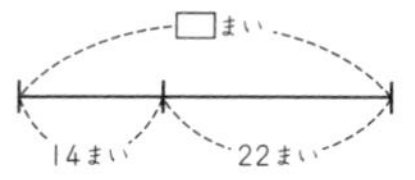

式 □=22+14=36

答え(36)

4 バスに□人の乗客が乗っています。1つ目のバスていで15人おりて、9人乗りました。そのまま終点まで走り、終点のバスていで43人全員がおりました。□にあてはまる数を求めましょう。

最初の人数 − おりた人数 + 乗った人数 = 終点でおりた人数

式 □=43−9+15=49

答え(49)

ヒント 4 1つ目のバスていを出発したとき、バスの乗客の人数が何人か考えよう。

36ページ

1 答えを□にあてはめて、11+5=16と、答えが正しいかどうかをたしかめることができます。

2 答えを□にあてはめて、18−6=12と、答えが正しいかどうかをたしかめることができます。

37ページ

1 □を使った式で表すと、□+40=420となります。□の数を求《もと》めるには、ひき算を使います。

2 □を使った式で表すと、□+25=57となります。□の数を求めるには、ひき算を使います。

3 □を使った式で表すと、□−14=22となります。□の数を求めるには、たし算を使います。

4 □を使った式で表すと、□−15+9=43となります。□の数を求めるには、43−9+15を計算します。

おうちのかたへ
ただ答えを出せればよいということではなく、□を使った式も考えさせましょう。

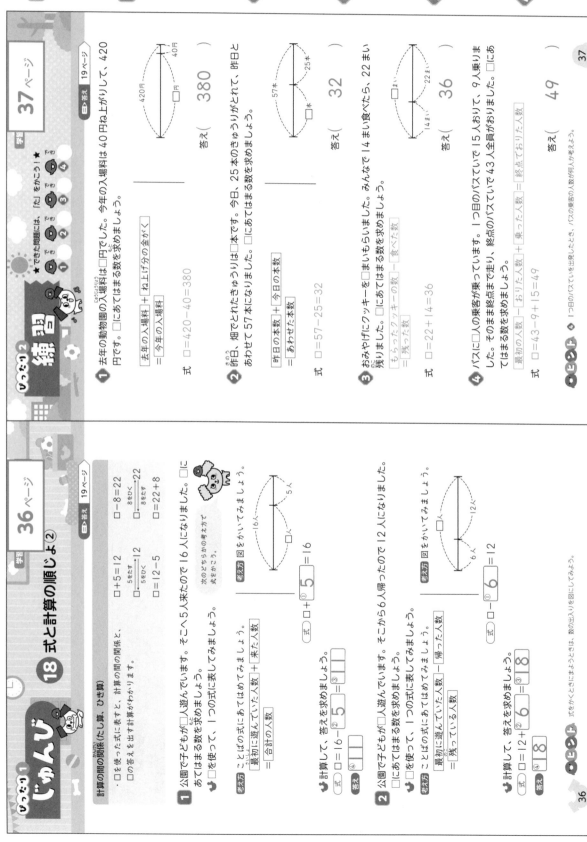

ぴったり1 じゅんび

19 式と計算の順じょ③

学習 38ページ

答え 20ページ

計算の間の関係《かんけい》(かけ算、わり算)

・□を使った式に表すと、計算の間の関係と、□の答えを出す計算がわかります。

□×5=60	□÷8=22
□ ─5をかける→ 60 / ←5でわる─	□ ─8でわる→ 22 / ←8をかける─
□=60÷5	□=22×8

1 1ふくろに□このあめがはいっています。3ふくろ買ったら、全部で42こでした。□にあてはまる数を求《もと》めましょう。

次のどちらかの考え方で式をかこう。

□を使って、1つの式に表してみましょう。

考え方 ことばの式にあてはめてみましょう。

1ふくろにはいっているあめの数 × ふくろの数 = 全部のあめの数

考え方 図をかいてみましょう。

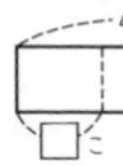

式 □×3=①42

計算して、答えを求めましょう。

式 □=②42÷3=③14

答え ④14

2 えん筆が□本あります。7人の子どもに同じ数ずつ分けたら、1人6本もらえました。□にあてはまる数を求めましょう。

□を使って、1つの式に表してみましょう。

考え方 ことばの式にあてはめてみましょう。

えん筆の数 ÷ 人数 = 1人分の数

考え方 図をかいてみましょう。

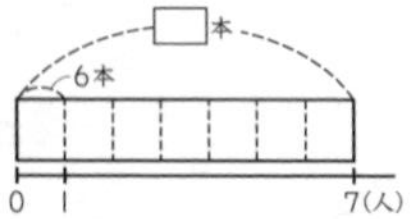

式 □÷7=①6

計算して、答えを求めましょう。

式 □=②6×7=③42

答え ④42

ヒント 2 同じ数ずつ分けるときは、わり算をするよ。

ぴったり2 練習

学習 39ページ

★できた問題には、「た」をかこう!★ できた 1 2 3 4

答え 20ページ

1 1箱に□このケーキがはいっています。箱が14箱あるとき、ケーキは全部で56こになります。□にあてはまる数を求《もと》めましょう。

1箱にはいっているこ数 × 箱の数 = 全部のケーキのこ数

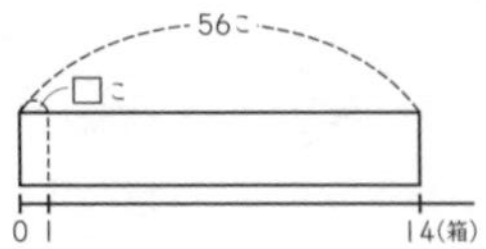

式 □=56÷14=4

答え(4)

2 □ページの本があります。1日に25ページずつ読むと、ちょうど8日間で読み終えます。□にあてはまる数を求めましょう。

全部のページ数 ÷ 1日に読むページ数 = 日にち

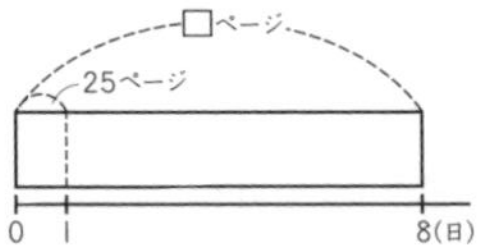

式 □=8×25=200

答え(200)

3 ジュースが960mLあります。1つのコップに□mLずつ入れると、ちょうどコップ8こ分になりました。□にあてはまる数を求めましょう。

全部のジュースの量 ÷ 1つのコップにはいっている量 = コップのこ数

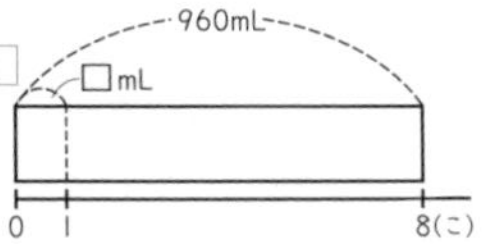

式 □=960÷8=120

答え(120)

4 みかんが□こあります。1人に8こずつ配ると、ちょうど15人に配ることができます。□にあてはまる数を求めましょう。

全部のみかんのこ数 ÷ 1人に配るこ数 = 人数

式 □=15×8=120

答え(120)

ヒント 3 同じ数ずつに分けるので、わり算で計算しよう。

38ページ

1 答えを□にあてはめて、14×3=42と、答えが正しいかどうかをたしかめることができます。

2 答えを□にあてはめて、42÷7=6と、答えが正しいかどうかをたしかめることができます。

39ページ

1 □を使った式で表すと、□×14=56となります。□の数を求《もと》めるには、わり算を使います。

2 □を使った式で表すと、□÷25=8となります。□の数を求めるには、かけ算を使います。

3 □を使った式で表すと、960÷□=8となります。□の数を求めるには、わり算を使います。

4 □を使った式で表すと、□÷8=15となります。□の数を求めるには、かけ算を使います。

おうちのかたへ

□の計算ができないときは、簡単な数字を使って考えさせましょう。

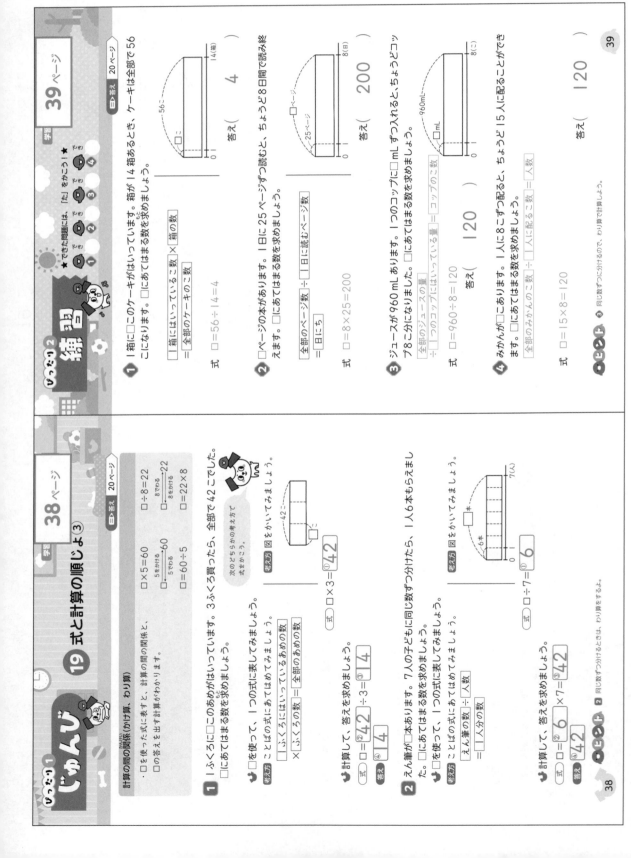

ぴったり1 じゅんび

20 式と計算の順じょ④

学習 40ページ

答え 21ページ

式の表し方とよみ方

・同じ問題でも、見方や考え方がちがうと、式もちがってきます。
下の○と●をあわせた数を求《もと》める式の考え方

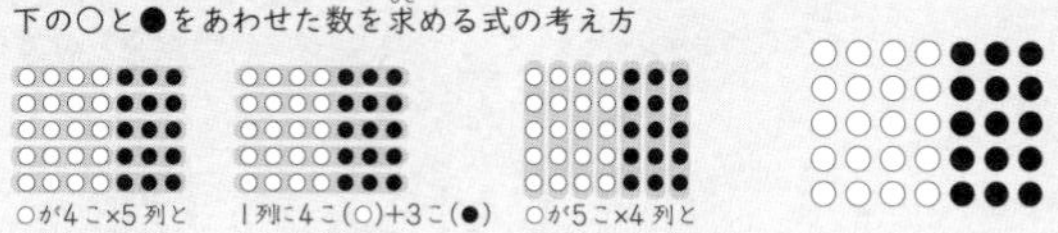

○が4こ×5列と ●が3こ×5列 4×5+3×5

1列に4こ(○)+3こ(●) 7こ×5列 (4+3)×5

○が5こ×4列と ●が5こ×3列 5×4+5×3

式が何を表しているかをよみとることができるようにしましょう。

1 右の図で●の数を求める式を次のように表したとき、式の表す意味を考えて、●の数を求めましょう。

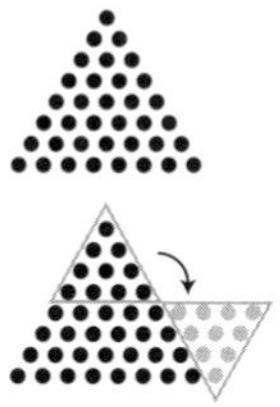

式9×4の表す意味を考えましょう。

考え方 ●の9のまとまりが4つあるとみます。
右の図のように、上の4だんをうつすと、① 9 こ の列が② 4 列できることを表します。

計算して、答えを求めましょう。

式 9×4=③ 36

答え ④ 36 こ

2 右の図を見て、次の式が何を表しているか、説明《せつめい》しましょう。

1ふさ480円	1こ150円

480−150×3

考え方 文字の式で考えてみましょう。
ぶどう1ふさの代金 − りんご1この代金 × こ数

答え ぶどう① 1 ふさの代金とりんご② 3 こ分の代金のちがいを表しています。

ヒント 1 求めやすいように、図形をうつしてみよう。

40

ぴったり2 練習

★できた問題には、「た」をかこう！★ ❶ ❷

学習 41ページ

答え 21ページ

1 右の図を見て、次の式が何を表しているか、説明《せつめい》しましょう。

ケーキ1こ 250円	ジュース1本 120円

(1)(250+120)×4

(ケーキ1この代金 + ジュース1本の代金)× こ数

説明(ケーキ1ことジュース1本を1セットとして買うとき、4セット分の代金を表しています。)

(2)1000−250×3

出したお金 − ケーキ1この代金 × こ数

説明(ケーキを3こ買って、1000円出したときのおつりを表しています。)

2 右の図で●の数を求《もと》める式を次のように表したとき、式の表す意味を説明して、●の数を求めましょう。

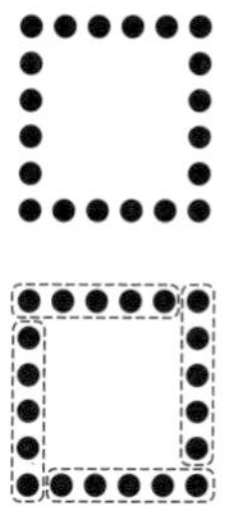

(1)5×4

説明

図のように点線でかこった5このまとまりが4こあることを表しています。
5×4=20

答え(20こ)

(2)6×2+4×2

説明

6このまとまりが2こと、4このまとまりが2こあることを表しています。
6×2+4×2=20

答え(20こ)

ヒント 2 (2)6×2、4×2 それぞれの意味を考えよう。

41

40ページ

1 図形をうつすことにより、式の意味を考えやすくなることがあります。

2 残《のこ》りの量《りょう》や大きさのちがいを求《もと》めるときはひき算を使うので、何から何をひいているかを考えると説明《せつめい》しやすくなります。

41ページ

1 (1)250+120は、ケーキ1ことジュース1本を買うときの代金の合計です。これを4倍することから考えます。

(2)250×3は、ケーキを3こ買うときの代金です。出したお金から代金をひくとおつりになります。

2 (1)5×4は、何かが5こあって、それが4つ分あるという意味です。それを説明《せつめい》図《ず》の点線をヒントにして考えましょう。

(2)6×2は、何かが6こあって、それが2つ分あるという意味です。また、4×2は、何かが4こあって、それが2つ分あるという意味です。

おうちのかたへ

式が何を表しているかよみとることはとても大切です。文章題を解く上で必要な力になります。また、学校のテストなどの答えの見直しなどでもとても役に立ちます。この単元以外でも積極的に式の表す意味を確認させましょう。

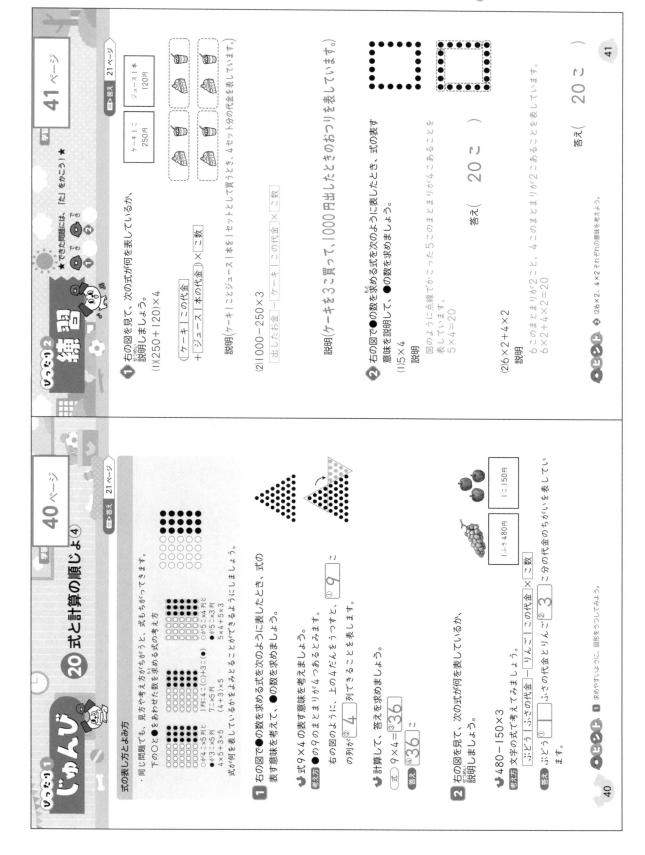

ぴったり1 じゅんび

21 がい数の計算①

学習 42ページ

答え 22ページ

がい数《すう》のたし算のしかた

・およその数を**がい数**といい、約《やく》○○と表します。
1つの数を、ある位《くらい》までのがい数で表すには、そのすぐ下の位の数字が、0、1、2、3、4のときは切り捨《す》てて、5、6、7、8、9のときは切り上げます。この方法《ほうほう》を**四捨五入**《ししゃごにゅう》といいます。
和を、ある位までのがい数で求《もと》めたいときは、それぞれの数を、求めようと思う位までのがい数にしてから計算します。

1 お店で、デジタルカメラが39800円、プリンターが14200円で売られています。全部買うと、代金は約何万何千円になりますか。

次のどちらかの考え方で式をかこう。

全部で約何円になるか、求める式をかきましょう。

考え方 ことばの式にあてはめてみましょう。

デジタルカメラの代金のがい数
＋ プリンターの代金のがい数
＝ およその代金

それぞれの代金をまずは、がい数で表すよ。

39800円を千の位までのがい数にすると、
①40000 円、
14200円を千の位までのがい数にすると、
②14000 円となる。

考え方 図をかいてみましょう。

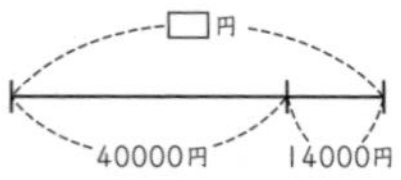

式 ③40000＋④14000

計算して、答えを求めましょう。

式 ⑤40000＋⑥14000＝⑦54000

答え 約⑧54000 円

ヒント 約何万何千円かなので、千の位までのがい数で表してみよう。

42

ぴったり2 練習

学習 43ページ

★できた問題には、「た」をかこう！★ でき 1 でき 2 でき 3 でき 4

答え 22ページ

1 お店で、84800円のテレビと、9800円のDVD《ディーブイディー》プレイヤーを買います。代金は約《やく》何万何千円になりますか。

テレビの代金のがい数
＋ DVDプレイヤーの代金のがい数
＝ およその代金

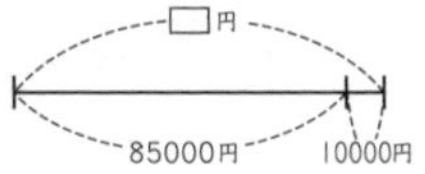

式 85000＋10000＝95000

答え（約 95000 円）

2 ある動物園の土曜日の入場者数は35942人、日曜日の入場者数は47568人でした。2日間の入場者数は、あわせて約何万何千人になりますか。

土曜日の入場者数のがい数
＋ 日曜日の入場者数のがい数
＝ およその入場者数

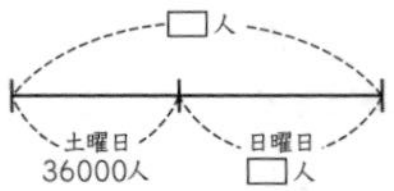

式 36000＋48000＝84000

答え（約 84000 人）

3 スポーツ店で、5378円のサッカーシューズと、3240円のサッカーボールを買います。あわせていくらになりますか。上から2けたのがい数で求《もと》めましょう。

サッカーシューズの代金のがい数
＋ サッカーボールの代金のがい数
＝ およその代金

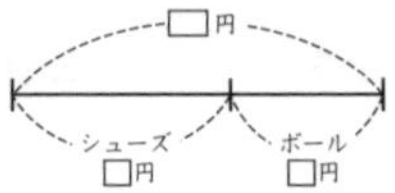

式 5400＋3200＝8600

答え（ 約 8600 円 ）

4 東市の人口は、288503人、西市の人口は、310485人です。この2つの市をあわせた人口は、約何万人ですか。

東市の人口のがい数 ＋ 西市の人口のがい数 ＝ およその人口

式 290000＋310000＝600000

答え（約 600000 人）

ヒント 3 上から2けたのがい数なので、約何千何百円かを求めるよ。

43

42ページ

1 デジタルカメラの代金と、プリンターの代金を、それぞれ千の位《くらい》までのがい数で表して計算しましょう。

43ページ

1 テレビの代金と、DVD《ディーブイディー》プレイヤーの代金を、それぞれ千の位までのがい数で表して計算します。

2 土曜日の入場者数と、日曜日の入場者数を、それぞれ千の位までのがい数で表して計算します。たし算をしてから、和をがい数にしないように注意しましょう。

3 サッカーシューズの代金と、サッカーボールの代金を、上から3けた目の数を四捨《ししゃ》五入《ごにゅう》して、上から2けたのがい数で表して計算しましょう。上から2けた目を四捨五入しないように注意しましょう。

4 東市の人口と、西市の人口を、一万の位までのがい数で表して計算しましょう。約《やく》何万人を答えるので、千の位の数を四捨五入します。

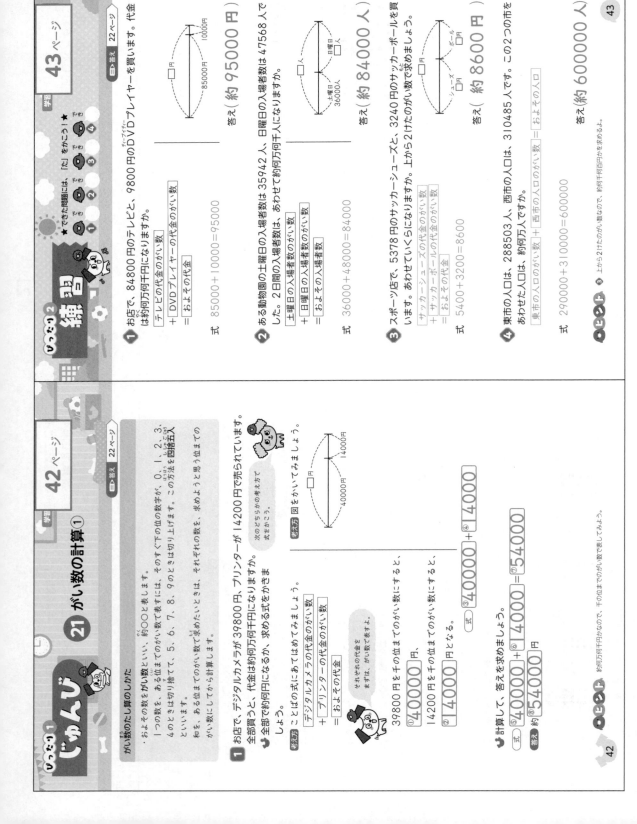

ぴったり1 じゅんび

22 がい数の計算②

学習 44ページ

答え 23ページ

がい数のひき算のしかた

・差《さ》をある位《くらい》までのがい数で求《もと》めたいときは、それぞれの数を、求めようと思う位までのがい数にしてから計算します。

1 ある音楽ホールで、コンサートがあった日の入場者数は 6342 人でした。次の日のバレエの発表会の入場者数は 1814 人でした。2日間の入場者数のちがいは約《やく》何千何百人ですか。

次のどちらかの考え方で式をかこう。

ちがいが何人になるか、求める式をかきましょう。

考え方 ことばの式にあてはめてみましょう。

コンサートの入場者数のがい数
－ バレエの入場者数のがい数
＝ およそのちがい

それぞれの入場者数をまずは、がい数で表すよ。

考え方 図をかいてみましょう。

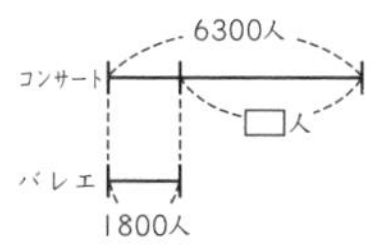

6342 人を百の位までのがい数にすると、

①6300人、

1814 人を百の位までのがい数にすると、

②1800人となる。

式 ③6300－④1800

計算して、答えを求めましょう。

式 ⑤6300－⑥1800＝⑦4500

答え 約⑧4500人

ヒント ひき算する前に、それぞれの入場者数をがい数で表そう。

ぴったり2 練習

学習 45ページ

★できた問題には、「た」をかこう！★ 1 2 3 4

答え 23ページ

1 あるえい画館の土曜日の入場者数は 13734 人、日曜日の入場者数は 22461 人でした。2日間の入場者数のちがいは、約《やく》何万何千人になりますか。

日曜日の入場者数のがい数
－ 土曜日の入場者数のがい数
＝ およその入場者数のちがい

式 22000－14000＝8000

答え（約 8000 人）

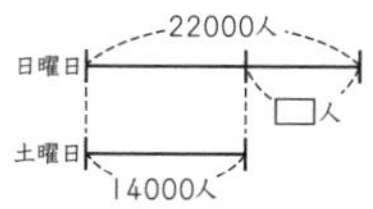

2 ゆきさんは、8582 円持っています。6448 円のゲームソフトを買いました。残《のこ》っているお金は、約何千何百円になりますか。

持っているお金のがい数
－ ゲームソフトの代金のがい数
＝ およその残っているお金

式 8600－6400＝2200

答え（約 2200 円）

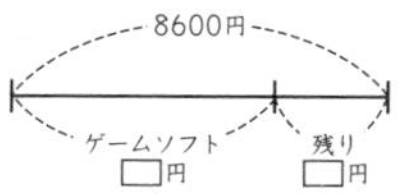

3 あるチケットを買うのに、3846 人の人が順番《じゅんばん》を待《ま》っています。このうち 1485 人がチケットを買い終えました。まだ、順番を待っている人は何人いますか。上から2けたのがい数で求《もと》めましょう。

最初の人数のがい数 － 買い終えた人数のがい数
＝ およその待っている人数

式 3800－1500＝2300

答え（約 2300 人）

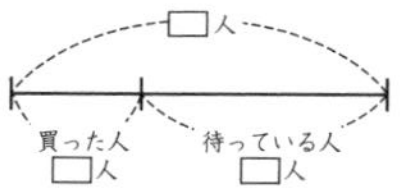

4 ある店の日曜日の売り上げは 536225 円、月曜日の売り上げは 273461 円でした。2日間の売り上げのちがいは、約何万円ですか。

日曜日の売り上げのがい数 － 月曜日の売り上げのがい数
＝ およその売り上げのちがい

式 540000－270000＝270000

答え（約 270000 円）

ヒント 3 上から2けたのがい数なので、約何千何百人かを求めるよ。

44ページ

1 コンサートの入場者数と、バレエの入場者数を、それぞれ百の位《くらい》までのがい数で表して計算しましょう。

45ページ

1 日曜日の入場者数と、土曜日の入場者数を、それぞれ千の位までのがい数で表して計算しましょう。

2 持っているお金と、ゲームソフトの代金を、それぞれ百の位までのがい数で表して計算しましょう。

3 最初《さいしょ》の人数と、チケットを買い終えた人数を、上から3けた目の数を四捨五入《ししゃごにゅう》して、上から2けたのがい数で表して計算しましょう。

4 日曜日の売り上げと、月曜日の売り上げを、一万の位までのがい数で表して計算しましょう。約《やく》何万円を答えるので、千の位の数を四捨五入します。

ぴったり1
じゅんび

23 がい数の計算③

答え 24ページ

がい数のかけ算のしかた

・ふくざつなかけ算の積《せき》を見《み》積《つ》もるには、ふつう、かけられる数もかける数も上から１けたのがい数にしてから計算します。

1 コンビニエンス・ストアで、１こ480円のケーキを108こ売りました。売り上げ金がくは、約《やく》何円ですか。

売り上げ金がくが約何円か、求《もと》める式をかきましょう。

考え方 ことばの式にあてはめてみましょう。

ケーキ１この代金のがい数
×売れた数のがい数
＝およその売り上げ金がく

考え方 図をかいてみましょう。

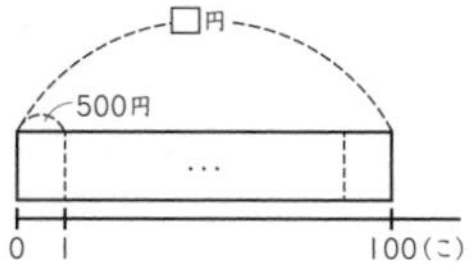

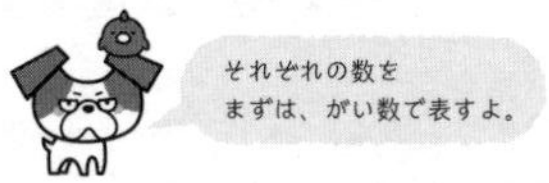

ケーキ１この代金480円を上から１けたのがい数にすると、①500円、売れたこ数108こを上から１けたのがい数にすると、②100ことなる。

式 ③500×④100

計算して、答えを求めましょう。

式 ⑤500×⑥100＝⑦50000

答え 約⑧50000円

ヒント 上から１けたのがい数にするときは、上から２けた目の数を四捨五入《ししゃごにゅう》するよ。

ぴったり2
練習

★できた問題には、「た」をかこう！★ でき 1 でき 2 でき 3 でき 4

答え 24ページ

1 １箱に72このボールがはいった箱が206箱あります。ボールは全部で、約《やく》何こありますか。

１箱にあるボールのこ数のがい数
×箱の数のがい数
＝およその全部のこ数

式 70×200＝14000

答え（約 14000こ）

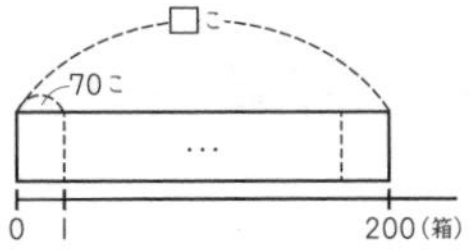

2 あるクラスの35人で遠足に出かけます。電車代が790円のとき、全員の電車代は、約何円ですか。

１人あたりの電車代のがい数
×人数のがい数
＝およその全員の電車代

式 800×40＝32000

答え（約 32000円）

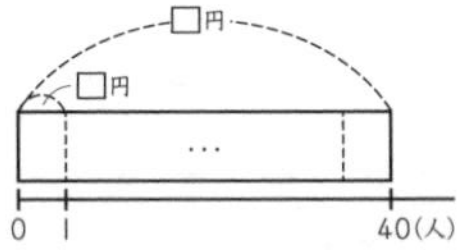

3 280mL入りのジュースが535本あります。ジュースは全部で、約何Lですか。

１本あたりのジュースの量のがい数
×本数のがい数
＝およその全体のジュースの量

式 300×500＝150000

答え（約 150L）

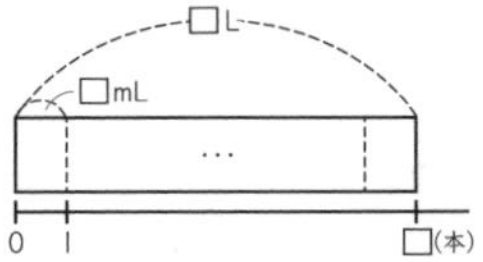

4 あるざっしが374さつあります。１さつの重さは580gです。全部の重さは、約何kgですか。

１さつの重さのがい数×ざっしのさっ数のがい数＝およその全部の重さ

式 600×400＝240000

答え（約 240kg）

ヒント 4 重さの単位《たんい》に注意しよう。

46ページ

1 ケーキ１この代金と、売れた数を、上から２けた目の数を四捨五入《ししゃごにゅう》して、上から１けたのがい数で表して計算しましょう。かけ算をしてから、積《せき》をがい数にしないように注意しましょう。

47ページ

1 １箱にあるボールのこ数と、箱の数を、上から２けた目の数を四捨五入して、上から１けたのがい数で表して計算しましょう。

2 １人あたりの電車代と、人数を、上から２けた目の数を四捨五入して、上から１けたのがい数で表して計算しましょう。

3 １本あたりのジュースの量《りょう》と、本数を、上から２けた目の数を四捨五入して、上から１けたのがい数で表して計算しましょう。単位《たんい》をLになおして答えます。
150000mL＝150L

4 １さつあたりのざっしの重さと、さっ数を、上から２けた目の数を四捨五入して、上から１けたのがい数で表して計算しましょう。単位をkgになおして答えます。
240000g＝240kg

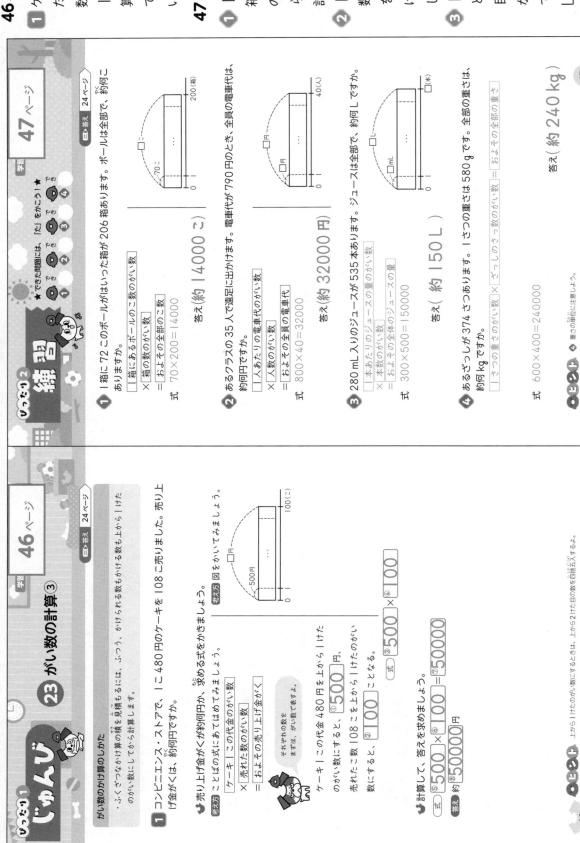

ぴったり1 じゅんび

24 がい数の計算④

学習 48ページ

答え 25ページ

がい数のわり算のしかた

・ふくざつなわり算の商を見積《みつ》もるには、ふつう、わられる数を上から2けた、わる数を上から1けたのがい数にして、計算し、商は上から1けただけ求《もと》めます。

1 パーティー会場を借《か》りるのに 157800 円かかります。37 人のメンバーが同じ金がくをはらって参加《さんか》するとき、1人分の参加料《りょう》は、約《やく》何円ですか。

次のどちらかの考え方で式をかこう。

1人分の参加料が何円になるか、求める式をかきましょう。

考え方 ことばの式にあてはめてみましょう。

会場を借りる代金のがい数
÷ 参加人数のがい数
= 1人あたりのおよその参加料

それぞれの数をまずは、がい数で表すよ。

考え方 図をかいてみましょう。

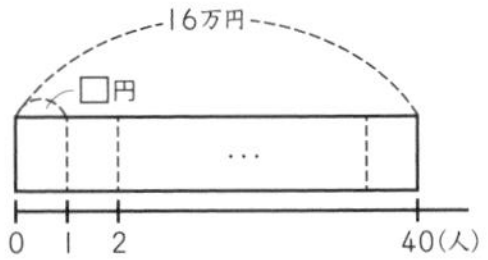

157800 円を上から2けたのがい数にすると、① 160000 円、
37 人を上から1けたのがい数にすると、
② 40 人となる。

式 ③ 160000 ÷ ④ 40

計算して、答えを求めましょう。

式 ⑤ 160000 ÷ ⑥ 40 = ⑦ 4000

答え 約 ⑧ 4000 円

ヒント 上から2けたのがい数にするには、上から3けた目の数を四捨五入《ししゃごにゅう》するよ。

ぴったり2 練習

★できた問題には、「た」をかこう！★ でき 1 でき 2 でき 3 でき 4

学習 49ページ

答え 25ページ

1 あるグループ 35 人でバーベキューをするのに、材料代《ざいりょうだい》は 121590 円かかります。1人分の材料代は、約《やく》何円ですか。

材料代のがい数 ÷ 人数のがい数
= 1人分のおよその材料代

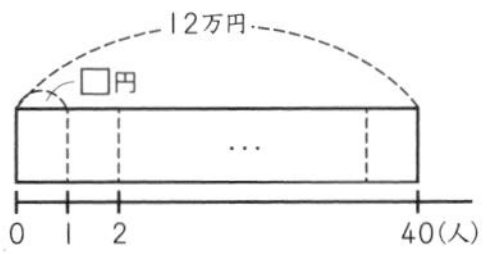

式 120000÷40=3000

答え(約 3000 円)

2 バスを2台借《か》りるのに 164500 円かかります。野球チームの 83 人がバスを2台借りて、試合《しあい》会場に行きます。1人分のバス代は、約何円ですか。

バス代のがい数 ÷ 人数のがい数
= 1人あたりのおよそのバス代

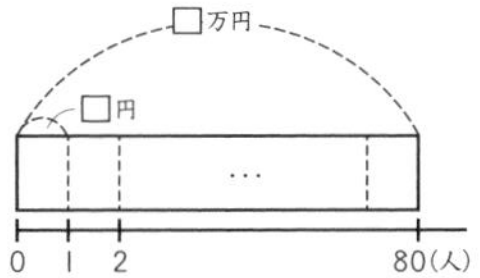

式 160000÷80=2000

答え(約 2000 円)

3 ジュースが 23 L 800 mL あります。28 人に同じ量《りょう》ずつ分けると、1人分のジュースの量は、約何 mL ですか。

ジュースの量のがい数 ÷ 人数のがい数
= 1人分のおよそのジュースの量

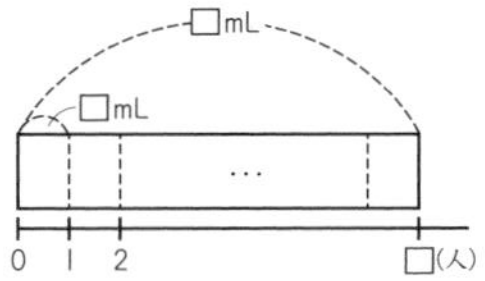

式 24000÷30=800

答え(約 800 mL)

4 子ども会の 45 人でさつまいもほりをしたところ、全員で 29.5 kg のさつまいもをほりました。1人約何 g のさつまいもをほりましたか。

さつまいもの重さのがい数 ÷ 人数のがい数 = 1人分のおよその重さ

式 30000÷50=600

答え(約 600 g)

ヒント 3 量の単位《たんい》に注意しよう。

48ページ

1 会場を借《か》りる代金は上から3けた目を四捨五入《ししゃごにゅう》し、参《さん》加《か》人数は上から2けた目の数を四捨五入して、がい数で表して計算しましょう。

49ページ

1 材料代《ざいりょうだい》は上から3けた目の数を四捨五入し、人数は上から2けた目の数を四捨五入して、がい数で表して計算しましょう。

2 バス代は上から3けた目の数を四捨五入し、人数は上から2けた目の数を四捨五入して、がい数で表して計算しましょう。

3 単位《たんい》を mL になおして計算します。
23 L 800 mL=23800 mL

4 単位を g になおして計算します。
29.5 kg=29500 g

おうちのかたへ
わられる数は上から2けた、わる数は上から1けたの概数にしてからわり算を行わせましょう。

ぴったり1 じゅんび　25 面積　学習 50ページ

答え 26ページ

面積《めんせき》

①長方形や正方形の面積は、次の公式を使って求《もと》めることができます。
長方形の面積＝たて×横
正方形の面積＝1辺《へん》×1辺
②ま四角ではない図形の面積でも、長方形や正方形の組み合わせでできたものは、かんたんに求めることができます。

1 たて5cm、横7cmの長方形の紙があります。面積は何 cm^2 ですか。

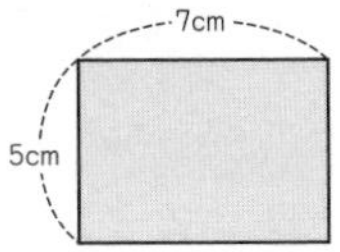

面積は何 cm^2 か、求める式をかきましょう。
考え方 長方形の面積を求める公式にあてはめてみましょう。
たて × 横 ＝ 長方形の面積
式 5×[①7]

計算して、答えを求めましょう。
式 5×[②7]＝[③35]
答え [④35] cm^2

2 右の図形の面積は何 cm^2 ですか。

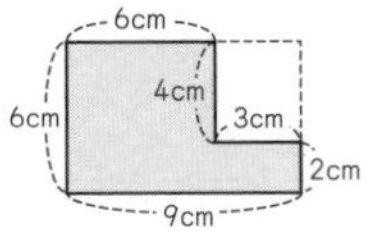

面積は何 cm^2 か、求める式をかきましょう。
考え方 たてや横に線を入れて、2つの長方形に分けて求めましょう。
式 ㋐たてに線を入れたとき
6×6＋2×[①3]
㋑横に線を入れたとき
4×6＋2×[②9]

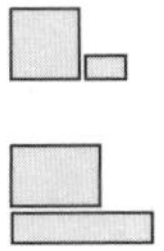

計算して、答えを求めましょう。
答え [③42] cm^2

ヒント 2 大きな長方形の面積から小さな長方形の面積をひいても求められるよ。

ぴったり2 練習　学習 51ページ

★できた問題には、「た」をかこう！★ 1 2 3 4

答え 26ページ

1 1辺《へん》の長さが8cmの正方形の折《お》り紙《がみ》があります。面積《めんせき》は何 cm^2 ですか。
1辺 × 1辺 ＝ 正方形の面積

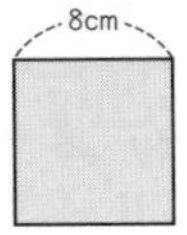

式 8×8＝64
答え（ 64 cm^2 ）

2 しおりさんの学校の校庭は、たて60m、横120mです。校庭の面積は何 m^2 ですか。
たて × 横 ＝ 校庭の面積

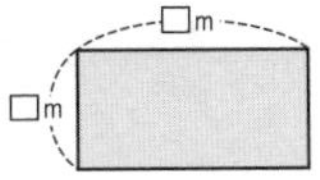

式 60×120＝7200
答え（ 7200 m^2 ）

3 右の図形の面積は何 cm^2 ですか。
たてに線を入れて、2つの長方形に分けると、
左側《ひだりがわ》の長方形の面積 ＋ 右側の長方形の面積
＝ 図形の面積

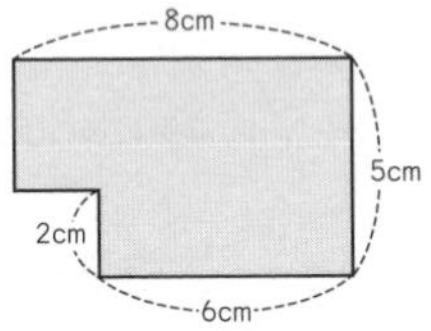

式 3×2＋5×6＝36
答え（ 36 cm^2 ）

4 1辺の長さが10mの正方形の土地をたがやして、右の図のような形の畑をつくりました。この畑の面積は何 m^2 ですか。
1辺の長さが10mの正方形の面積
－ たて5m、横6mの長方形の面積 ＝ 畑の面積

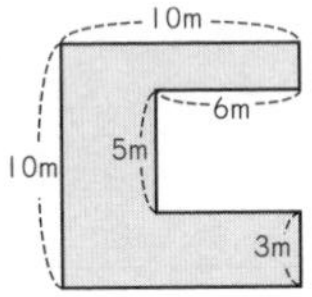

式 10×10－5×6＝70
答え（ 70 m^2 ）

ヒント 3 横に線を入れて、2つの長方形に分けても求《もと》められるよ。

50ページ

1 長方形の面積《めんせき》は、たて×横で求《もと》めることができます。
2 ま四角でない図形の面積は図形を分けてそれぞれの面積をたすか、大きい図形の面積から小さい図形の面積をひくことで求められます。

51ページ

1 折《お》り紙《がみ》は正方形なので、その面積は 1辺《へん》 × 1辺 で求められます。
2 校庭は長方形なので、その面積は、 たて × 横 で求められます。
3 左側《ひだりがわ》の長方形のたての長さは、5－2＝3(cm)、横の長さは、8－6＝2(cm)です。他にも、横に線を入れて長方形に分けるか、大きい図形の面積から小さい図形の面積をひくことでも面積が求められます。
4 大きい図形の面積から小さい図形の面積をひくと計算しやすいです。

おうちのかたへ
ま四角ではない図形の面積は、図形を分けてから求めます。いろいろな図形の分け方を練習させましょう。長さが書かれていないときは、他の辺の長さから求められないか考えさせましょう。

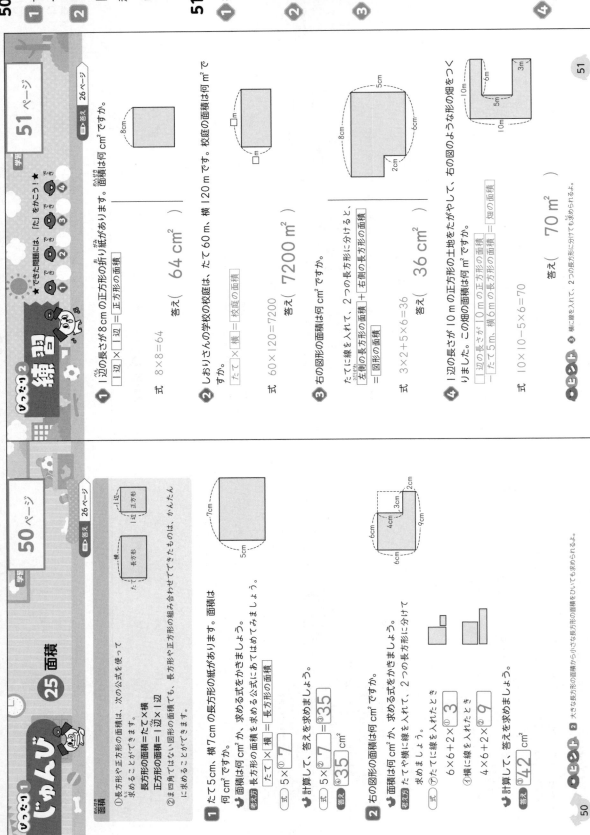

ぴったり1 じゅんび

26 小数のかけ算①

学習 52ページ

答え 27ページ

小数のかけ算の筆算のしかた

・小数のときも、整数のときと同じように式を立てます。

| 1つ分の数 | × | いくつ分 | = | 全体の数 |

例 1.6×7 の筆算

小数点を考えないで、たてにそろえてかきます。 $\begin{array}{r}1.6\\ \times\ \ 7\\ \hline\end{array}$ ➡ $\begin{array}{r}1.6\\ \times\ \ 7\\ \hline 112\end{array}$ ➡ かけられる数の小数点にそろえて、積《せき》の小数点をうちます。 $\begin{array}{r}1.6\\ \times\ \ 7\\ \hline 11.2\end{array}$

1 重さ 2.3 kg のブロックが7こあります。
ブロックの重さは全部で何 kg ですか。

次のどちらかの考え方で式をかこう。

ブロックの重さが全部で何 kg になるか、求《もと》める式をかきましょう。

考え方 ことばの式にあてはめてみましょう。

| 1この重さ | × | こ数 | = | 全体の重さ |

1こ分の重さと、それが何こ分なのか、考えよう。

考え方 図をかいてみましょう。

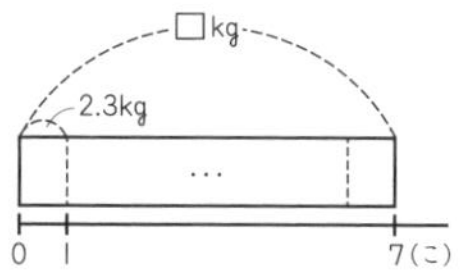

式 2.3×① 7

筆算で計算して、答えを求めましょう。

$\begin{array}{r}2.3\\ \times\ \ \ 7\\ \hline 1\ ②6.1\end{array}$

式 2.3×③ 7 =④ 16.1

答え ⑤ 16.1 kg

ヒント 整数と同じように筆算してから、小数点をうつのをわすれないようにしよう。

ぴったり2 練習

★できた問題には、「た」をかこう！★ ① ② ③ ④

学習 53ページ

答え 27ページ

1 0.8 L 入りのよう器《き》にはいったお茶が6こあります。お茶は全部で何 L ありますか。

| 1この量《りょう》 | × | こ数 | = | 全体の量 |

式 0.8×6=4.8

答え（ 4.8 L ）

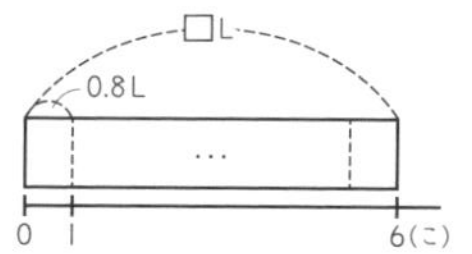

2 ダンボール箱を1箱組み立てるのに 1.4 m のテープを使います。8箱組み立てるには、テープは何 m いりますか。

| 1箱分の長さ | × | 箱の数 | = | 全体の長さ |

式 1.4×8=11.2

答え（ 11.2 m ）

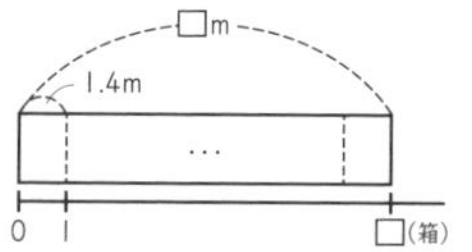

3 1つのふくろに 2.7 kg のお米がはいっています。このふくろが 12 ふくろあるとき、お米は全部で何 kg ですか。

| 1ふくろ分の量 | × | ふくろの数 |
= | 全体の量 |

式 2.7×12=32.4

$\begin{array}{r}2.7\\ \times12\\ \hline 54\\ 27\ \\ \hline 32.4\end{array}$

答え（ 32.4 kg ）

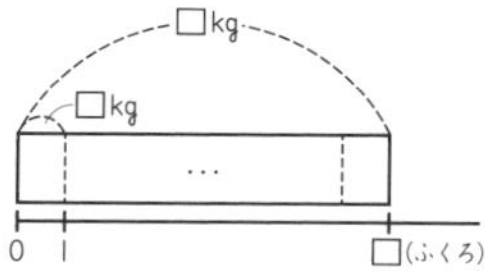

4 鉄パイプ1本の重さは 3.3 kg です。この鉄パイプが 34 本では、何 kg になりますか。

| 1本分の重さ | × | 本数 |
= | 全体の重さ |

式 3.3×34=112.2

$\begin{array}{r}3.3\\ \times34\\ \hline 132\\ 99\ \\ \hline 112.2\end{array}$

答え（ 112.2 kg ）

ヒント ③ 小数に2けたの整数をかけるときも、同じように筆算するよ。

52ページ

1 1つ分の重さとこ数から全体の重さを求《もと》めるので、かけ算を使います。答えの小数点はかけられる数の小数点にそろえてうちます。

53ページ

1 1こ分の量《りょう》とこ数から全体の量を求めるので、かけ算を使います。

2 1箱分の長さと箱の数から全体の長さを求めるので、かけ算を使います。1箱分の長さ 1.4 m の8箱分です。

3 1ふくろ分の量とこ数から全体の量を求めるので、かけ算を使います。

4 1本分の重さと本数から全体の重さを求めるので、かけ算を使います。1本分の重さ 3.3 kg の 34 本分です。

おうちのかたへ
筆算のかけ算をするときは、小数点の位置に気をつけさせましょう。整数のかけ算の筆算と同じようにくり上がりにも気をつけて計算させましょう。

ぴったり1 じゅんび

27 小数のかけ算②

学習 54ページ

答え 28ページ

小数のかけ算の筆算のしかた

①筆算をして、積《せき》が整数のあたいになったら、小数点と、小数第一位《だいいちい》の0はかきません。

例 2.6 × 5 = 13.0 → 13

②筆算をして、積の一の位《くらい》が0のときは、0と小数点をかきます。

例 0.26 × 3 = 0.78

1 子ども 15 人に 0.72 L ずつジュースを配ります。ジュースは何 L いりますか。

次のどちらかの考え方で式をかこう。

ジュースが何 L いるか、求《もと》める式をかきましょう。

考え方 ことばの式にあてはめてみましょう。

1人分の量《りょう》 × 何人分 = 全体の量

1人分の量と、それが何人分なのか、考えよう。

考え方 図をかいてみましょう。

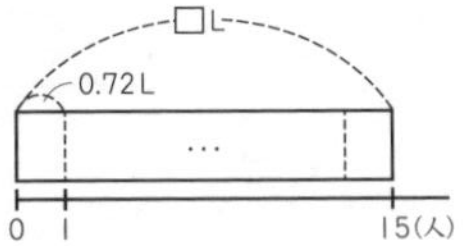

式 0.72×①15

筆算で計算して、答えを求めましょう。

```
      0 . 7 2
  ×       1 5
  -----------
      3 ②6 0
   ③7  2
  -----------
   1 ④0. 8 0
```

式 0.72×⑤15＝⑥10.8

答え ⑦10.8L

ヒント 整数と同じように筆算するよ。小数点をうつのをわすれないようにしよう。

ぴったり2 練習

学習 55ページ

★できた問題には、「た」をかこう！★ ①できた ②できた ③できた ④できた

答え 28ページ

1 やかんが4こあります。それぞれのやかんに水を 2.3 L ずつ入れると、水は全部で何 L になりますか。

1こ分の量《りょう》 × こ数 ＝ 全体の量

式 2.3×4＝9.2

```
   2.3
 ×   4
 -----
   9.2
```

答え（ 9.2 L ）

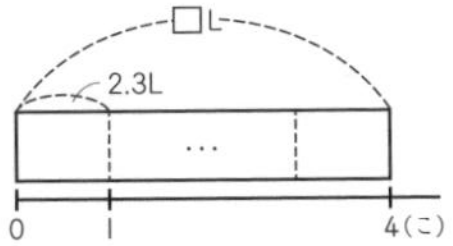

2 8人でリレーをします。1人 0.65 km ずつ走るとき、全員で走った道のりは、何 km ですか。

1人分の道のり × 人数 ＝ 全体の道のり

式 0.65×8＝5.2

```
   0.6 5
 ×     8
 -------
   5.2 0
```

答え（ 5.2 km ）

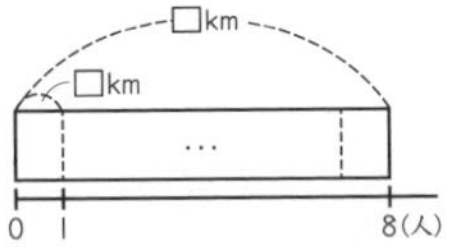

3 ふくろが 18 ふくろあります。それぞれのふくろに塩《しお》を 3.6 kg ずつ入れるとき、塩は何 kg いりますか。

1ふくろ分の量 × ふくろの数 ＝ 全体の量

式 3.6×18＝64.8

```
     3.6
   × 1 8
   -----
   2 8 8
   3 6
   -----
   6 4.8
```

答え（ 64.8 kg ）

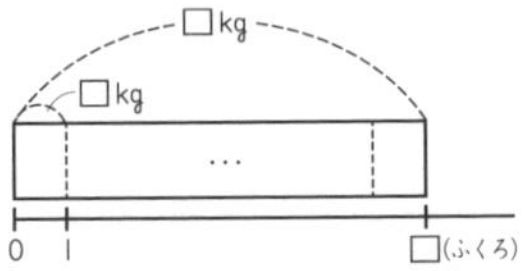

4 同じ形をした積《つ》み木《き》が 38 こあります。1この積み木の高さが 2.2 cm のとき、この積み木を全部積むと、高さは何 cm になりますか。

1こ分の高さ × こ数 ＝ 全体の高さ

式 2.2×38＝83.6

```
     2.2
   × 3 8
   -----
   1 7 6
   6 6
   -----
   8 3.6
```

答え（ 83.6 cm ）

ヒント ③ 1ふくろ分は、3.6 kg だね。

54ページ

1 1人分の量《りょう》と人数から全体の量を求《もと》めるので、かけ算を使います。筆算で計算するとき、答えの小数点はかけられる数の小数点にそろえてうちます。

55ページ

1 1こ分の量とこ数から全体の量を求めるので、かけ算を使います。

2 1人分の道のりと人数から全体の道のりを求めるので、かけ算を使います。筆算をすると積《せき》が 5.20 となりますが、答えは 5.2 とかきます。

3 1ふくろ分の量とふくろの数から全体の量を求めるので、かけ算を使います。1ふくろ分の量 3.6 kg の 18 こ分です。

4 1こ分の高さとこ数から全体の高さを求めるので、かけ算を使います。1こ分の高さ 2.2 cm の 38 こ分です。

おうちのかたへ

1つのまとまりがいくつで、そのまとまりが何こ分あるのかを考えて、式を書かせましょう。

28 小数のかけ算③

答え 29ページ

かけ算とたし算をふくむ計算

・かけ算とたし算で１つの式に表したときは、かけ算をさきに計算します。

例 12+3.4×6=12+20.4
=32.4

1 箱にかんづめが15こはいっています。かんづめ１この重さは0.7 kgで、箱の重さは0.3 kgです。全体の重さは何kgですか。

次のどちらかの考え方で式をかこう。

全体の重さを、求《もと》める式をかきましょう。

考え方 ことばの式にあてはめてみましょう。

かんづめ全部の重さ ＋ 箱の重さ
＝ 全体の重さ

かんづめ全部の重さは、１こ分の重さが、何こあるかで考えるよ。

考え方 図をかいてみましょう。

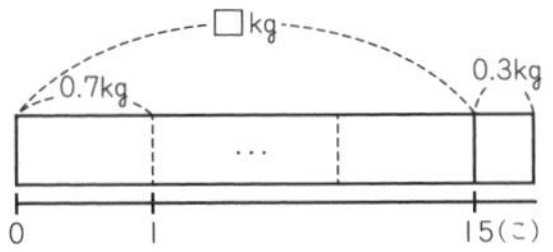

式 0.7×①15＋②0.3

筆算で計算して、答えを求めましょう。

```
    0 . 7
  ×   1 5
  -------
    3   5
    7
  -------
  1 ③0. 5
```

式 0.7×④15＋⑤0.3＝⑥10.8

答え ⑦10.8 kg

ヒント かんづめ全部の重さに、箱の重さを加《くわ》えるよ。

★できた問題には、「た」をかこう！★ できた 1 2 3 4

答え 29ページ

1 箱にジュースが18本はいっています。ジュース１本の重さは0.36 kgで、箱の重さは0.2 kgです。全体の重さは何kgですか。

ジュース全部の重さ ＋ 箱の重さ
＝ 全体の重さ

式 0.36×18+0.2=6.68

答え（ 6.68 kg ）

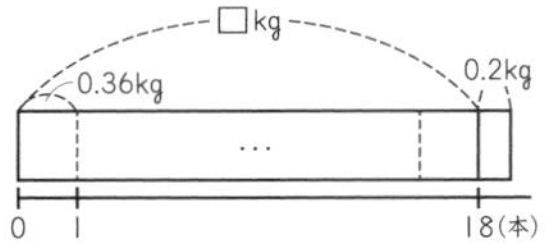

2 2 mのリボンに、1.7 mのリボンを8本つなげて、１本の長いリボンにします。このリボンは何mですか。

1.7 mのリボン全部の長さ ＋ 2 mのリボン
＝ 全体の長さ

式 1.7×8+2=15.6

答え（ 15.6 m ）

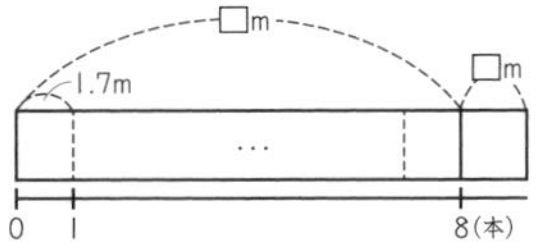

3 2.6 Lの水がはいったバケツが6こあります。このバケツの水を、1.9 Lの水がはいっている水そうに入れます。水そうの水は何Lになりますか。

バケツ全部の量 ＋ 水そうの水の量
＝ 全体の量

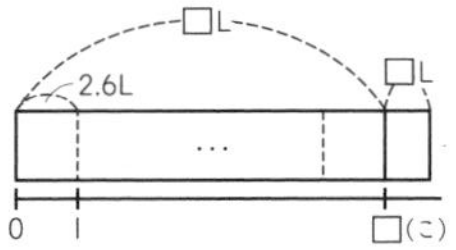

式 2.6×6+1.9=17.5

答え（ 17.5 L ）

4 0.12 kgのみかん7こと、0.3 kgのりんご12こをあわせた重さは、何kgですか。

みかん全部の重さ ＋ りんご全部の重さ
＝ 全体の重さ

式 0.12×7+0.3×12=4.44

答え（ 4.44 kg ）

ヒント 4 みかんだけの重さと、りんごだけの重さを、それぞれ考えよう。

56ページ

1 式の中にかけ算とたし算があるときは、かけ算をさきに計算するので、かんづめ全部の重さをさきに計算します。

57ページ

1 ジュース全部の重さをさきに計算します。ジュース全部の重さは、
0.36×18=6.48(kg)

2 つなげるリボンの長さをさきに計算します。つなげるリボンの長さは、
1.7×8=13.6(m)

3 バケツ全部の水の量《りょう》をさきに計算します。バケツの全部の水の量は、
2.6×6=15.6(L)

4 みかん全部の重さとりんご全部の重さを、それぞれさきに計算します。
みかん7この重さは、
0.12×7=0.84(kg)
りんご12この重さは、
0.3×12=3.6(kg)

おうちのかたへ

問題をよく読んで、何と何を加えるのか考えさせましょう。計算の順序にも注意させましょう。＋と×を見まちがえてしまわないように、＋と×をしっかり区別して式にかかせましょう。

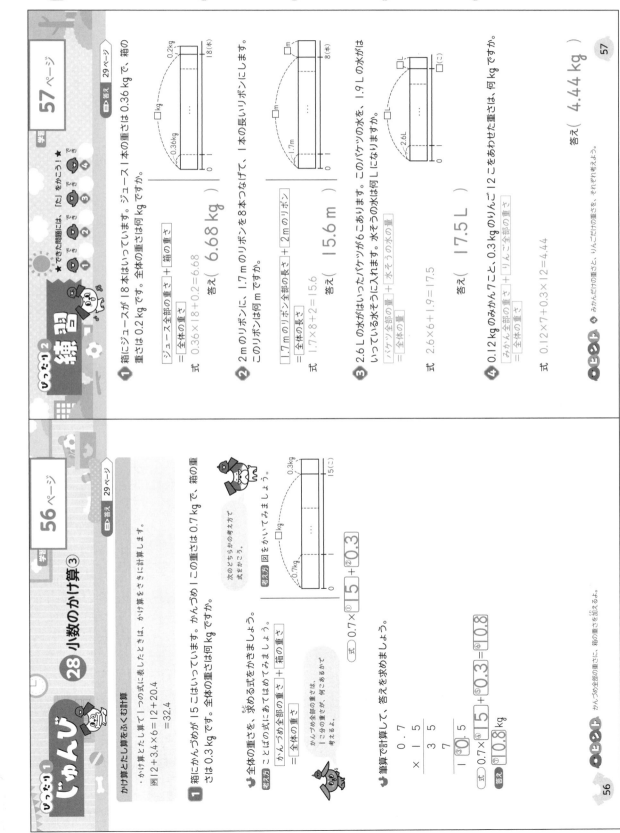

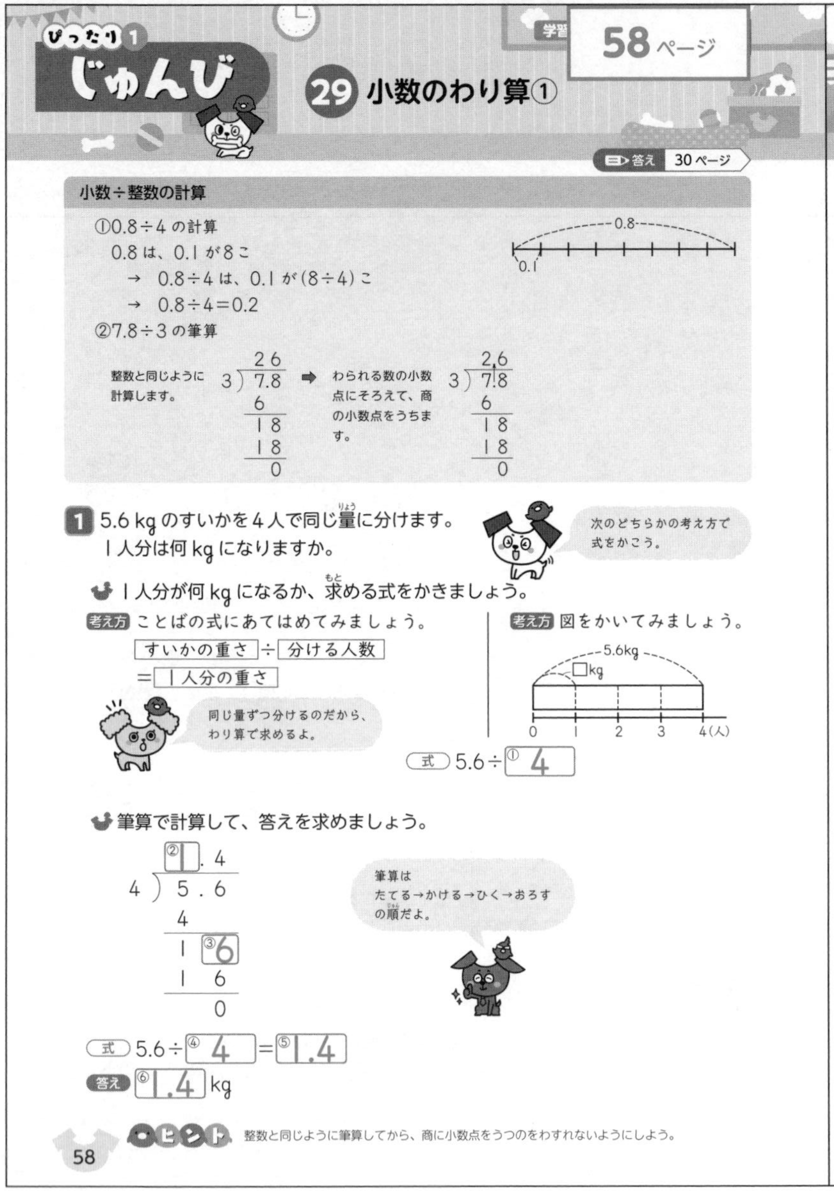

ぴったり1 じゅんび

29 小数のわり算①

学習 58ページ

答え 30ページ

小数÷整数の計算

①0.8÷4 の計算

0.8 は、0.1 が 8 こ

→ 0.8÷4 は、0.1 が (8÷4) こ

→ 0.8÷4=0.2

②7.8÷3 の筆算

整数と同じように計算します。

```
   2 6
3) 7.8
   6
   1 8
   1 8
     0
```

わられる数の小数点にそろえて、商の小数点をうちます。

```
   2.6
3) 7.8
   6
   1 8
   1 8
     0
```

1 5.6 kg のすいかを 4 人で同じ量《りょう》に分けます。 1 人分は何 kg になりますか。

1 人分が何 kg になるか、求《もと》める式をかきましょう。

考え方 ことばの式にあてはめてみましょう。

すいかの重さ ÷ 分ける人数 = 1 人分の重さ

考え方 図をかいてみましょう。

式 5.6÷① 4

筆算で計算して、答えを求めましょう。

```
    ② 1 . 4
4 ) 5 . 6
    4
    1 ③ 6
    1   6
        0
```

式 5.6÷④ 4 =⑤ 1.4

答え ⑥ 1.4 kg

ヒント 整数と同じように筆算してから、商に小数点をうつのをわすれないようにしよう。

58

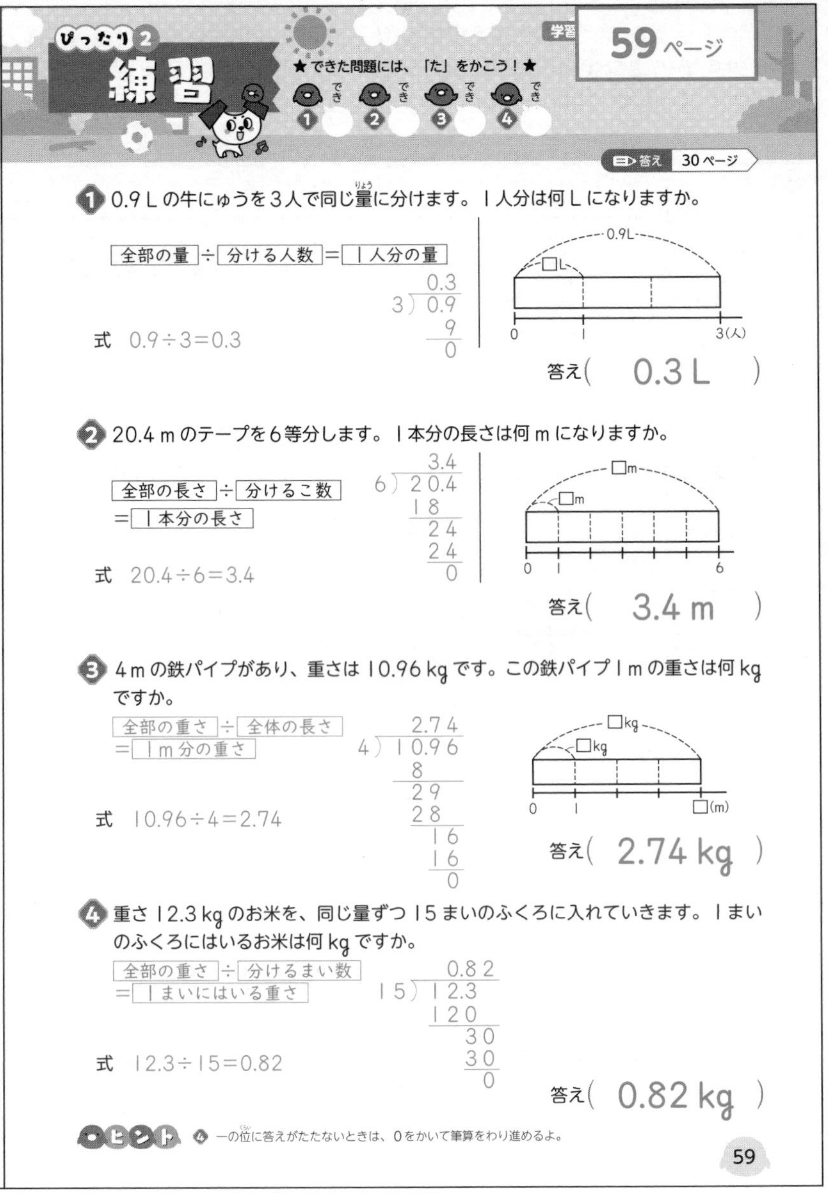

ぴったり2 練習

★できた問題には、「た」をかこう！★

学習 59ページ

答え 30ページ

1 0.9 L の牛にゅうを 3 人で同じ量《りょう》に分けます。 1 人分は何 L になりますか。

全部の量 ÷ 分ける人数 = 1 人分の量

```
   0.3
3) 0.9
     9
     0
```

式 0.9÷3=0.3

答え（ 0.3 L ）

2 20.4 m のテープを 6 等分します。 1 本分の長さは何 m になりますか。

全部の長さ ÷ 分けるこ数 = 1 本分の長さ

```
    3.4
6) 2 0.4
   1 8
     2 4
     2 4
       0
```

式 20.4÷6=3.4

答え（ 3.4 m ）

3 4 m の鉄パイプがあり、重さは 10.96 kg です。この鉄パイプ 1 m の重さは何 kg ですか。

全部の重さ ÷ 全体の長さ = 1 m 分の重さ

```
    2.7 4
4) 1 0.9 6
     8
     2 9
     2 8
       1 6
       1 6
         0
```

式 10.96÷4=2.74

答え（ 2.74 kg ）

4 重さ 12.3 kg のお米を、同じ量ずつ 15 まいのふくろに入れていきます。 1 まいのふくろにはいるお米は何 kg ですか。

全部の重さ ÷ 分けるまい数 = 1 まいにはいる重さ

```
     0.8 2
15) 1 2.3
    1 2 0
        3 0
        3 0
          0
```

式 12.3÷15=0.82

答え（ 0.82 kg ）

ヒント 4 一の位《くらい》に答えがたたないときは、0をかいて筆算をわり進めるよ。

59

58ページ

1 1 人分の重さを求《もと》めるので、わり算を使います。筆算で計算するとき、答えの小数点は、わられる数の小数点にあわせてうちます。

59ページ

1 1 人分の量《りょう》を求めるので、わり算を使います。

2 1 本分の長さを求めるので、わり算を使います。

3 1 m 分の重さを求めるので、わり算を使います。

4 12.3 kg を同じ量ずつ 15 まいのふくろに分けるので、わり算を使います。一の位《くらい》に答えがたたないときは、0をかいて計算します。

おうちのかたへ

小数のわり算の筆算をするときは、小数点の位置に気をつけさせましょう。

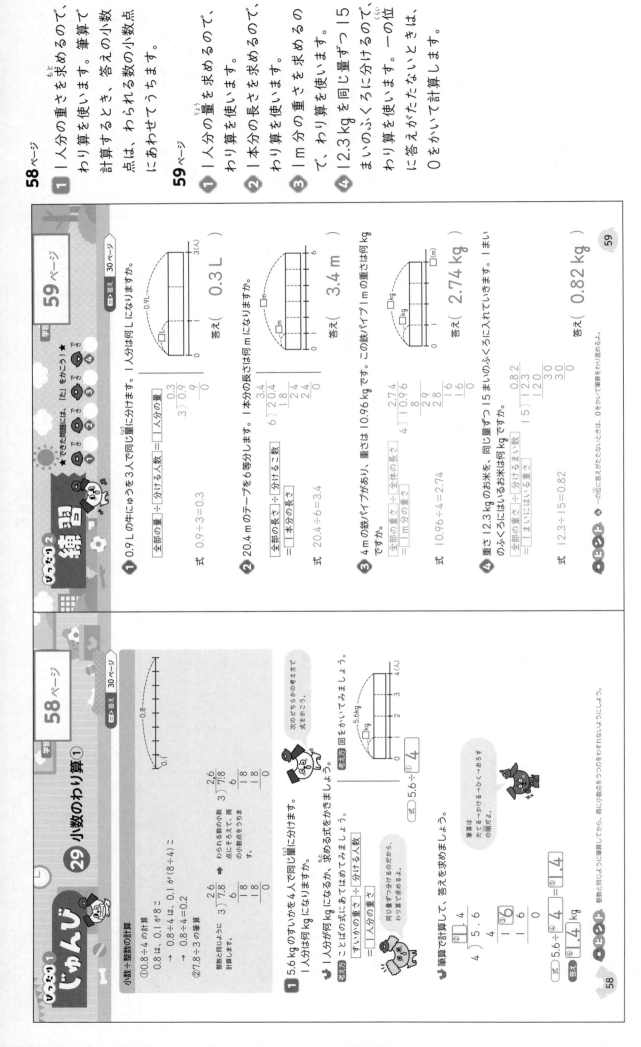

ぴったり1 じゅんび

30 小数のわり算②

学習 60ページ

答え 31ページ

あまりと答えのたしかめ

①小数のわり算であまりを考えるとき、あまりの小数点は、わられる数の小数点にそろえてうちます。

②次のように答えのたしかめをします。

わる数 × 商 ＋ あまり ＝ わられる数

例 27.3÷4 を一の位《くらい》まで求《もと》めて、あまりを出すと、

27.3÷4＝6 あまり 3.3

答えのたしかめ

4×6＋3.3＝27.3

```
      6
 4 ) 27.3
     24
      3.3
```

1 18.7 m のテープがあります。このテープから、4 m のテープは何本とれて、何 m あまりますか。

テープが何本とれて、あまりが何 m になるか、求める式をかきましょう。

次のどちらかの考え方で式をかこう。

考え方 ことばの式にあてはめてみましょう。

全部の長さ ÷ 1本の長さ

＝ 本数 あまり あまりの長さ

4 m の集まりがいくつあるかだから、わり算で求めるよ。

考え方 図をかいてみましょう。

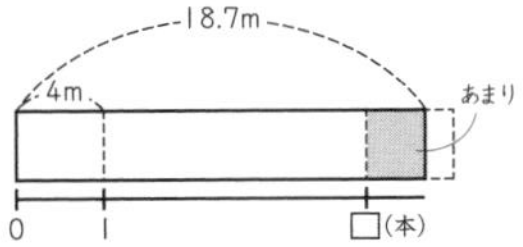

式 18.7÷① 4

筆算で計算して、答えを求めましょう。

```
        ② 4
 4 ) 1 8 . 7
     1 6
       2 . ③ 7
```

たしかめ

4×⑦ 4 ＋⑧ 2.7 ＝18.7

式 18.7÷④ 4 ＝⑤ 4 あまり ⑥ 2.7

答え ⑨ 4 本とれて、⑩ 2.7 m あまる。

ヒント 本数を求めるので、商は一の位まで計算して、あまりを出すよ。

ぴったり2 練習

★できた問題には、「た」をかこう！★ ① ② ③ ④

学習 61ページ

答え 31ページ

1 お茶が 17.6 L あります。3L ずつ分けると、何人に分けられて、何 L あまりますか。

全部の量《りょう》 ÷ 1人分の量

＝ 人数 あまり あまりの量

```
       5
 3 ) 1 7.6
     1 5
       2.6
```

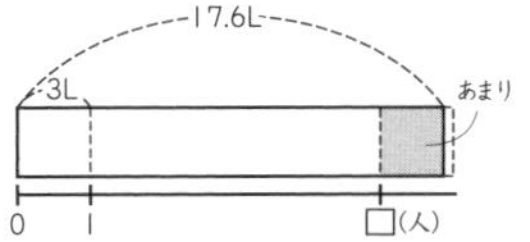

式 17.6÷3＝5 あまり 2.6

答え（ 5人 に分けられて、2.6 L あまる。）

2 21.3 kg のさとうがあります。このさとうを 4 kg ずつふくろにつめていくと、ふくろは何ふくろできて、何 kg あまりますか。

全部の重さ ÷ 1ふくろ分の重さ

＝ ふくろの数

あまり あまりの重さ

```
       5
 4 ) 2 1.3
     2 0
       1.3
```

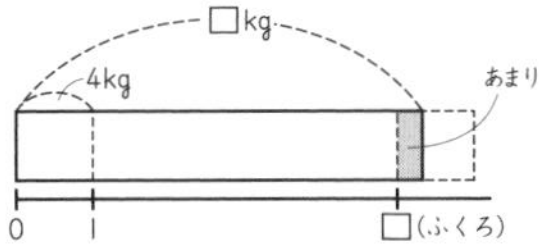

式 21.3÷4＝5 あまり 1.3

答え（ 5ふくろ できて、1.3 kg あまる。）

3 面積《めんせき》が 56.5 m^2 の畑があります。この畑を 5 m^2 ずつに分けるといくつに分けられて、何 m^2 あまりますか。

全部の面積 ÷ 1こ分の面積

＝ 分けた数

あまり あまりの面積

```
      1 1
 5 ) 5 6.5
     5
       6
       5
       1.5
```

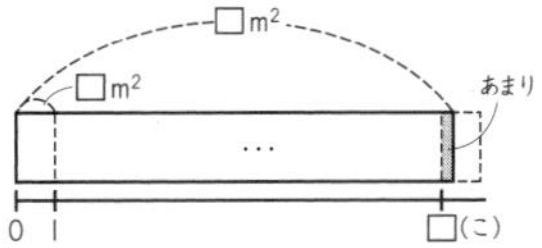

式 56.5÷5＝11 あまり 1.5

答え（ 11 こ に分けられて、1.5 m^2 あまる。）

4 水そうに水が 40.6 L はいっています。この水そうの水を、バケツで 3L ずつくみ出すと、何回までくみ出せて、何 L あまりますか。

水そうの水の量 ÷ 1回分の水の量

＝ 回数 あまり あまりの量

```
      1 3
 3 ) 4 0.6
     3
     1 0
       9
       1.6
```

式 40.6÷3＝13 あまり 1.6

答え（ 13 回 までくみ出せて、1.6 L あまる。）

ヒント ③ 商は一の位《くらい》まで求《もと》めるよ。

60 ページ

1 4 m ずつ分けるので、わり算を使います。商は一の位《くらい》まで計算してあまりを出します。

61 ページ

1 3L ずつ分けるので、わり算を使います。

2 4 kg ずつ分けるので、わり算を使います。

3 5 m^2 ずつ分けるので、わり算を使います。

4 3L ずつ分けるので、わり算を使います。答えが正しいかどうかは、水そうの水の量 ＝ 1回分の水の量 × 回数 ＋ あまりの量 でたしかめることができます。

おうちのかたへ

あまりはわる数よりも小さくなることに注意させましょう。ここでは、商は一の位まで求めることと、答えの単位にも注意させましょう。

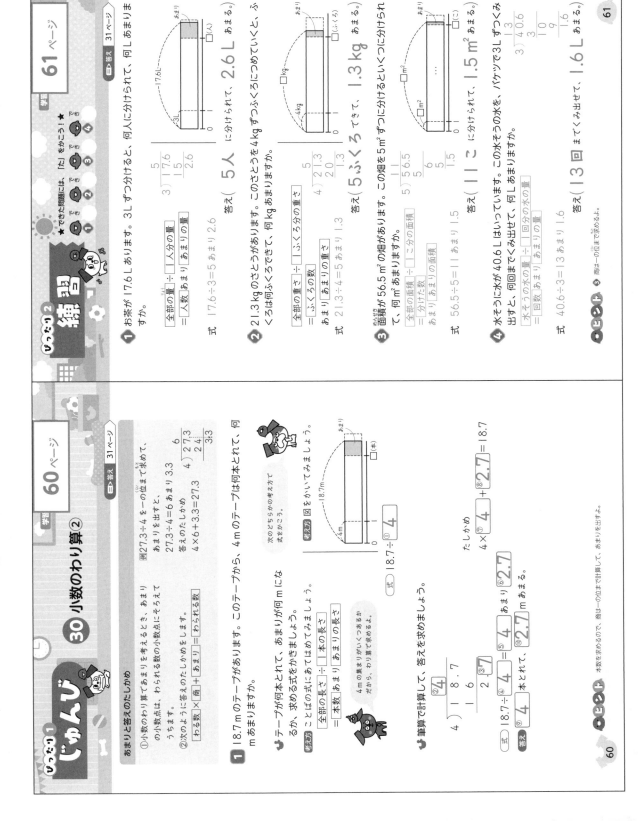

ぴったり1 じゅんび

31 小数のわり算③

答え 32ページ

がい数で表す

・小数のわり算でも、0をつけたして計算を続《つづ》けることができます。
わりきれないときには、商をがい数で表すことがあります。

例4.9÷3=1.633…より、1.63

例
```
    1.633
3 ) 4.9
    3
    19
    18
     10
      9
     10
      9
      1
```

1 2.6Lのジュースを同じ量《りょう》ずつ6人で分けるとき、1人分は何Lですか。上から2けたのがい数で求《もと》めましょう。

次のどちらかの考え方で式をかこう。

1人分は何Lか、求める式をかきましょう。

考え方 ことばの式にあてはめてみましょう。

全部の量 ÷ 分ける人数
= 1人分の量

考え方 図をかいてみましょう。

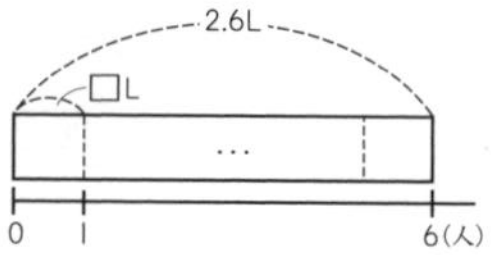

同じ量ずつ分けるのだから、わり算で求めるよ。

式 2.6÷① 6

筆算で計算して、答えを求めましょう。

```
       0.②4 3 ④3
6 ) 2.6
    2 4
      2 0
      1 8
        2 ③0
        1 8
          2
```

式 2.6÷⑤ 6 =⑥ 0.433…

答え 約《やく》⑦ 0.43 L

ヒント 上から2けたのがい数で表すときは、上から3けた目の数を四捨五入《ししゃごにゅう》するよ。

ぴったり2 練習

★できた問題には、「た」をかこう！★ でき 1 でき 2 でき 3 でき 4

答え 32ページ

1 4.7kgのすいかを同じ量《りょう》ずつ6人に分けるとき、1人分は何kgになりますか。$\frac{1}{10}$の位《くらい》までのがい数で求《もと》めましょう。

全部の重さ ÷ 分ける人数
= 1人分の重さ

```
    0.78
6 ) 4.7
    42
     50
     48
      2
```

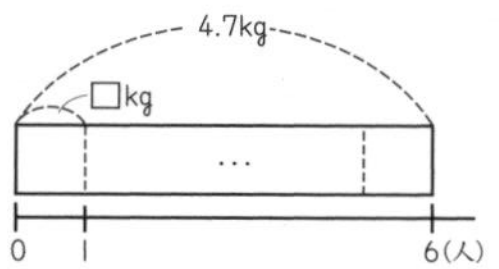

式 4.7÷6=0.78…

答え（ 約 0.8 kg ）

2 24.3mのテープを同じ長さずつ7本に分けるとき、1本の長さは何mになりますか。上から2けたのがい数で表しましょう。

全部の長さ ÷ 分ける本数
= 1本分の長さ

```
    3.47
7 ) 24.3
    21
     33
     28
      50
      49
       1
```

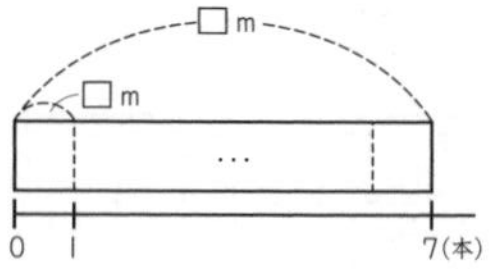

式 24.3÷7=3.47…

答え（ 約 3.5 m ）

3 20Lの水を等分して、11本のペットボトルに入れます。1本の水の量は何Lですか。上から2けたのがい数で表しましょう。

全部の水の量 ÷ 本数
= 1本分の水の量

```
     1.81
11 ) 20
     11
      90
      88
       20
       11
        9
```

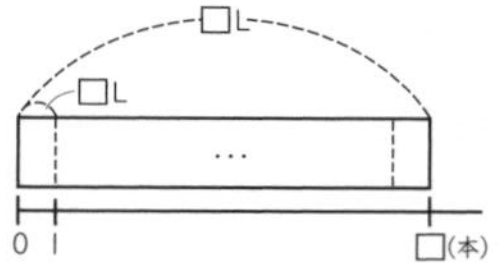

式 20÷11=1.81…

答え（ 約 1.8 L ）

4 12Lのガソリンで130km走る車は、ガソリン1Lで何km走りますか。上から3けたのがい数で表しましょう。

走るきょり ÷ ガソリンの量
= 1L分で走るきょり

```
     10.83
12 ) 130
     12
      100
       96
        40
        36
         4
```

式 130÷12=10.83…

答え（約 10.8 km）

ヒント 1 $\frac{1}{100}$の位の数を四捨五入《ししゃごにゅう》するよ。

62ページ

1 1人分の量《りょう》を求《もと》めるので、わり算を使います。上から3けた目の数を四捨五入《ししゃごにゅう》します。

63ページ

1 1人分の重さを求めるので、わり算を使います。$\frac{1}{100}$の位《くらい》の数を四捨五入します。

2 1本分の長さを求めるので、わり算を使います。上から3けた目の数を四捨五入します。

3 1本分の水の量を求めるので、わり算を使います。上から3けた目の数を四捨五入します。

4 1L分で走るきょりを求めるので、わり算を使います。上から4けた目の数を四捨五入します。

おうちのかたへ
小数のわり算の筆算をするときは、小数点の位置に気をつけさせましょう。ここでは、どの位を四捨五入するのかに注意させましょう。

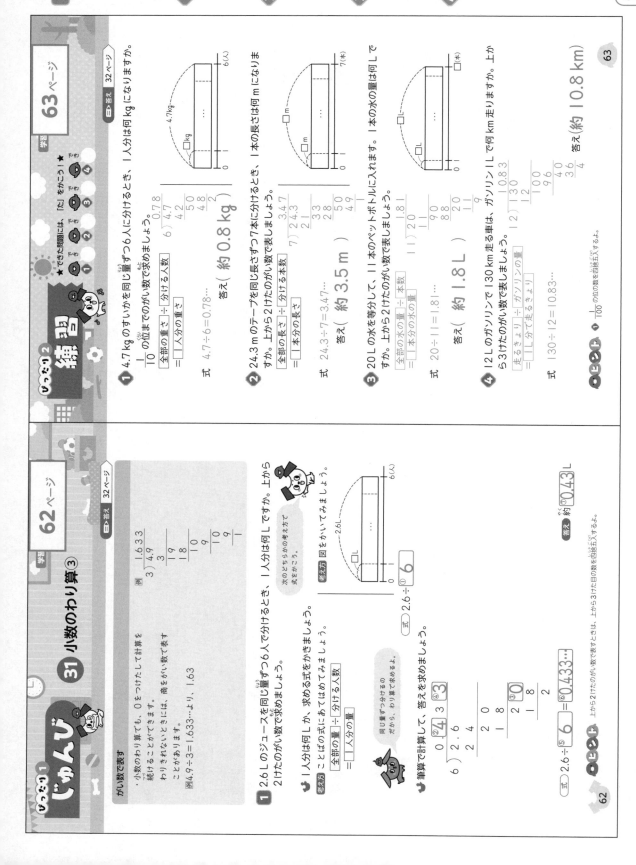

ぴったり1 じゅんび

32 小数のわり算④

学習 64ページ

答え 33ページ

何倍かを求《もと》める

・ある数がもとにする数の何倍かを求めるときは、わり算の式で表します。何倍かを表す数が小数になることもあります。

何倍かということは、もとにする大きさを1とみていくつになるかということです。

例 1.3倍は、もとの大きさを1としたとき、1.3にあたる大きさを表します。

1 重さのちがう3このボールがあります。赤、青のボールの重さは、それぞれ白のボールの重さの何倍ですか。

白	15g
赤	18g
青	27g

次のどちらかの考え方で式をかこう。

何倍になるか、求める式をそれぞれかきましょう。

考え方 赤いボールは、15gの□倍が18gなので、15×□=18、青いボールは、15gの□倍が27gなので、15×□=27 □にあてはまる数をそれぞれ求めます。

考え方 図をかいてみましょう。

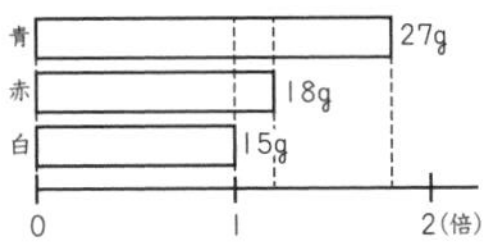

何倍かを求めるときは、わり算で求めるよ。

式 赤いボール 18÷①15

青いボール ②27÷15

筆算で計算して、答えを求めましょう。

```
      1.③2
15) 1 8
    1 5
    ───
      3 0
      3 0
      ───
        0
```

```
      1.④8
15) 2 7
    1 5
    ─────
    1 2 0
    1 2 0
    ─────
        0
```

式 赤 18÷⑤15=⑥1.2　青 ⑦27÷15=⑧1.8

答え 赤いボールの重さは、白いボールの重さの⑨1.2倍

青いボールの重さは、白いボールの重さの⑩1.8倍

ヒント もとにするボールの重さが何か、よく考えよう。

ぴったり2 練習

★できた問題には、「た」をかこう！★ でき 1 でき 2 でき 3

学習 65ページ

答え 33ページ

1 さとしさんは、長さが32cmの魚をつかまえました。弟がつかまえた魚の長さは20cmです。さとしさんがつかまえた魚の長さは、弟がつかまえた魚の長さの何倍ですか。

さとしさんの魚の長さ÷弟の魚の長さ＝何倍

```
      1.6
20) 32
    20
    ───
    120
    120
    ───
      0
```

式 32÷20=1.6

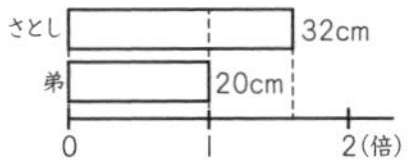

答え（ 1.6倍 ）

2 たかしさんは53.2m泳ぎ、だいちさんは28m泳ぎました。たかしさんが泳いだきょりは、だいちさんが泳いだきょりの何倍ですか。

たかしさんのきょり÷だいちさんのきょり＝何倍

```
      1.9
28) 53.2
    28
    ────
    252
    252
    ────
      0
```

式 53.2÷28=1.9

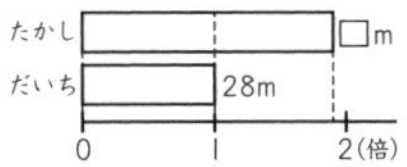

答え（ 1.9倍 ）

3 3つの飲み物があります。右の表はそれぞれの量《りょう》を表しています。牛にゅう、ジュースの量は、それぞれ水の量の何倍ですか。

水	300 mL
牛にゅう	540 mL
ジュース	720 mL

式 牛にゅうの量÷水の量＝何倍

牛にゅう 540÷300=1.8

ジュースの量÷水の量＝何倍

ジュース 720÷300=2.4

```
       1.8
300) 540
     300
     ────
     2400
     2400
     ────
        0
```

```
       2.4
300) 720
     600
     ────
     1200
     1200
     ────
        0
```

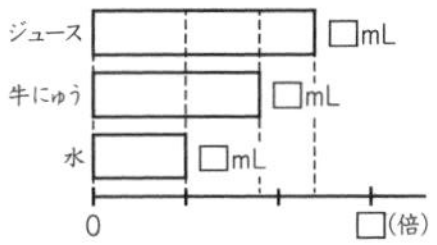

答え 牛にゅう（ 1.8倍 ）

ジュース（ 2.4倍 ）

ヒント 3 水の量を1とみて、それぞれ考えよう。

64ページ

1 何倍かを求《もと》めるときは、わり算を使います。筆算で計算するとき、答えの小数点は、わられる数の小数点にあわせてうちます。

65ページ

1 弟がつかまえた魚の長さがもとにする大きさです。

2 だいちさんが泳いだきょりがもとにする大きさです。

3 水の量《りょう》がもとにする大きさです。

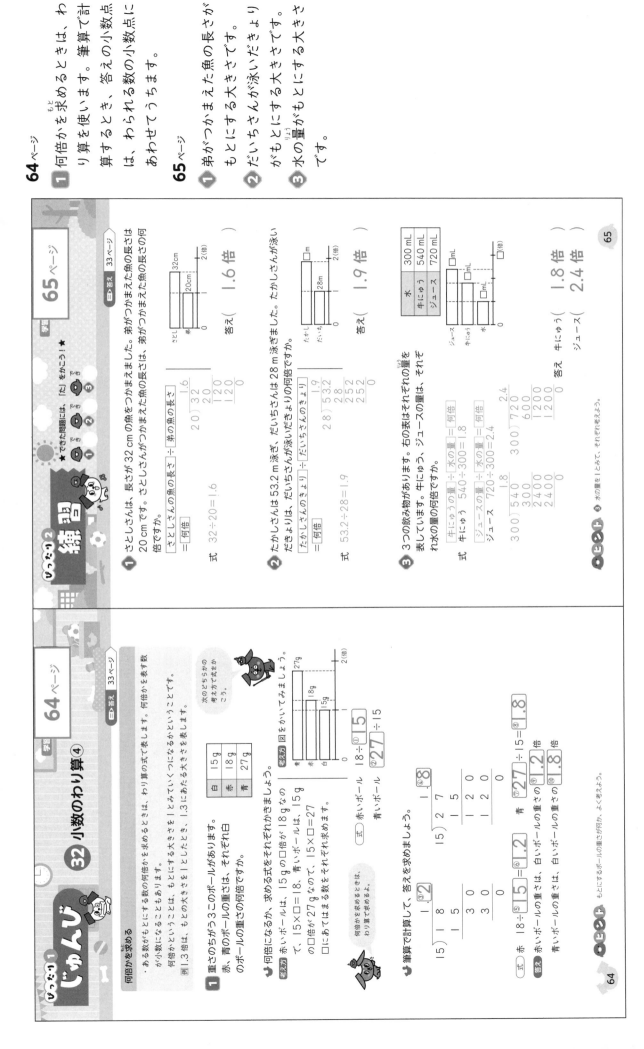

ぴったり1 じゅんび

33 調べ方と整理のしかた

学習 66ページ

答え 34ページ

2つのことがらについての整理のしかた

・2つのことがらについて調べるとき、1つのことがらを表のたてにとり、もう1つのことがらを横にとって整理します。
整理した表から、いろいろなことをよみとることができます。

1 けんたさんの学校で、1週間のけがについて調べました。

1週間のけが調べ

曜日	場所	体の部分	けがの種類《しゅるい》	曜日	場所	体の部分	けがの種類
月	ろうか	足	ねんざ	水	教室	うで	打ぼく
	教室	手	つき指	木	階だん	足	ねんざ
	運動場	足	打ぼく		体育館	足	打ぼく
	体育館	手	つき指		ろうか	顔	すりきず
	ろうか	うで	切りきず		運動場	足	こっせつ
火	教室	うで	すりきず	金	教室	手	つき指
	中庭	足	切りきず		体育館	足	切りきず
	体育館	足	ねんざ		中庭	うで	すりきず
水	教室	うで	切りきず		運動場	手	つき指
	体育館	手	つき指		運動場	足	打ぼく

この記録《きろく》をもとにして、どんな場所で体のどの部分にけがをする人が多いかを調べる表をつくりましょう。

考え方 記録を順《じゅん》に見て、いちばん最初《さいしょ》は「ろうかで足のけが」なので、下の表の「ろうか」と「足」のらんに正の字の一をかきます。このように、調べましょう。

場所＼体の部分	足	手	うで	顔	合計
体育館	下 3	T 2			5
ろうか	一 1		一 1	一 1	3
教室		T 2	下 3		5
運動場	下 3	一 1			4
中庭	一 1		一 1		2
階だん	一 1				1
合計	9	5	5	1	20

教室でうでのけがをした人は何人ですか。

答え ① 3 人

ヒント 数えまちがえないように注意しよう。

66

ぴったり2 練習

★できた問題には、「た」をかこう！★ でき《でき》① でき《でき》②

学習 67ページ

答え 34ページ

1 次の問題に答えましょう。

(1)前ページの「1週間のけが調べ」について、場所とけがの種類《しゅるい》について調べた下の表に正の字で数え、数字をかきましょう。

場所＼けがの種類	すりきず	切りきず	ねんざ	打ぼく	つき指	こっせつ	合計
体育館		一 1	一 1	一 (2) 1	T (3) 2		5
ろうか	一 1	一 1	一 1				3
教室	一 1	一 1		一 1	T 2		5
運動場	(2)			T 2	一 1	一 1	4
中庭	一 1	一 1					2
階だん			一 1				1
合計	3	4	3	4	5	1	20

(2)運動場で打ぼくをした人は何人ですか。

答え（ 2人 ）

(3)つき指をした人の合計は何人ですか。

答え（ 5人 ）

2 次の問題に答えましょう。

(1)前ページの「1週間のけが調べ」について、体の部分とけがの種類について調べた下の表に数字をかきましょう。

体の部分＼けがの種類	すりきず	切りきず	ねんざ	打ぼく	つき指	こっせつ	合計
足	(3)	T (2) 2	下 3	下 3		一 1	9
手					正 5		5
うで	(2) T 2	T 2		一 1			5
顔	一 1						1
合計	3	4	3	4	5	1	20

(2)うでに切りきずをした人は何人ですか。

答え（ 2人 ）

(3)足をけがした人の合計は何人ですか。

答え（ 9人 ）

ヒント 1 (2)運動場の横と打ぼくのたてが交わるところの数だよ。

67

66ページ

1 記録《きろく》をもとにして表をつくるとき、数を数えまちがえたり、2回数えたり、数えわすれたりしないようにしましょう。

67ページ

1 (1)記録をもとにして表をつくるとき、数を数えまちがえたり、2回数えたり、数えわすれたりしないようにしましょう。

(2)運動場の横と打ぼくのたてが交わるところをよみとります。

(3)つき指のたての数字を合計しましょう。

2 (2)うでの横と切りきずのたてが交わるところをよみとります。

(3)足の横の数字を合計しましょう。

おうちのかたへ

表を書くときは、ていねいに正の字を書き、数えまちがえないように注意させましょう。また横の合計とたての合計が同じ値になるか確認させましょう。

ぴったり1 じゅんび

34 分数のたし算①

学習 68ページ

答え 35ページ

分数のたし算のしかた

①分母が同じ分数のたし算では、分母はそのままにして、分子だけをたします。
②帯分数《たいぶんすう》は、仮分数《かぶんすう》になおすか、整数部分と分数部分に分けて計算します。

仮分数になおす

$1\frac{3}{5}+\frac{1}{5}=\frac{8}{5}+\frac{1}{5}$
$=\frac{9}{5}$

整数部分と分数部分に分ける

$1\frac{3}{5}+\frac{1}{5}=1+\frac{3}{5}+\frac{1}{5}$
$=1\frac{4}{5}$

1 2つのペットボトルに、ジュースがそれぞれ $\frac{5}{6}$ Lと $\frac{2}{6}$ Lはいっています。ジュースはあわせて何Lありますか。

あわせて何Lになるか、求《もと》める式をかきましょう。

あわせるから、たし算で求めるよ。

考え方 ことばの式にあてはめてみましょう。

ペットボトルにはいっている量《りょう》
＋もう1つのペットボトルにはいっている量
＝あわせた量

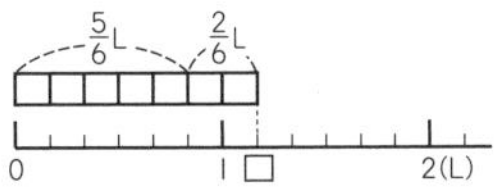

式 $\frac{5}{6}+$ ① $\frac{2}{6}$

計算して、答えを求めましょう。

$\frac{5}{6}$は、$\frac{1}{6}$が ② 5 こ、$\frac{2}{6}$は、$\frac{1}{6}$が ③ 2 こ。

あわせて、$\frac{1}{6}$が（④ 5 ＋ ⑤ 2）こ。

式 $\frac{5}{6}+$ ⑥ $\frac{2}{6}$ ＝ ⑦ $\frac{7}{6}\left(1\frac{1}{6}\right)$

答え ⑧ $\frac{7}{6}\left(1\frac{1}{6}\right)$ L

ヒント $\frac{1}{6}$の何こ分か考えて、計算しよう。

ぴったり2 練習

★できた問題には、「た」をかこう！★ でき 1 でき 2 でき 3 でき 4

学習 69ページ

答え 35ページ

1 お茶が、たかしさんの水とうの中には $\frac{4}{5}$ L、さとしさんの水とうの中には $\frac{2}{5}$ Lはいっています。2人のお茶をあわせると何Lありますか。

たかしさんのお茶の量《りょう》＋さとしさんのお茶の量
＝あわせた量

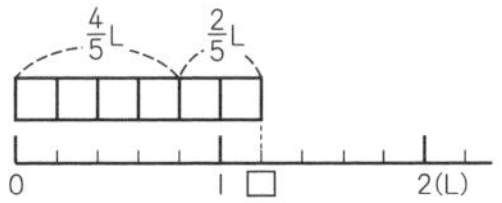

式 $\frac{4}{5}+\frac{2}{5}=\frac{6}{5}$

答え（ $\frac{6}{5}$L$\left(1\frac{1}{5}\text{L}\right)$ ）

2 さとうが $\frac{5}{8}$ kg、塩《しお》が $\frac{7}{8}$ kgあります。これらをあわせると何kgになりますか。

さとうの重さ＋塩の重さ＝あわせた重さ

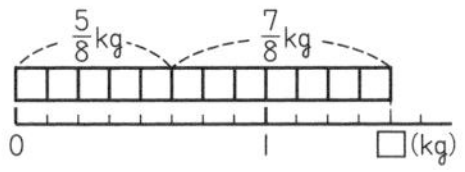

式 $\frac{5}{8}+\frac{7}{8}=\frac{12}{8}$

答え（ $\frac{12}{8}$kg$\left(1\frac{4}{8}\text{kg}\right)$ ）

3 今日は $1\frac{2}{9}$ km泳ぎ、昨日《きのう》は $\frac{5}{9}$ km泳ぎました。2日あわせると何km泳ぎましたか。

今日泳いだきょり＋昨日泳いだきょり
＝あわせたきょり

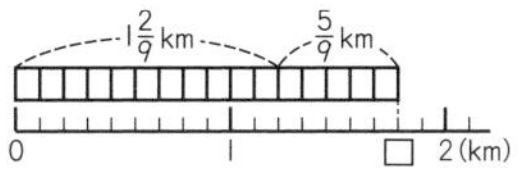

式 $1\frac{2}{9}+\frac{5}{9}=\frac{16}{9}$

答え（ $\frac{16}{9}$km$\left(1\frac{7}{9}\text{km}\right)$ ）

4 算数を $1\frac{3}{6}$ 時間勉強したあと、国語を $\frac{5}{6}$ 時間勉強しました。あわせて何時間勉強しましたか。

算数の勉強時間＋国語の勉強時間＝あわせた勉強時間

式 $1\frac{3}{6}+\frac{5}{6}=\frac{14}{6}$

答え（ $\frac{14}{6}$時間$\left(2\frac{2}{6}\text{時間}\right)$ ）

ヒント 3 4 帯分数《たいぶんすう》を仮分数《かぶんすう》になおしてから計算しよう。

68ページ

1 あわせた量《りょう》を求《もと》めるときは、たし算を使います。分母はそのままで、分子だけをたします。

69ページ

1 答えが仮分数《かぶんすう》になるときは、帯分数《たいぶんすう》になおしてもよいです。

2 あわせた量を求めるときは、たし算を使います。

3 帯分数を仮分数になおすか、整数部分と分数部分に分けて計算します。

$1\frac{2}{9}=\frac{11}{9}$ となります。

4 あわせた時間を求めるときは、たし算を使います。

$1\frac{3}{6}=\frac{9}{6}$ となります。

おうちのかたへ
約分は小学校5年で学習しますので、ここでは約分できても、約分していない分数を答えとしています。

ぴったり1 じゅんび

35 分数のたし算②

学習 70ページ

答え 36ページ

分数のたし算

・もとの数からある数分だけふえるときは、たし算をして、ふえたあとの数を求《もと》めます。

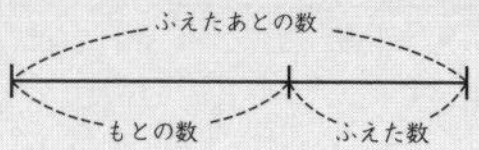

1 1年生のときの身長は $1\frac{1}{8}$ m でした。今、身長をはかると $\frac{2}{8}$ m ふえていました。今の身長は何 m ですか。

次のどちらかの考え方で式をかこう。

今の身長を、求める式をかきましょう。

考え方 ことばの式にあてはめてみましょう。

もとの数 ＋ ふえた数
＝ ふえたあとの数

もとの身長から、ふえるからたし算で求めるよ。

考え方 図をかいてみましょう。

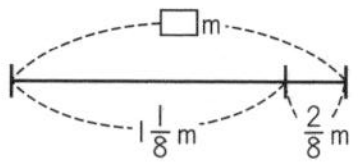

式 $1\frac{1}{8}+$ ① $\frac{2}{8}$

計算して、答えを求めましょう。

$1\frac{1}{8}=$ ② $\frac{9}{8}$ なので、

$1\frac{1}{8}+$ ③ $\frac{2}{8}$ $=$ ④ $\frac{9}{8}$ $+$ ⑤ $\frac{2}{8}$ $=$ ⑥ $\frac{11}{8}$

式 $1\frac{1}{8}+$ ⑦ $\frac{2}{8}$ $=$ ⑧ $\frac{11}{8}\left(1\frac{3}{8}\right)$

答え ⑨ $\frac{11}{8}\left(1\frac{3}{8}\right)$ m

ヒント 帯分数《たいぶんすう》を仮分数《かぶんすう》になおしてから、計算しよう。

ぴったり2 練習

★できた問題には、「た」をかこう！★ 1 2 3 4

学習 71ページ

答え 36ページ

1 お肉の量《りょう》を、いつもは $\frac{4}{9}$ kg で売っているのを、特売日《とくばいび》には $\frac{3}{9}$ kg ふやして売ります。特売日のお肉の量は何 kg ですか。

いつもの量 ＋ ふえた量 ＝ お肉の量

式 $\frac{4}{9}+\frac{3}{9}=\frac{7}{9}$

答え（ $\frac{7}{9}$ kg ）

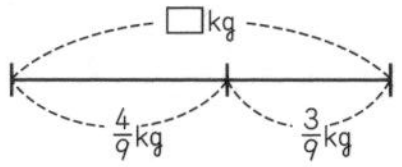

2 やかんに $\frac{6}{4}$ L の水がはいっています。そこに、$\frac{3}{4}$ L の水を入れてふやすと、やかんには何 L の水がはいっていますか。

最初《さいしょ》の水の量 ＋ ふえた量 ＝ やかんの水の量

式 $\frac{6}{4}+\frac{3}{4}=\frac{9}{4}$

答え（ $\frac{9}{4}$L$\left(2\frac{1}{4}\text{L}\right)$ ）

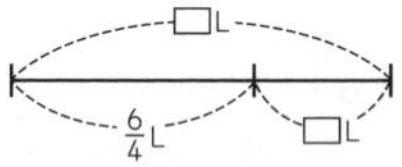

3 家から駅までの道のりは $1\frac{3}{5}$ km です。今週は工事中のため、回り道をすると、道のりは $\frac{1}{5}$ km ふえます。今週、家から駅までの道のりは何 km ですか。

家から駅までの道のり ＋ ふえた道のり
＝ 今週の家から駅までの道のり

式 $1\frac{3}{5}+\frac{1}{5}=\frac{9}{5}$

答え（ $\frac{9}{5}$km$\left(1\frac{4}{5}\text{km}\right)$ ）

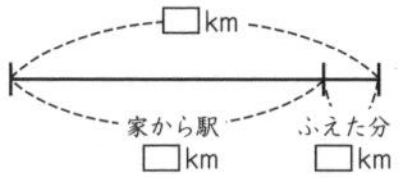

4 スキー場には雪が $2\frac{3}{7}$ m 積《つ》もっています。夜の間に雪がふって、$\frac{5}{7}$ m ふえました。積もっている雪は何 m ですか。

最初の雪の高さ ＋ ふえた分 ＝ 積もっている雪の高さ

式 $2\frac{3}{7}+\frac{5}{7}=\frac{22}{7}$

答え（ $\frac{22}{7}$m$\left(3\frac{1}{7}\text{m}\right)$ ）

ヒント 3 4 帯分数《たいぶんすう》を仮分数《かぶんすう》になおしてから計算しよう。

70ページ

1 ある数分だけふえるときは、たし算を使います。帯分数《たいぶんすう》を仮分数《かぶんすう》になおすか、整数部分と分数部分に分けて計算します。答えが仮分数になるときは、帯分数になおしてもよいです。

71ページ

1 分母はそのままで、分子だけをたします。

2 答えが仮分数になるときは、帯分数になおしてもよいです。

3 帯分数を仮分数になおすか、整数部分と分数部分に分けて計算します。

$1\frac{3}{5}=\frac{8}{5}$ になります。

4 $2\frac{3}{7}=\frac{17}{7}$ になるので、

$\frac{17}{7}+\frac{5}{7}=\frac{22}{7}$ です。

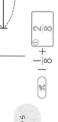

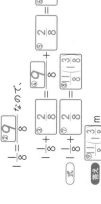

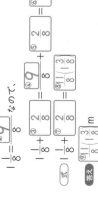

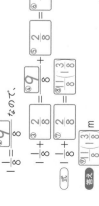

ぴったり1 じゅんび

36 分数のひき算①

学習 72ページ

答え 37ページ

分数のひき算のしかた

①分母が同じ分数のひき算では、分母はそのままにして、分子だけをひきます。
②帯分数《たいぶんすう》のひき算で、分数部分がひけないときは、整数部分から1くり下げて計算するか、仮分数《かぶんすう》になおして計算します。

整数部分から1くり下げる。

$2\frac{1}{5}-\frac{2}{5}=1\frac{6}{5}-\frac{2}{5}$
$=1\frac{4}{5}$

仮分数になおす。

$2\frac{1}{5}-\frac{2}{5}=\frac{11}{5}-\frac{2}{5}$
$=\frac{9}{5}$

1 $\frac{9}{7}$ L のジュースのうち、$\frac{4}{7}$ L を飲みました。ジュースは何 L 残《のこ》っていますか。

ジュースが何 L 残っているか、求《もと》める式をかきましょう。

考え方 ことばの式にあてはめてみましょう。

もとの量《りょう》 − 飲んだ量
= 残っている量

考え方 図をかいてみましょう。

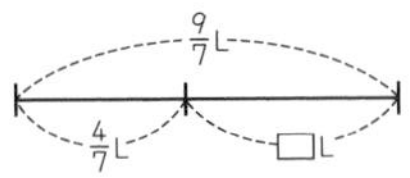

式 $\frac{9}{7}-$ ① $\frac{4}{7}$

計算して、答えを求めましょう。

$\frac{9}{7}$ は、$\frac{1}{7}$ が ② 9 こ、$\frac{4}{7}$ は、$\frac{1}{7}$ が ③ 4 こ。

残りは、$\frac{1}{7}$ が（④ 9 − ⑤ 4）こ。

式 $\frac{9}{7}-$ ⑥ $\frac{4}{7}$ = ⑦ $\frac{5}{7}$

答え ⑧ $\frac{5}{7}$ L

ヒント $\frac{1}{7}$ の何こ分か考えて、計算しよう。

ぴったり2 練習

学習 73ページ

★できた問題には、「た」をかこう！★ 1 でき 2 でき 3 でき 4 でき

答え 37ページ

1 $\frac{9}{5}$ m のリボンがあります。そのうち、$\frac{3}{5}$ m のリボンを使いました。リボンは何 m 残《のこ》っていますか。

もとの長さ − 使った長さ = 残りの長さ

式 $\frac{9}{5}-\frac{3}{5}=\frac{6}{5}$

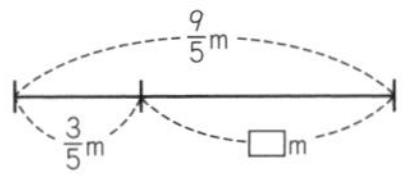

答え（ $\frac{6}{5}$m（$1\frac{1}{5}$m） ）

2 お湯 $\frac{7}{9}$ L のうち、$\frac{5}{9}$ L を使いました。お湯は何 L 残っていますか。

もとの量《りょう》 − 使った量 = 残りの量

式 $\frac{7}{9}-\frac{5}{9}=\frac{2}{9}$

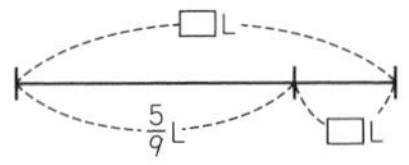

答え（ $\frac{2}{9}$ L ）

3 お米 $1\frac{5}{6}$ kg のうち、$\frac{4}{6}$ kg を食べました。お米は何 kg 残っていますか。

もとの量 − 食べた量 = 残りの量

式 $1\frac{5}{6}-\frac{4}{6}=\frac{7}{6}$

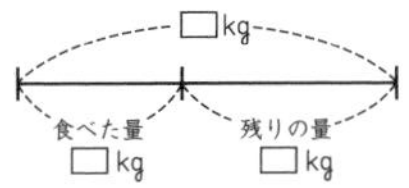

答え（ $\frac{7}{6}$kg（$1\frac{1}{6}$kg） ）

4 学校から図書館までの道のりは $1\frac{3}{8}$ km あります。学校から図書館に向かって $\frac{6}{8}$ km 歩きました。道のりは何 km 残っていますか。

学校から図書館までの道のり − 歩いた道のり = 残りの道のり

式 $1\frac{3}{8}-\frac{6}{8}=\frac{5}{8}$

答え（ $\frac{5}{8}$ km ）

ヒント 4 帯分数《たいぶんすう》の分数部分からひけないので、仮分数《かぶんすう》になおしてから計算しよう。

72ページ

1 残《のこ》りの量《りょう》を求《もと》めるときは、ひき算を使います。分母はそのままにして、分子だけをひきます。

73ページ

1 **2** 残りの大きさを求めるときは、ひき算を使います。分母はそのままで、分子だけをひきます。

3 $1\frac{5}{6}=\frac{11}{6}$ と仮分数《かぶんすう》になおしてから計算してもよいです。また、答えが仮分数になるときは、帯分数《たいぶんすう》になおしてもよいです。

4 分数部分がひけないときは、仮分数になおして計算します。$1\frac{3}{8}=\frac{11}{8}$ になります。

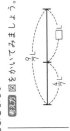

ぴったり1 じゅんび

37 分数のひき算②

学習 74ページ

答え 38ページ

2つの数のちがいを求《もと》める

・2つの数のちがいを求めるには、大きいほうの数から小さいほうの数をひいて求めます。
仮分数《かぶんすう》で表すとき、分母が同じ分数では、分子の数が大きいほど、大きな数になります。

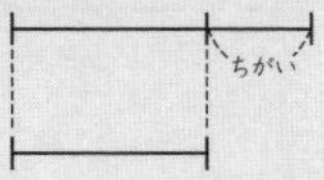

1 2つのびんに、それぞれりんごジュースが $1\frac{1}{6}$ Lとオレンジジュースが $\frac{5}{6}$ Lはいっています。2つのジュースの量《りょう》のちがいは何Lですか。

次のどちらかの考え方で式をかこう。

ちがいが何Lになるか、求める式をかきましょう。

考え方 ことばの式にあてはめてみましょう。

りんごジュースの量
－オレンジジュースの量
＝ちがいの量

ちがいを求めるので、ひき算をするよ。

考え方 図をかいてみましょう。

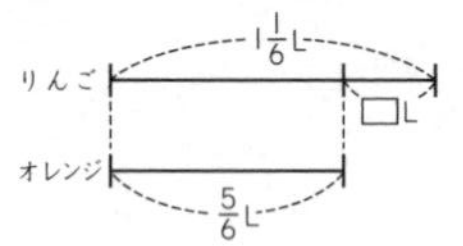

式 $1\frac{1}{6}-$ ① $\frac{5}{6}$

計算して、答えを求めましょう。

$1\frac{1}{6}=$ ② $\frac{7}{6}$ なので、

$1\frac{1}{6}-$ ③ $\frac{5}{6}$ ＝ ④ $\frac{7}{6}$ － ⑤ $\frac{5}{6}$ ＝ ⑥ $\frac{2}{6}$

式 $1\frac{1}{6}-$ ⑦ $\frac{5}{6}$ ＝ ⑧ $\frac{2}{6}$

答え ⑨ $\frac{2}{6}$ L

ヒント $1\frac{1}{6}$ を仮分数になおしてから、$\frac{5}{6}$ と大きさをくらべよう。

ぴったり2 練習

学習 75ページ

★できた問題には、「た」をかこう！★ ①でき ②でき ③でき ④でき

答え 38ページ

1 家から駅までの道のりは $\frac{7}{8}$ km、学校から駅までの道のりは $\frac{3}{8}$ kmです。この2つの道のりのちがいは何kmですか。

家から駅まで－学校から駅まで
＝ちがいの道のり

式 $\frac{7}{8}-\frac{3}{8}=\frac{4}{8}$

答え（ $\frac{4}{8}$ km ）

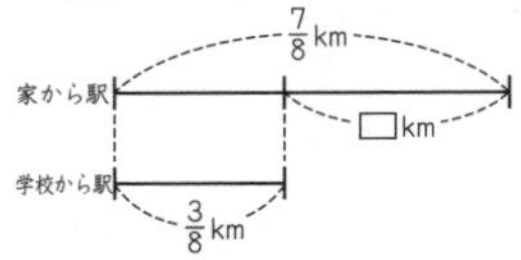

2 赤いテープの長さは $\frac{9}{4}$ m、青いテープの長さは $\frac{6}{4}$ mです。赤いテープと青いテープの長さのちがいは何mですか。

赤いテープの長さ－青いテープの長さ
＝ちがいの長さ

式 $\frac{9}{4}-\frac{6}{4}=\frac{3}{4}$

答え（ $\frac{3}{4}$ m ）

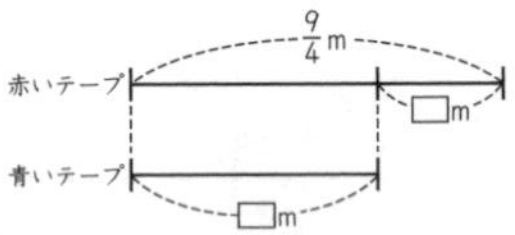

3 畑の広さは $1\frac{5}{9}$ m²、花だんの広さは $\frac{7}{9}$ m²です。畑と花だんの広さのちがいは何m²ですか。

畑の広さ－花だんの広さ＝ちがいの広さ

式 $1\frac{5}{9}-\frac{7}{9}=\frac{7}{9}$

答え（ $\frac{7}{9}$ m² ）

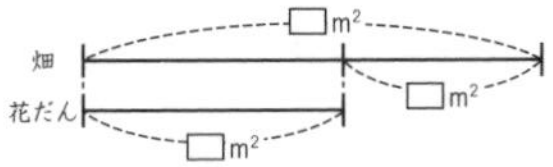

4 かぼちゃの重さは $2\frac{5}{7}$ kg、はくさいの重さは $1\frac{6}{7}$ kgです。かぼちゃとはくさいの重さのちがいは何kgですか。

かぼちゃの重さ－はくさいの重さ＝ちがいの重さ

式 $2\frac{5}{7}-1\frac{6}{7}=\frac{6}{7}$

答え（ $\frac{6}{7}$ kg ）

ヒント ③④ 帯分数《たいぶんすう》を仮分数《かぶんすう》になおしてから、大きさをくらべて計算しよう。

74ページ

1 ちがいの量《りょう》を求《もと》めるときは、ひき算を使います。分数部分がひけないので、仮分数《かぶんすう》になおして計算します。

75ページ

1 ちがいの道のりを求めるときは、ひき算を使います。分母はそのままで、分子だけをひきます。

2 ちがいの長さを求めるときは、ひき算を使います。分母はそのままで、分子だけをひきます。

3 ちがいの広さを求めるときは、ひき算を使います。広い方からせまい方の広さをひきます。分数部分がひけないので、仮分数になおして計算します。

$1\frac{5}{9}=\frac{14}{9}$

4 ちがいの重さを求めるときは、ひき算を使います。重い方から軽い方の重さをひきます。分数部分がひけないので、仮分数になおして計算します。

$2\frac{5}{7}=\frac{19}{7}$、$1\frac{6}{7}=\frac{13}{7}$

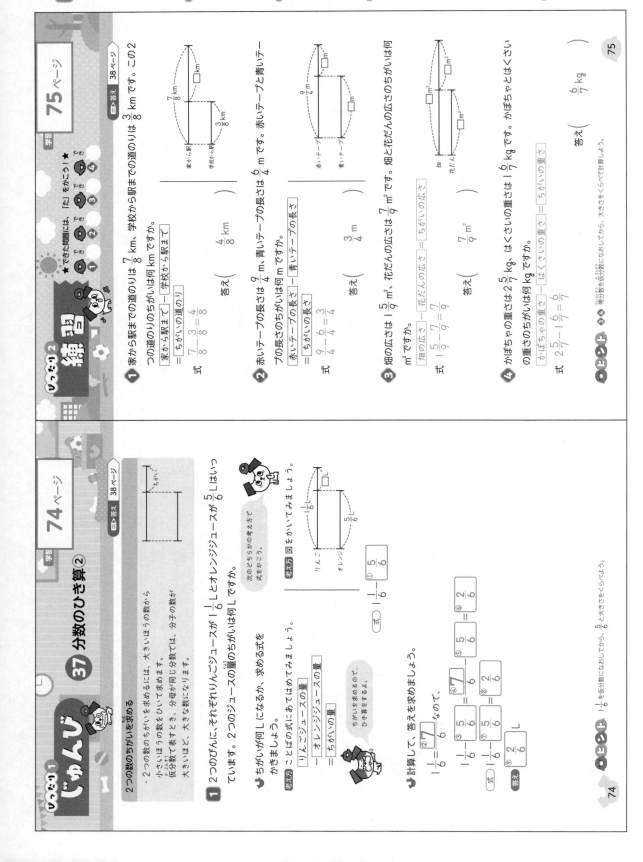

ぴったり1 じゅんび

38 変わり方①

学習 76ページ

答え 39ページ

変《か》わり方を調べる

- 2つの数の間に、一方の数がふえると、それにともなって一方の数がふえたり、へったりする関係《かんけい》があるとき、よりくわしく調べるために表をかくと、2つの数の関係がわかりやすくなります。
- 2つの数の関係が式で表せるとき、一方の数が決まれば、もう一方の数を計算で求《もと》めることができます。

1 長さ 14 cm のはり金で、長方形をつくります。
たての長さと横の長さの関係を式に表しましょう。

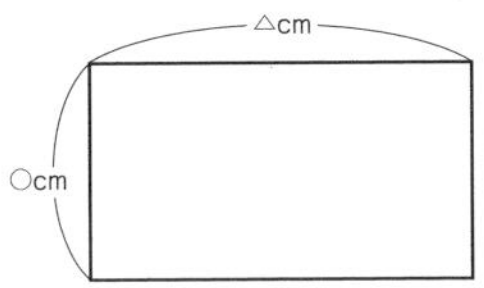

たての長さと横の長さの関係を表にしてみましょう。

考え方 たてと横の長さの和がいくつになるのか、考えてみましょう。

たての長さ(cm)	1	2	3	4	5	6
横の長さ(cm)	①6	②5	③4	④3	⑤2	⑥1

たての長さを○cm、横の長さを△cm として、式に表しましょう。

式 ○＋△＝⑦ 7

2 ひなたさんのお姉さんは、ひなたさんより4才年上です。ひなたさんとお姉さんのたんじょう日は同じです。ひなたさんの年れいと、お姉さんの年れいの関係を式に表しましょう。

2人の年れいの変わり方を、表にかいて調べましょう。

考え方 年れいの差《さ》を考えて表をつくりましょう。

ひなたさん(才)	10	11	12	13	14	15
お姉さん(才)	①14	②15	③16	④17	⑤18	⑥19

ひなたさんの年れいを○才、お姉さんの年れいを△才として、○と△の関係を式に表しましょう。

式 △−○＝⑦ 4

ヒント 2つの数の関係を式に表すときは、表をかいてから考えよう。

ぴったり2 練習

★できた問題には、「た」をかこう！★ で《で》き《き》 1 で《で》き《き》 2

学習 77ページ

答え 39ページ

1 20 このビーズをかんじさんとそのかさんで分けます。次の表は、かんじさんがもらうこ数と、そのかさんがもらうこ数の関係《かんけい》を表したものです。

(1)表を完成《かんせい》させましょう。

かんじさん(こ)	1	2	3	4	5	6
そのかさん(こ)	19	18	17	16	15	14

(2)かんじさんがもらうこ数を○こ、そのかさんがもらうこ数を△こととして、○と△の関係を式に表しましょう。

答え（ ○＋△＝20 ）

(3)かんじさんが 12 こもらうとき、そのかさんは何こもらいますか。

12＋△＝20
△＝20−12＝8

答え（ 8こ ）

2 兄のちょ金箱には 1000 円、弟のちょ金箱には 600 円それぞれはいっています。毎月、それぞれ 100 円ずつちょ金箱に入れます。次の表は、兄がちょ金したお金と弟がちょ金したお金の関係を表したものです。

(1)表を完成させましょう。

兄(円)	1100	1200	1300	1400	1500	1600
弟(円)	700	800	900	1000	1100	1200

(2)兄がちょ金したお金を○円、弟がちょ金したお金を△円として、○と△の関係を式に表しましょう。

答え（ ○−△＝400 ）

(3)弟がちょ金したお金が 1000 円のとき、兄がちょ金したお金は何円ですか。

○−1000＝400
○＝400＋1000＝1400

答え（ 1400 円 ）

ヒント 2 (3)○と△の関係を表した式を利用《りよう》しよう。

76ページ

1 たての長さと横の長さの和は、すべて7cmになります。

2 お姉さんの年れいとひなたさんの年れいの差《さ》は、すべて4才になります。

77ページ

1 (1)20 このビーズを2人で分けるので、20 こからかんじさんがもらうこ数をひくと、そのかさんがもらうこ数がわかります。

(2)2人がもらうビーズのこ数をあわせると、すべて 20 こになります。

(3)△を求《もと》めるためには、ひき算を使います。

2 (1)弟は毎月、100 円ずつちょ金箱に入れるので、ちょ金したお金は 100 円ずつふえていきます。

(2)2人がちょ金したお金のちがいは、すべて 400 円になります。

(3)○を求めるためには、たし算を使います。

78ページ

1 一方の数が１ふえると、もう一方の数が３ふえることがわかります。

79ページ

1 (1)えん筆が１本ふえると、えん筆の代金は60円ふえます。

(2)代金は、１本のえん筆のねだん×本数です。

(3)○を求《もと》めるためには、わり算を使います。

2 (1)マッチぼうの数を数えまちがえないようにしましょう。正方形の数が１ふえると、マッチぼうの数は３ふえることがわかります。

(2)正方形のこ数の３倍と、マッチぼうの数をくらべてみましょう。

(3)○を求めるためには、まず34－１を計算してから、33÷3を計算します。

おうちのかたへ
２つの数の関係を表す式から、いろいろな値が求められるように練習させましょう。

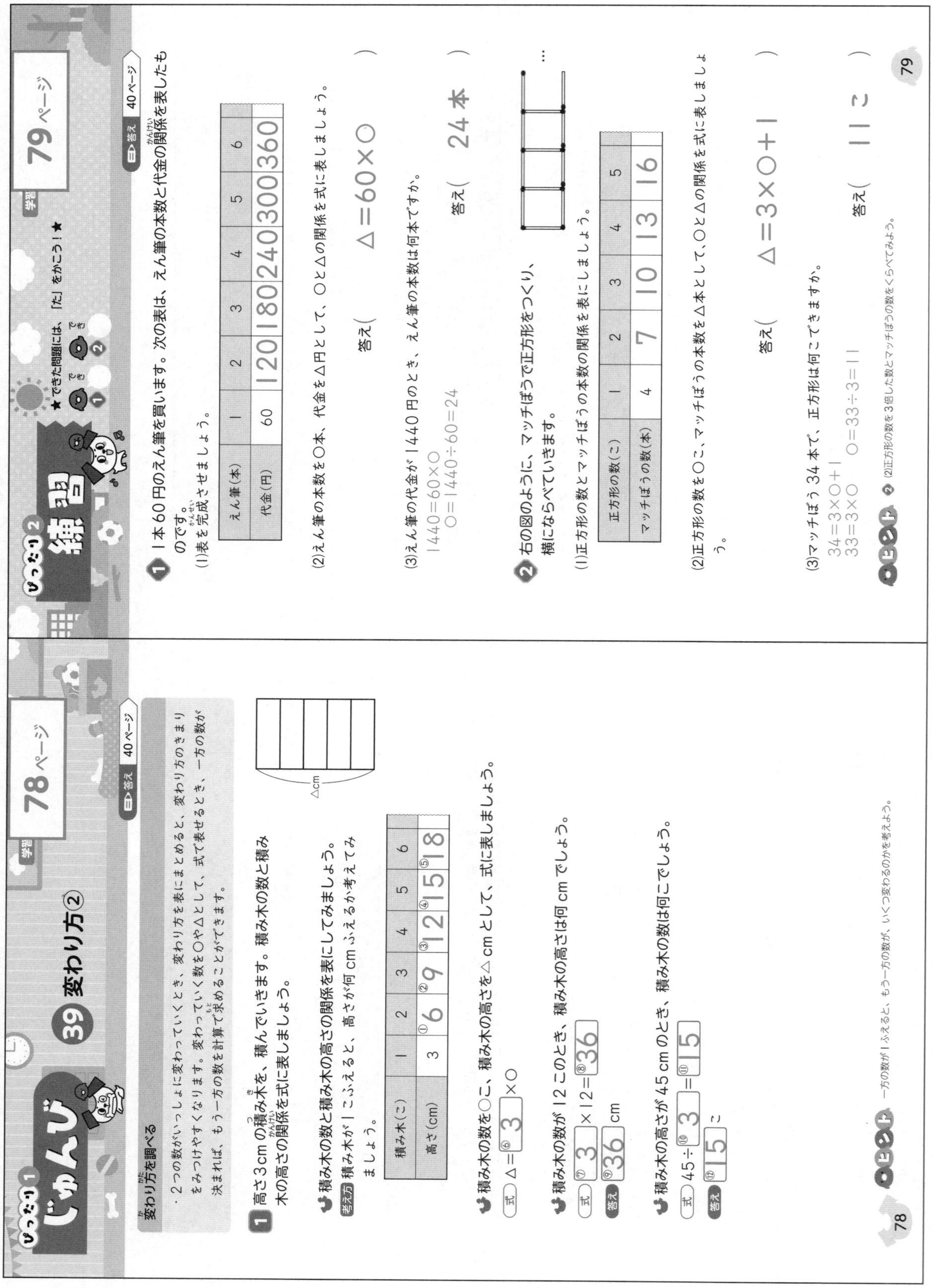

ぴったり1 じゅんび　39 変わり方②　学習日 78ページ　答え 40ページ

変《か》わり方《かた》を調べる

２つの数がいっしょに変わっていくとき、変わり方を表にまとめると、変わり方のきまりをみつけやすくなります。変わっていく数を○や△として、式で表せるとき、一方の数が決まれば、もう一方の数を計算で求《もと》めることができます。

1 高さ３cmの積《つ》み木を、積んでいきます。積み木の数と積み木の高さの関係《かんけい》を式に表しましょう。

❶ 積み木の数と積み木の高さの関係を表にしてみましょう。

考え方 積み木が１ふえると、高さが何cmふえるか考えてみましょう。

積み木(こ)	1	2	3	4	5	6
高さ(cm)	3	①6	②9	③12	④15	⑤18

❷ 積み木の数を○こ、積み木の高さを△cmとして、式に表しましょう。

式 △＝⑥3×○

❸ 積み木の数が12このとき、積み木の高さは何cmでしょう。

式 ⑦3×12＝⑧36　答え ⑨36 cm

❹ 積み木の高さが45cmのとき、積み木の数は何こでしょう。

式 45÷⑩3＝⑪15　答え ⑫15 こ

ヒント 一方の数が１ふえると、もう一方の数が、いくつ変わるのかを考えよう。

78

ぴったり2 練習　★できた問題には、「た」をかこう！★　学習日 79ページ　答え 40ページ

1 １本60円のえん筆を買います。次の表は、えん筆の本数と代金の関係《かんけい》を表したものです。

(1)表を完成《かんせい》させましょう。

えん筆(本)	1	2	3	4	5	6
代金(円)	60	120	180	240	300	360

(2)えん筆の本数を○本、代金を△円として、○と△の関係を式に表しましょう。

答え（ △＝60×○ ）

(3)えん筆の代金が1440円のとき、えん筆の本数は何本ですか。

1440＝60×○
○＝1440÷60＝24

答え（ 24本 ）

2 右の図のように、マッチぼうで正方形をつくり、横にならべていきます。

(1)正方形の数とマッチぼうの本数の関係を表にしましょう。

正方形の数(こ)	1	2	3	4	5
マッチぼうの数(本)	4	7	10	13	16

(2)正方形の数を○こ、マッチぼうの本数を△本として、○と△の関係を式に表しましょう。

答え（ △＝3×○＋1 ）

(3)マッチぼう34本で、正方形は何こできますか。

34＝3×○＋1
33＝3×○　○＝33÷3＝11

答え（ 11こ ）

ヒント ❷ (2)正方形の数を３倍した数とマッチぼうの数をくらべてみよう。

79

ぴったり3
たしかめのテスト 4年生のまとめ

学習日 80ページ

時間 20分

/100

ごうかく 70点

答え 41ページ

❶ 183まいのカードを8人で同じ数ずつ分けます。1人分は何まいになり、何まいあまりますか。 式・答え 各5点(10点)

式 183÷8=22 あまり 7

答え(22 まいになり、7 まいあまる。)

❷ あるお店でジュースを8本買ったら、60円まけてくれたので代金は900円でした。ジュース1本のねだんはいくらですか。 式10点・答え5点(15点)

式 (900+60)÷8=120

答え(120円)

❸ 高さ12.6 cmのブロックを6こ積《つ》み上げるとき、高さは何cmになりますか。 式・答え 各5点(10点)

式 12.6×6=75.6

答え(75.6 cm)

❹ $2\frac{3}{7}$ kgの塩《しお》があります。このうち $\frac{6}{7}$ kgを使いました。残《のこ》りは何kgですか。 式・答え 各5点(10点)

式 $2\frac{3}{7}-\frac{6}{7}=\frac{11}{7}$

答え($\frac{11}{7}$ kg($1\frac{4}{7}$ kg))

❺ 1箱にかんづめが24こはいっています。365箱あるとき、かんづめは全部で約《やく》何こありますか。がい数で求《もと》めましょう。 式10点・答え5点(15点)

式 20×400=8000

答え(約8000こ)

❻ 公園で□人の子どもが遊んでいます。そこへ5人遊びに来ました。5時になると、8人が帰ったので12人になりました。□にあてはまる数を求めましょう。 式10点・答え5点(15点)

式 □+5−8=12

答え(15)

❼ ゴムA《エー》はもとの長さが30 cmで、90 cmまでのびます。ゴムB《ビー》はもとの長さが40 cmで、100 cmまでのびます。 (1)式10点・答え5点 (2)10点(25点)

(1)ゴムBがのびた後の長さは、のびる前の長さの何倍ですか。

式 100÷40=2.5

答え(2.5倍)

(2)ゴムAとゴムBでは、どちらがよくのびるといえますか。また、そのわけも答えましょう。

わけ ゴムAがのびた後の長さはのびる前の長さの3倍で、ゴムBの2.5倍より大きいから。

答え(ゴムA)

❶ 同じ数ずつ分けるので、わり算を使います。あまりの数はわる数よりも小さくなります。

❷ まけてくれる前のねだんは900+60=960(円)です。

❸ かけ算の筆算では、答えの小数点はかけられる数の小数点にそろえてうちます。

❹ 分数部分がひけないときは、整数部分から1くり下げて計算するか、仮分数《かぶんすう》になおして計算します。

$2\frac{3}{7}=\frac{17}{7}$

❺ がい数のかけ算では、かけられる数もかける数も上から1けたのがい数にしてから計算します。

❻ □を使って式に表すと、□+5−8=12となります。

❼ (2)ゴムA《エー》がのびた後の長さがのびる前の長さの何倍になっているか求《もと》めると、90÷30=3(倍)です。どちらのゴムも60 cmのびているので同じのび方であると考えるのはあやまりです。割合《わりあい》を使ってくらべるようにしましょう。

4年 チャレンジテスト①

名前　　月　日

時間 40分　ごうかく70点　／100

答え42ページ

1 次の計算をしましょう。⑪～⑭の問題では、□にあてはまる数を求《もと》めましょう。　各2点(28点)

① 54÷3
3）54 ＝ 18
3
24
24
0

② 234÷6
6）234 ＝ 39
18
54
54
0

③ 2.36＋1.78
2.36
＋1.78
4.14

④ 6.8－0.25
6.8
－0.25
6.55

⑤ 90÷15
15）90 ＝ 6
90
0

⑥ 781÷28
28）781 ＝ 27
56
221
196
25

⑦ (5＋8)×5
＝13×5
＝65

⑧ 100＋32×4
＝100＋128
＝228

⑨ 300－21×9
＝300－189
＝111

⑩ 6×7＋2×4
＝42＋8
＝50

⑪ □＋8＝21
□＝21－8
＝13

⑫ □－93＝25
□＝25＋93
＝118

⑬ □×16＝80
□＝80÷16
＝5

⑭ □÷4＝65
□＝65×4
＝260

2 下のグラフは、ある年の月別《つきべつ》の気温を調べて折《お》れ線《せん》グラフにしたものです。　各3点(12点)

月別の気温

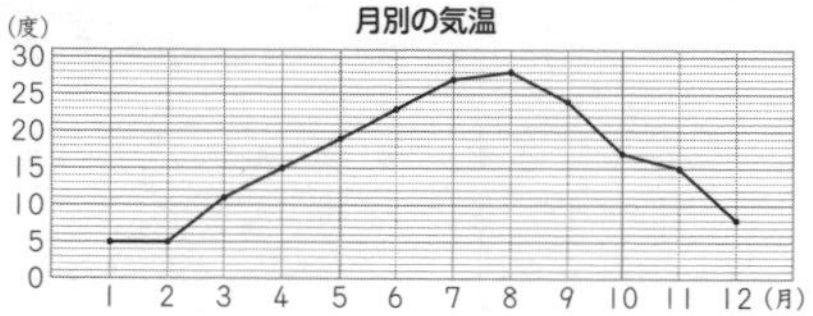

① 気温がいちばん高かったのは、何月で何度ですか。

答え（ 8月で28度 ）

② 気温が4月と同じだったのは、何月ですか。

答え（ 11月 ）

③ 気温の変化《へんか》がなかったのは、何月から何月の間ですか。

答え（ 1月から2月の間 ）

④ 気温の上がり方がいちばん大きいのは、何月から何月の間で、何度上がりましたか。

答え（ 2月から3月の間で、6度上がった。）

3 赤いリボンの長さは 1.56 m、青いリボンの長さは 3.44 mです。　式・答え 各3点(12点)

① 赤いリボンと青いリボンの長さをあわせると何mになりますか。

式 1.56＋3.44＝5

答え（ 5m ）

② 赤いリボンと青いリボンの長さのちがいは何mですか。

式 3.44－1.56＝1.88

答え（ 1.88m ）

チャレンジテスト①(表)　　●うらにも問題があります。

チャレンジテスト① おもて

1 ①②わり算の筆算は、商が立つ位《い》置《ち》に注意して、計算します。

④6.8 の小数第2位には0があると考えて計算します。

6.80
－0.25
6.55

⑦(　)の中を先に計算します。

⑧かけ算とわり算は、たし算とひき算より先に計算するので、まず、32×4＝128 を計算します。

⑨21×9＝189 を先に計算します。

⑩6×7＝42、2×4＝8 を先に計算してから、これらをたします。

⑪□に8をたしているので、21から8をひけばよいです。

⑫□から 93 をひいているので、25 に 93 をたせばよいです。

⑬□に 16 をかけているので、80 を 16 でわればよいです。

⑭□を4でわっているので、65に4をかければよいです。

2 ①折《お》れ線《せん》グラフのいちばん上が、気温がいちばん高かった月になります。横のじくから8月、たてのじくから 28 度とわかります。

②折れ線グラフで、4月と同じ高さにある点が同じ気温だった月になります。

③折れ線グラフが右のようになっているときは、変化《へんか》がないところです。

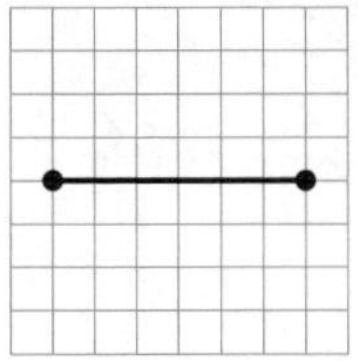

④折れ線グラフのかたむきが大きいほど、変化が大きいことを表しています。気温の上がり方がいちばん大きいのは、左下から右上に大きくかたむいている2月から3月の間になります。

3 ①長さをあわせるときはたし算になります。小数点をそろえてたします。

1.56
＋3.44
5.00

小数点以下《いか》の数字が0になるので、答えは整数で書きます。

②長さのちがいは、長いほうから短いほうをひいて求《もと》めます。

3.44
－1.56
1.88

4 色紙が470まいあります。1人に28まいずつ配ると、何人に分けられて、何まいあまりますか。　式・答え 各3点(6点)

式　470÷28=16 あまり 22

答え（16人に分けられて、22まいあまる。）

5 さとしさんとひろしさんがあるゲームをしました。さとしさんのとく点は68点で、ひろしさんのとく点の4倍でした。ひろしさんのとく点は何点ですか。　式・答え 各3点(6点)

式　68÷4=17

答え（17点）

6 いくつかのみかんを13こずつ1ふくろに入れたところ、26ふくろできて、みかんが5こあまりました。みかんは全部で何こありましたか。1つの式に書いて求めましょう。　式・答え 各3点(6点)

式　13×26+5
=338+5
=343

答え（343こ）

7 駅から図書館までの道のりは3.85kmあります。駅から図書館に向かって3.29km自転車で進みました。残《のこ》りの道のりは何kmですか。　式・答え 各3点(6点)

式　3.85−3.29=0.56

答え（0.56km）

8 先週のあさがおの高さは112.3cmでした。今週はかると5.9cmふえていました。今週のあさがおの高さは、何cmですか。　式・答え 各3点(6点)

式　112.3+5.9=118.2

答え（118.2cm）

9 1こ168円のりんごを3こと、1こ86円のみかんを5こ買ったときの代金を、1つの式に書いて求めましょう。　式・答え 各3点(6点)

式　168×3+86×5
=504+430
=934

答え（934円）

10 おはじきを右の図のようにならべました。　各4点(12点)

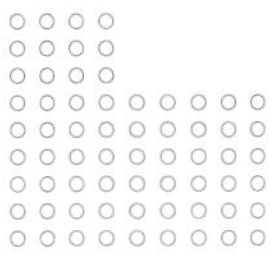

① おはじきの数を求めるのに、下の図のように考えました。この考え方を使って、おはじきの数を求める式を1つの式で表しましょう。

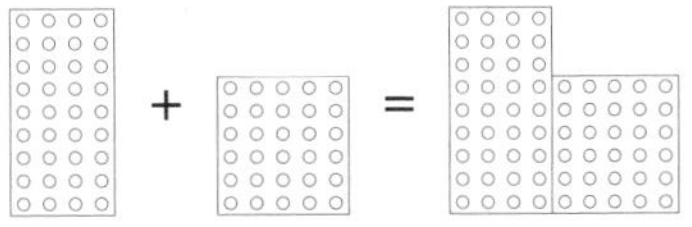

答え（9×4+6×5）

② おはじきの数を求めるのに、下の図のように考えました。この考え方を使って、おはじきの数を求める式を1つの式で表しましょう。

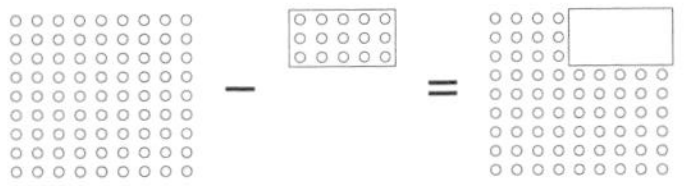

答え（9×9−3×5）

③ おはじきの数は何こですか。

9×4+6×5=36+30
=66
9×9−3×5=81−15
=66

答え（66こ）

チャレンジテスト① うら

4 全体を同じ数の集まりで分けるとき、同じ数の集まりがいくつあるかを求《もと》めるときは、わり算を使います。

```
      16
28) 470
    28
    190
    168
     22
```

［全体のまい数］÷［1人分のまい数］=［人数］あまり［残《のこ》りのまい数］になります。

5 ひろしさんのとく点を□点とすると、□×4=68となるので、□=68÷4=17となります。

6 ［ふくろに入っているこ数］+［あまっているこ数］=［全体のこ数］になります。ふくろに入っているみかんの数は、13×26=338(こ)です。みかんが5こあまっているので、みかん全体のこ数は、338+5=343(こ)となります。

7 残りを求めるときは、ひき算をします。

［駅から図書館までの道のり］−［進んだ道のり］=［残りの道のり］になります。

8 もとの数から、ある数だけふえるときは、たし算をします。

［先週の高さ］+［ふえた分］=［今週の高さ］になります。

9 ［りんごの代金］+［みかんの代金］=［合計の代金］になります。りんごの代金は168×3=504(円)、みかんの代金は86×5=430(円)になります。

10 ①右の図のように、おはじきの数を、2つの長方形に分けて考えています。左側《ひだりがわ》の長方形はたてに9こ、横に4こならんでいるので、全部で9×4=36(こ)になります。右側の長方形はたてに6こ、横に5こならんでいるので、全部で6×5=30(こ)になります。全部のおはじきの数は、これらをたします。

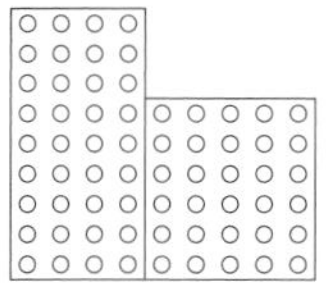

②右の図のようにたて9こ、横9こにならんだ正方形から、たて3こ、横5この長方形をひいて考えます。

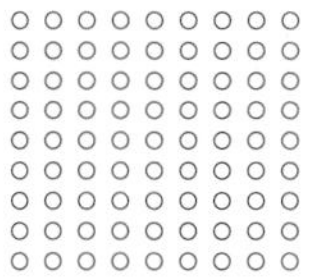

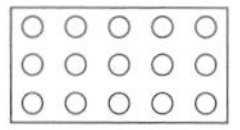

正方形のおはじきの数は、9×9=81(こ)です。右上の長方形のおはじきの数は、3×5=15(こ)になります。

4年 チャレンジテスト②

名前　　　　月　　日

時間 40分　ごうかく70点　／100

答え44ページ

1 次の計算をしましょう。⑤は商を一の位《くらい》まで求《もと》めて、あまりもだしましょう。④、⑥はわり切れるまで計算しましょう。　各3点(30点)

① $3.5 \times 8 = 28.0$

② 0.86×39：774、258、33.54

③ $8+1.2\times9$
$=8+10.8$
$=18.8$

④ $8.4 \div 3 = 2.8$（6、24、24、0）

⑤ $25.8 \div 6 = 4$（24、あまり1.8）

⑥ $15 \div 4 = 3.75$（12、30、28、20、20、0）

⑦ $1\frac{2}{5}+\frac{4}{5}$
$=\frac{7}{5}+\frac{4}{5}$
$=\frac{11}{5}\left(=2\frac{1}{5}\right)$

⑧ $2\frac{3}{8}+\frac{5}{8}$
$=2+\frac{3}{8}+\frac{5}{8}$
$=2+\frac{8}{8}$
$=2+1$
$=3$

⑨ $3\frac{1}{6}-\frac{5}{6}$
$=\frac{19}{6}-\frac{5}{6}$
$=\frac{14}{6}\left(=2\frac{2}{6}\right)$

⑩ $4\frac{1}{4}-3\frac{3}{4}$
$=\frac{17}{4}-\frac{15}{4}$
$=\frac{2}{4}$

2 ある遊園地の土曜日の入場者数は45187人、日曜日の入場者数は62521人でした。2日間の入場者数は、あわせて約《やく》何万何千人になりますか。　式・答え 各3点(6点)

式　45000+63000=108000

答え（約10万8千人）

3 次の問いに答えましょう。　式・答え 各3点(12点)

① たてが10cm、横が30cmの長方形の紙があります。面積《めんせき》は何cm^2ですか。

式　10×30=300

答え（$300 cm^2$）

② 1辺《へん》が50mの正方形の土地があります。面積は何m^2ですか。

式　50×50=2500

答え（$2500 m^2$）

4 右の図形の面積は何cm^2ですか。　式・答え 各4点(8点)

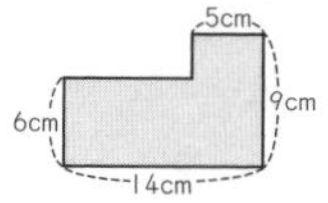

式　6×(14−5)+9×5=99

答え（$99 cm^2$）

5 りんごジュースが58.4Lあります。このりんごジュースを同じ量《りょう》ずつ30人に分けるとき、1人分は何Lになりますか。上から2けたのがい数で表しましょう。　式・答え 各3点(6点)

式　58.4÷30=1.946…

答え（約1.9L）

うらにも問題があります。

チャレンジテスト② おもて

1 ①②小数のかけ算は、整数のときと同じように筆算します。答えはかけられる数の小数点の位置《いち》にそろえて小数点をつけます。

③たし算より先にかけ算を計算します。

④答えの商はわられる数の小数点の位置にそろえて小数点をつけます。

⑤あまりは、わられる数の小数点の位置にそろえて小数点をつけます。

⑥わり切れるまで0をつけたして計算を続けましょう。

⑦⑧分母が同じ分数のたし算では、分母をそのままにして分子だけをたします。帯分数《たいぶんすう》は仮分数《かぶんすう》になおすか、整数部分と分数部分に分けて計算しましょう。

⑨⑩分母が同じ分数のひき算では、分母をそのままにして分子だけをひきます。帯分数のひき算で、分数部分をひけないときは、整数部分から1くり下げて計算するか、仮分数になおして計算します。

2 答えを上から2けたのがい数で求《もと》めるので、上から3けた目の数字を四捨五入《ししゃごにゅう》してから計算します。45187の上から3けた目の数字は1なので、四捨五入すると切りすてて、45000になります。62521の上から3けた目の数字は5なので、切り上げて63000になります。

3 ①長方形の面積《めんせき》＝たて×横

②正方形の面積＝1辺《へん》×1辺

4 問題文の図形を、右の図のように2つの長方形に分けて考えます。

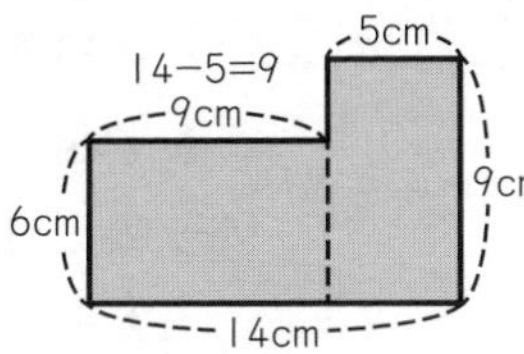

左側《ひだりがわ》の長方形の面積は6×9、右側の長方形の面積は9×5です。この2つをたします。

5 同じ量《りょう》ずつ分けるとき、いくつに分けられるかは、わり算で求めます。上から2けたのがい数は、上から3けた目の数字を四捨五入します。ことばの式で表すと、全部のりんごジュースの量÷人数＝1人分の量です。

6 ひろしさんの学校で、2週間のけがについて調べました。　各3点(12点)

2週間のけが調べ

週	曜日	場所	けがの種類《しゅるい》
第1週目	月	教室	切りきず
		ろうか	打ぼく
		体育館	ねんざ
	火	教室	打ぼく
		ろうか	つき指
	水	教室	切りきず
	木	ろうか	切りきず
		体育館	打ぼく
	金	教室	切りきず
		体育館	つき指

週	曜日	場所	けがの種類
第2週目	月	教室	切りきず
		ろうか	打ぼく
	火	教室	切りきず
		ろうか	ねんざ
		体育館	つき指
	水	教室	ねんざ
	木	教室	切りきず
		体育館	ねんざ
	金	ろうか	切りきず
		体育館	打ぼく

① 上の表の「2週間のけが調べ」について、場所とけがの種類について調べた下の表に数字を書きましょう。

場所＼けがの種類	切りきず	つき指	打ぼく	ねんざ	合計
教室	6	0	1	1	8
ろうか	2	1	2	1	6
体育館	0	2	2	2	6
合計	8	3	5	4	20

② 切りきずをした人の合計は何人ですか。

答え（ 8人 ）

③ けががいちばん多かった場所はどこですか。

答え（ 教室 ）

④ この2週間で、けがをした人は何人ですか。

答え（ 20人 ）

7 ふくろに米が $\frac{7}{8}$ kg入っています。このふくろに $2\frac{3}{8}$ kgの米を入れてふやすと、ふくろの中の米は何kgになりますか。　式・答え 各3点(6点)

式 $\frac{7}{8}+2\frac{3}{8}=\frac{7}{8}+\frac{19}{8}=\frac{26}{8}\left(=3\frac{2}{8}\right)$

答え（ $\frac{26}{8}$ kg $\left(3\frac{2}{8}\text{kg}\right)$ ）

8 花だんA《エー》の広さは $5\frac{2}{9}$ m²、花だんB《ビー》の広さは $1\frac{7}{9}$ m²です。花だんAと花だんBの広さのちがいは何m²ですか。　式・答え 各4点(8点)

式 $5\frac{2}{9}-1\frac{7}{9}=\frac{47}{9}-\frac{16}{9}=\frac{31}{9}\left(=3\frac{4}{9}\right)$

答え（ $\frac{31}{9}$ m² $\left(3\frac{4}{9}\text{m}^2\right)$ ）

9 1辺《へん》が1cmの正方形の板を、右の図のように1列にならべていきます。　各3点(12点)

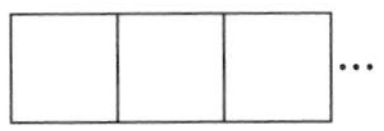

① 正方形の数とまわりの長さの関係《かんけい》を、下の表にかき、表を完成《かんせい》させましょう。

正方形の数(こ)	1	2	3	4	5	6
まわりの長さ(cm)	4	6	8	10	12	14

② 正方形の数を○こ、まわりの長さを△cmとして、○と△の関係を式に表しましょう。

答え（ △＝2×○＋2 ）

③ 正方形の数が30このとき、まわりの長さは何cmですか。

答え（ 62 cm ）

④ まわりの長さが36cmになるとき、正方形の数は何こですか。

答え（ 17こ ）

チャレンジテスト② うら

6 ①記録《きろく》を順《じゅん》に見て、下の表のあてはまる場所に、正の字を使って整理します。記録の表の最後《さいご》のらんまで書き終えたら、正の字を数字に直して右側《みぎがわ》に書きます。右はしの合計のらんには、教室、ろうか、体育館のけがの合計を書きます。下のらんの合計には、それぞれのけがの合計を書きます。

場所＼けがの種類	切りきず	つき指	打ぼく	ねんざ	合計
教室	正一 6	0	一 1	一 1	8
ろうか	T 2	一 1	T 2	一 1	6
体育館	0	T 2	T 2	T 2	6
合計	8	3	5	4	20

②切りきずをした人の合計の人数は、場所の合計の横と切りきずのたてが交わるところです。

③教室でけがをした人の合計は、8人。ろうかでけがをした人の合計は6人。体育館でけがをした人の合計は6人。よってけがをした人数がいちばん多かった場所は教室になります。

④記録した2週間でけがをした人の合計は、場所の合計の横とけがの種類の合計のたてが交わるところです。

7 ふくろに入れてふやしているので、たし算です。

8 ちがいを求《もと》めるので、ひき算です。ことばの式で表すと、[花だんAの広さ]－[花だんBの広さ]＝[ちがい]になります。

9 ①正方形が1このときのまわりの長さは、1×4＝4(cm)です。正方形が1こふえると、まわりの長さは2cmずつふえていきます。

②正方形1こにつき、上と下の辺《へん》は1cmずつふえます。右と左のたての辺は、正方形の数に関《かん》係《けい》なく1cmのままです。したがって、まわりの長さは、2×(正方形の数)＋1＋1となります。
よって、△＝2×○＋2です。

③△＝2×○＋2の式で、○が30なので、△＝2×30＋2＝62(cm)となります。

④△＝2×○＋2の式で、△が36なので、36＝2×○＋2、○＝(36－2)÷2＝17です。

メモ

メモ

付録 とりはずしてお使いください。

文章題スタートアップドリル

4年

このドリルを使って
3年生までに学習した
計算問題にとりくもう。

年　　組

1 たし算の筆算

★できた問題には、「た」をかこう！

でき 1 た　でき 2

1 次の計算をしましょう。

月　　日

① $\begin{array}{r} 43 \\ +71 \\ \hline \end{array}$　② $\begin{array}{r} 23 \\ +84 \\ \hline \end{array}$　③ $\begin{array}{r} 69 \\ +65 \\ \hline \end{array}$　④ $\begin{array}{r} 81 \\ +49 \\ \hline \end{array}$

⑤ $\begin{array}{r} 72 \\ +35 \\ \hline \end{array}$　⑥ $\begin{array}{r} 54 \\ +92 \\ \hline \end{array}$　⑦ $\begin{array}{r} 97 \\ +\ \ 7 \\ \hline \end{array}$　⑧ $\begin{array}{r} 99 \\ +50 \\ \hline \end{array}$

⑨ $\begin{array}{r} 37 \\ +988 \\ \hline \end{array}$　⑩ $\begin{array}{r} 405 \\ +207 \\ \hline \end{array}$　⑪ $\begin{array}{r} 874 \\ +836 \\ \hline \end{array}$　⑫ $\begin{array}{r} 271 \\ +476 \\ \hline \end{array}$

⑬ $\begin{array}{r} 5878 \\ +1951 \\ \hline \end{array}$　⑭ $\begin{array}{r} 2939 \\ +3967 \\ \hline \end{array}$　⑮ $\begin{array}{r} 5397 \\ +\ \ 876 \\ \hline \end{array}$　⑯ $\begin{array}{r} 6546 \\ +2586 \\ \hline \end{array}$

2 次の計算を筆算でしましょう。

月　　日

① 579＋321　② 942＋69　③ 7938＋1192

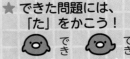

2 ひき算の筆算

★できた問題には、「た」をかこう！

できた 1　できた 2

1 次の計算をしましょう。

月　日

① 131 − 77
② 133 − 64
③ 138 − 54
④ 178 − 88

⑤ 108 − 27
⑥ 102 − 96
⑦ 136 − 89
⑧ 173 − 99

⑨ 814 − 467
⑩ 800 − 86
⑪ 431 − 187
⑫ 634 − 506

⑬ 8833 − 3805
⑭ 4251 − 963
⑮ 7000 − 833
⑯ 6997 − 6399

2 次の計算を筆算でしましょう。

月　日

① 440−279
② 1000−738
③ 5501−2862

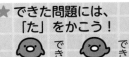

3 かけ算

★できた問題には、「た」をかこう！

でき

1

月　　日

1 次の計算をしましょう。

① 0×6

② 2×8

③ 3×7

④ 6×1

⑤ 7×10

⑥ 2×6

⑦ 2×3

⑧ 4×9

⑨ 5×8

⑩ 9×5

⑪ 10×9

⑫ 1×4

⑬ 4×3

⑭ 7×9

⑮ 4×8

⑯ 2×5

⑰ 5×3

⑱ 6×8

⑲ 9×9

⑳ 7×6

㉑ 6×3

㉒ 4×5

㉓ 8×9

㉔ 1×7

㉕ 5×6

㉖ 7×8

㉗ 3×0

㉘ 9×6

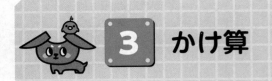

4 わり算

★できた問題には、「た」をかこう！

でき

1

月　　日

1 次の計算をしましょう。

① $36 \div 9$

② $32 \div 4$

③ $24 \div 8$

④ $6 \div 3$

⑤ $0 \div 2$

⑥ $45 \div 5$

⑦ $16 \div 2$

⑧ $14 \div 7$

⑨ $44 \div 2$

⑩ $6 \div 6$

⑪ $15 \div 3$

⑫ $4 \div 1$

⑬ $48 \div 6$

⑭ $93 \div 3$

⑮ $35 \div 7$

⑯ $24 \div 4$

⑰ $10 \div 5$

⑱ $90 \div 9$

⑲ $0 \div 9$

⑳ $36 \div 6$

㉑ $56 \div 8$

㉒ $8 \div 4$

㉓ $77 \div 7$

㉔ $9 \div 1$

㉕ $28 \div 4$

㉖ $40 \div 5$

㉗ $18 \div 3$

㉘ $72 \div 8$

5 かけ算の筆算①

★できた問題には、「た」をかこう！

1 でき　2 でき

1 次の計算をしましょう。

月　日

① 24 × 4

② 31 × 5

③ 82 × 3

④ 47 × 6

⑤ 44 × 9

⑥ 14 × 7

⑦ 30 × 3

⑧ 83 × 2

⑨ 233 × 3

⑩ 121 × 4

⑪ 612 × 4

⑫ 114 × 6

⑬ 321 × 3

⑭ 509 × 7

⑮ 724 × 3

⑯ 304 × 2

2 次の計算を筆算でしましょう。

月　日

① 24×3

② 20×6

③ 491×6

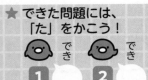

6 かけ算の筆算②

★できた問題には、「た」をかこう！

でき 1　でき 2

1 次の計算をしましょう。

月　　日

① 90 × 39

② 48 × 95

③ 38 × 32

④ 17 × 47

⑤ 341 × 73

⑥ 608 × 59

⑦ 452 × 60

⑧ 198 × 65

⑨ 500 × 32

⑩ 416 × 82

⑪ 139 × 14

⑫ 328 × 37

2 次の計算をしましょう。

月　　日

① 91×26　② 31×61　③ 234×68

7 小数のたし算

★できた問題には、「た」をかこう！

でき

1

月　日

1 次の計算をしましょう。

① 0.7＋0.3

② 3.2＋0.5

③ 0.9＋0.4

④ 1＋0.6

⑤ 0.2＋7.4

⑥ 0.7＋0.5

⑦ 0.8＋0.9

⑧ 0.3＋1.6

⑨ 5.5＋0.3

⑩ 6.1＋0.2

⑪ 0.7＋0.4

⑫ 1.3＋2.5

⑬ 0.6＋0.7

⑭ 3.5＋3.1

⑮ 8.2＋0.4

⑯ 0.3＋0.9

⑰ 0.6＋0.5

⑱ 0.1＋0.8

⑲ 3.4＋2.2

⑳ 0.9＋0.7

㉑ 0.4＋7

㉒ 0.3＋0.5

㉓ 0.9＋0.1

㉔ 1.6＋7.3

㉕ 2＋0.8

㉖ 0.8＋0.6

㉗ 0.4＋0.3

㉘ 4.4＋1.5

8 小数のたし算の筆算

★できた問題には、「た」をかこう！

でき

1

月　日

1 次の計算をしましょう。

① 4.2 ＋5.5

② 1.4 ＋6.4

③ 3.4 ＋1.3

④ 1.8 ＋4.7

⑤ 3.5 ＋4.8

⑥ 4.3 ＋5.3

⑦ 1.9 ＋3.2

⑧ 2.7 ＋5.3

⑨ 3.2 ＋2.1

⑩ 4.4 ＋2.9

⑪ 1.6 ＋5.6

⑫ 5.3 ＋4.5

⑬ 5.7 ＋3.3

⑭ 3.7 ＋1.5

⑮ 3.4 ＋6.1

⑯ 2.7 ＋5.9

⑰ 1.6 ＋6.3

⑱ 3.6 ＋2.5

⑲ 7.4 ＋1.7

⑳ 5.4 ＋3.8

㉑ 4.5 ＋4.6

㉒ 1.3 ＋2.8

㉓ 2.7 ＋6.9

㉔ 7.8 ＋1.1

㉕ 5.9 ＋0.7

㉖ 6.6 ＋2.6

㉗ 1.8 ＋4.2

㉘ 3.9 ＋2.8

9 小数のひき算

★できた問題には、「た」をかこう！

でき

1

月　日

1 次の計算をしましょう。

① 1−0.4　　② 0.7−0.5

③ 0.9−0.3　　④ 1.2−0.3

⑤ 0.5−0.1　　⑥ 1.8−0.9

⑦ 1.6−0.8　　⑧ 1.3−0.4

⑨ 1.7−0.3　　⑩ 0.7−0.2

⑪ 1.2−0.6　　⑫ 1−0.3

⑬ 1.4−0.2　　⑭ 0.8−0.6

⑮ 1.9−0.4　　⑯ 1.1−0.7

⑰ 1.8−0.5　　⑱ 0.8−0.7

⑲ 1.5−0.6　　⑳ 1.3−0.9

㉑ 1−0.8　　㉒ 1.2−0.2

㉓ 0.9−0.6　　㉔ 1.9−0.7

㉕ 1.7−0.8　　㉖ 1.4−0.5

㉗ 1.6−0.1　　㉘ 1.1−0.3

10 小数のひき算の筆算

★できた問題には、「た」をかこう！

でき

1

1 次の計算をしましょう。

月　　日

① 9.4 − 6.8	② 12.4 − 5.9	③ 9.2 − 5.5	④ 7.5 − 1.3
⑤ 4.2 − 2.9	⑥ 9.6 − 7.3	⑦ 6.7 − 3.6	⑧ 7.4 − 2.8
⑨ 14.9 − 6.2	⑩ 8.2 − 3.8	⑪ 11.8 − 8.1	⑫ 5.9 − 2.2
⑬ 3.1 − 1.9	⑭ 13.5 − 7.7	⑮ 8 − 2.5	⑯ 17.2 − 9.3
⑰ 15.1 − 8.4	⑱ 12.6 − 7.6	⑲ 13.2 − 9.8	⑳ 5 − 1.7
㉑ 16.1 − 7.4	㉒ 8.1 − 4.7	㉓ 11.9 − 3.4	㉔ 6.3 − 1.1
㉕ 18.7 − 8.9	㉖ 7.2 − 6.8	㉗ 14.3 − 4.8	㉘ 15.6 − 9.5

11 分数のたし算

★できた問題には、「た」をかこう！

でき

1

月　日

1 次の計算をしましょう。

① $\frac{3}{8}+\frac{1}{8}$

② $\frac{2}{6}+\frac{2}{6}$

③ $\frac{1}{3}+\frac{2}{3}$

④ $\frac{5}{9}+\frac{3}{9}$

⑤ $\frac{2}{5}+\frac{1}{5}$

⑥ $\frac{2}{10}+\frac{6}{10}$

⑦ $\frac{2}{9}+\frac{6}{9}$

⑧ $\frac{1}{5}+\frac{3}{5}$

⑨ $\frac{2}{7}+\frac{4}{7}$

⑩ $\frac{1}{6}+\frac{3}{6}$

⑪ $\frac{4}{10}+\frac{5}{10}$

⑫ $\frac{2}{4}+\frac{1}{4}$

⑬ $\frac{7}{9}+\frac{1}{9}$

⑭ $\frac{3}{10}+\frac{7}{10}$

⑮ $\frac{1}{7}+\frac{1}{7}$

⑯ $\frac{2}{8}+\frac{4}{8}$

⑰ $\frac{2}{5}+\frac{2}{5}$

⑱ $\frac{3}{7}+\frac{2}{7}$

⑲ $\frac{4}{6}+\frac{1}{6}$

⑳ $\frac{3}{9}+\frac{4}{9}$

12 分数のひき算

★できた問題には、「た」をかこう！

でき

1

月　日

1 次の計算をしましょう。

① $\frac{4}{5}-\frac{3}{5}$

② $\frac{8}{9}-\frac{1}{9}$

③ $\frac{3}{4}-\frac{1}{4}$

④ $\frac{5}{7}-\frac{3}{7}$

⑤ $\frac{4}{6}-\frac{3}{6}$

⑥ $1-\frac{1}{3}$

⑦ $\frac{7}{8}-\frac{4}{8}$

⑧ $\frac{8}{10}-\frac{5}{10}$

⑨ $\frac{3}{5}-\frac{1}{5}$

⑩ $\frac{6}{7}-\frac{2}{7}$

⑪ $\frac{6}{8}-\frac{5}{8}$

⑫ $1-\frac{2}{4}$

⑬ $\frac{7}{9}-\frac{4}{9}$

⑭ $\frac{3}{6}-\frac{1}{6}$

⑮ $\frac{9}{10}-\frac{2}{10}$

⑯ $\frac{6}{9}-\frac{2}{9}$

⑰ $\frac{6}{8}-\frac{1}{8}$

⑱ $1-\frac{4}{5}$

⑲ $\frac{7}{10}-\frac{3}{10}$

⑳ $\frac{6}{7}-\frac{5}{7}$

答え

1 たし算の筆算

1 ①114 ②107 ③134
④130 ⑤107 ⑥146
⑦104 ⑧149 ⑨1025
⑩612 ⑪1710 ⑫747
⑬7829 ⑭6906 ⑮6273
⑯9132

2 ①

	5	7	9
+	3	2	1
	9	0	0

②

	9	4	2
+		6	9
1	0	1	1

③

	7	9	3	8
+	1	1	9	2
	9	1	3	0

2 ひき算の筆算

1 ①54 ②69 ③84
④90 ⑤81 ⑥6
⑦47 ⑧74 ⑨347
⑩714 ⑪244 ⑫128
⑬5028 ⑭3288 ⑮6167
⑯598

2 ①

	4	4	0
−	2	7	9
	1	6	1

②

	1	0	0	0
−		7	3	8
		2	6	2

③

	5	5	0	1
−	2	8	6	2
	2	6	3	9

3 かけ算

1 ①0 ②16 ③21 ④6
⑤70 ⑥12 ⑦6 ⑧36
⑨40 ⑩45 ⑪90 ⑫4
⑬12 ⑭63 ⑮32 ⑯10
⑰15 ⑱48 ⑲81 ⑳42
㉑18 ㉒20 ㉓72 ㉔7
㉕30 ㉖56 ㉗0 ㉘54

4 わり算

1 ①4 ②8 ③3 ④2
⑤0 ⑥9 ⑦8 ⑧2
⑨22 ⑩1 ⑪5 ⑫4
⑬8 ⑭31 ⑮5 ⑯6
⑰2 ⑱10 ⑲0 ⑳6
㉑7 ㉒2 ㉓11 ㉔9
㉕7 ㉖8 ㉗6 ㉘9

5 かけ算の筆算①

1 ①96 ②155 ③246
④282 ⑤396 ⑥98
⑦90 ⑧166 ⑨699
⑩484 ⑪2448 ⑫684
⑬963 ⑭3563 ⑮2172
⑯608

2 ①

	2	4
×		3
	7	2

②

	2	0
×		6
1	2	0

③

	4	9	1
×			6
2	9	4	6

6 かけ算の筆算②

1 ①3510 ②4560 ③1216
④799 ⑤24893 ⑥35872
⑦27120 ⑧12870 ⑨16000
⑩34112 ⑪1946 ⑫12136

2 ①

		9	1
	×	2	6
	5	4	6
1	8	2	
2	3	6	6

②

		3	1
	×	6	1
		3	1
1	8	6	
1	8	9	1

③

		2	3	4
	×		6	8
	1	8	7	2
1	4	0	4	
1	5	9	1	2

7 小数のたし算

1
①1　②3.7　③1.3　④1.6
⑤7.6　⑥1.2　⑦1.7　⑧1.9
⑨5.8　⑩6.3　⑪1.1　⑫3.8
⑬1.3　⑭6.6　⑮8.6　⑯1.2
⑰1.1　⑱0.9　⑲5.6　⑳1.6
㉑7.4　㉒0.8　㉓1　㉔8.9
㉕2.8　㉖1.4　㉗0.7　㉘5.9

8 小数のたし算の筆算

1
①9.7　②7.8　③4.7　④6.5
⑤8.3　⑥9.6　⑦5.1　⑧8
⑨5.3　⑩7.3　⑪7.2　⑫9.8
⑬9　⑭5.2　⑮9.5　⑯8.6
⑰7.9　⑱6.1　⑲9.1　⑳9.2
㉑9.1　㉒4.1　㉓9.6　㉔8.9
㉕6.6　㉖9.2　㉗6　㉘6.7

9 小数のひき算

1
①0.6　②0.2　③0.6　④0.9
⑤0.4　⑥0.9　⑦0.8　⑧0.9
⑨1.4　⑩0.5　⑪0.6　⑫0.7
⑬1.2　⑭0.2　⑮1.5　⑯0.4
⑰1.3　⑱0.1　⑲0.9　⑳0.4
㉑0.2　㉒1　㉓0.3　㉔1.2
㉕0.9　㉖0.9　㉗1.5　㉘0.8

10 小数のひき算の筆算

1
①2.6　②6.5　③3.7　④6.2
⑤1.3　⑥2.3　⑦3.1　⑧4.6
⑨8.7　⑩4.4　⑪3.7　⑫3.7
⑬1.2　⑭5.8　⑮5.5　⑯7.9
⑰6.7　⑱5　⑲3.4　⑳3.3
㉑8.7　㉒3.4　㉓8.5　㉔5.2
㉕9.8　㉖0.4　㉗9.5　㉘6.1

11 分数のたし算

1
① $\frac{4}{8}$　② $\frac{4}{6}$　③ 1　④ $\frac{8}{9}$
⑤ $\frac{3}{5}$　⑥ $\frac{8}{10}$　⑦ $\frac{8}{9}$　⑧ $\frac{4}{5}$
⑨ $\frac{6}{7}$　⑩ $\frac{4}{6}$　⑪ $\frac{9}{10}$　⑫ $\frac{3}{4}$
⑬ $\frac{8}{9}$　⑭ 1　⑮ $\frac{2}{7}$　⑯ $\frac{6}{8}$
⑰ $\frac{4}{5}$　⑱ $\frac{5}{7}$　⑲ $\frac{5}{6}$　⑳ $\frac{7}{9}$

12 分数のひき算

1
① $\frac{1}{5}$　② $\frac{7}{9}$　③ $\frac{2}{4}$　④ $\frac{2}{7}$
⑤ $\frac{1}{6}$　⑥ $\frac{2}{3}$　⑦ $\frac{3}{8}$　⑧ $\frac{3}{10}$
⑨ $\frac{2}{5}$　⑩ $\frac{4}{7}$　⑪ $\frac{1}{8}$　⑫ $\frac{2}{4}$
⑬ $\frac{3}{9}$　⑭ $\frac{2}{6}$　⑮ $\frac{7}{10}$　⑯ $\frac{4}{9}$
⑰ $\frac{5}{8}$　⑱ $\frac{1}{5}$　⑲ $\frac{4}{10}$　⑳ $\frac{1}{7}$